数字与智能液压元件及应用

SHUZI YU ZHINENG YEYA YUANJIAN
JI YINGYONG

黄志坚　编著

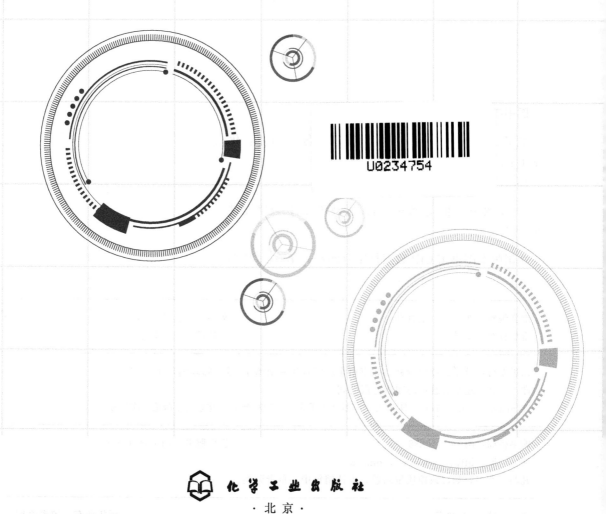

化学工业出版社
·北京·

内 容 提 要

本书结合实例系统地介绍了液压数字元件与智能元件及集成应用技术，较为全面地汇集并梳理了国内专家学者近年在本技术领域探索、实践与创新的理论成果。本书的内容主要包括液压数字元件与智能元件结构与原理、技术特点、相关学科、设计开发与调整试验方法等。所选实例涉及国民经济与国防工业多个应用工业门类，既具有典型性又较为详尽具体，很有参考价值。

本书适用于从事液压、电控设备及智能控制系统设计、开发、制造、使用、维修等相关工作的工程技术人员，也可供高等院校相关专业的师生阅读。

图书在版编目（CIP）数据

数字与智能液压元件及应用/黄志坚编著. —北京：化学工业出版社，2020.5（2024.4重印）

ISBN 978-7-122-36217-9

Ⅰ.①数…　Ⅱ.①黄…　Ⅲ.①液压元件-数字元件

Ⅳ.①TH137.5

中国版本图书馆 CIP 数据核字（2020）第 032325 号

责任编辑：张兴辉　金林茹　　　　　　　　　　文字编辑：陈　喆
责任校对：王佳伟　　　　　　　　　　　　　　装帧设计：王晓宇

出版发行：化学工业出版社（北京市东城区青年湖南街 13 号　邮政编码 100011）
印　　装：北京盛通数码印刷有限公司
787mm×1092mm　1/16　印张 19　字数 474 千字　2024 年 4 月北京第 1 版第 2 次印刷

购书咨询：010-64518888　　　　　　　　　　售后服务：010-64518899
网　　址：http://www.cip.com.cn
凡购买本书，如有缺损质量问题，本社销售中心负责调换。

定　　价：98.00 元

前言

采用传统的比例阀或伺服阀等模拟信号控制元件构成的系统，一般通过 D／A 接口实现数字控制，这是目前国内外液压与气动数字控制流行的方法。这种方法由于控制器中存在模拟电路，易产生温漂和零漂，不仅使系统易受温度变化的影响，而且很难实现控制器对阀本身非线性因素（如死区、滞环等）的彻底补偿，为此增加了 D／A 接口电路。用于驱动比例阀和伺服阀的比例电磁铁和力矩电动机存在磁滞现象，导致阀的外控制特性表现出 2% ~ 8% 的滞环，控制特性较差。由于结构特点，比例电磁铁的磁路一般由整体式磁性材料构成，在高频信号作用下，铁损引起的温升较大。

数字阀是液压阀技术发展的最典型代表，其极大提高了控制的灵活性。数字液压元件与计算机连接不需要 D／A 转换器，省去了模拟量控制要求各环节间的线性和连续性。与伺服阀、比例阀相比，数字液压元件具有结构简单、工艺性好、价格低廉、抗污染能力强、可在恶劣的环境下工作等优势。另一方面，数字元件的输出量可由脉冲频率或宽度进行高可靠性调节控制，具备抗干扰能力强、开环控制精度较高等特点。

智能液压元件是在原有元件的基础上，将传感器、检测与控制电路、保护电路及故障自诊断电路集成为一体并具有功率输出的器件。这样它可替代人工的干预来完成元件的性能调节、控制与故障处理功能。其涉及的参数包括压力、流量、电压、电流、温度、位置等，甚至包括瞬态性能的监督与保护。智能传感器与智能仪表应用于液压与气动系统，使系统测控精度、信息处理与通信能力、抗干扰能力以及稳定性与可靠性有很大提高。这是液压与气动技术智能化的又一重要途径。液压元件智能化是大势所趋，采用智能元件效益是显著的：可获得更多更好更符合工况的功能，有利于提高控制精度、提高效率和节约能源；调试手段与方式更灵活；提高了安全可靠性，降低了额外故障产生的成本；易于实现远程诊断与维护，使用维修更方便。智能液压元件是流体传动与控制学科的发展前沿，涉及多学科，是一门典型的交叉学科，掌握其技术原理与方法，对大多数从业人员来说，是一个不小的挑战。

本书结合实例系统地介绍了液压数字元件与智能元件及集成应用技术，较为全面地汇集并梳理了国内专家学者近年在本技术领域探索、实践与创新的理论成果。本书的内容主要包括液压数字元件与智能元件的结构与原理、技术特点、相关学科、设计开发与调整试验方法等。所选实例涉及国民经济与国防工业多个应用工业门类，既具有典型性又较为详尽具体，对读者有参考价值。

全书共分 5 章，分别是数字液压控制概述、增量式电液数字控制技术及应用、高速开关式电液数字控制技术及应用、智能液压元件及应用、智能液压集成系统。

本书适用于从事液压、电控设备及智能控制系统设计、开发、制造、使用、维修等相关工作的工程技术人员，亦可供高等院校相关专业的师生阅读。

编著者

目录

第3章　高速开关式电液数字控制技术及应用 —————— 70

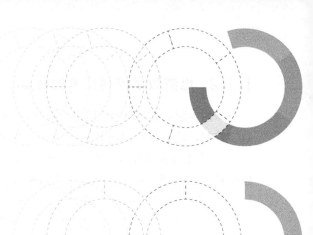

第1章

数字液压控制概述

1.1 数字液压技术的概念与特点

1.1.1 数字液压技术的概念

20世纪，控制理论与工程实践的飞速发展为电液控制工程的进步提供了理论基础和技术支持。随着微电子技术的不断进步，微处理器、电子功率放大器、传感器与液压控制单元相互集成，形成了机械-电子-液压一体化产品，不但提高了系统的静态动态控制精度，而且提升了系统智能化程度及可靠性和鲁棒性，提高了系统对负载、环境以及自身变化的自适应能力。数值计算仿真、动态响应分析、线性或非线性建模等技术的应用使液压元件的设计方法与制造技术获得了很大进步。

数字阀是液压阀技术发展的最典型代表，其极大提高了控制的灵活性。由于数字阀使用的是与计算机电平相同的数字控制信号，因此该信号可以直接与计算机通信，无须再进行D/A转换。此外，数字阀的机械加工相对容易，成本低，功耗小且对油液不敏感。

目前，对数字液压的定义国内外比较主流的观点有如下几种。坦佩雷理工大学（Tampere University of Technology）的 Matti Linjiama 多年致力于数字液压元件的研究，他认为"Digital fluid power means hydraulic and pneumatic systems having discrete valued component(s) actively controlling system output"。国内学者从20世纪80年代开始研究数字液压元件和系统，一些研究人员认为，数字液压技术是将液压终端执行元件直接数字化，通过接收数字控制器发出的脉冲信号和计算机发出的脉冲信号，实现可靠工作的液压技术，将控制还给电，而数字化的功率放大留给液压。

从以上的主流观点可以将数字阀归结为狭义的数字阀（坦佩雷理工大学的观点）与广义的数字阀。

据此，具有流量离散化（fluid flow discretization）或控制信号离散化（control signal discretization）特征的液压元件，称为数字液压元件（digital hydraulic component），具有数字液压元件特征的液压系统称为数字液压系统（digital hydraulic system）。

1.1.2 电液数字控制技术的特点

采用传统的比例阀或伺服阀等模拟信号控制元件构成的系统,一般通过 D/A 接口实现数字控制,这是目前国内外液压与气动数字控制流行的方法。这种方法存在如下缺点:

① 由于控制器中存在模拟电路,易产生温漂和零漂,不仅使系统易受温度变化的影响,也很难实现控制器对阀本身非线性因素(如死区、滞环等)的彻底补偿。

② 增加了 D/A 接口电路。

③ 用于驱动比例阀和伺服阀的比例电磁铁和力矩电动机存在磁滞现象,导致阀的外控制特性表现出 2%～8% 的滞环,控制特性较差。

④ 由结构特点决定,比例电磁铁的磁路一般由整体式磁性材料构成,在高频信号作用下,由铁损而引起的温升较大。

数字液压元件与计算机连接不需要 D/A 转换器,省去了模拟量控制要求各环节间的线性和连续性。与伺服阀、比例阀相比,数字液压元件具有结构简单、工艺性好、价格低廉、抗污染能力强、可在恶劣的环境下工作等优势。

另一方面,数字元件的输出量可由脉冲频率或宽度进行高可靠性调节控制,具备抗干扰能力强、较高开环控制精度等特点。

数字阀与伺服阀和比例阀相比所具有的性能优势见表 1-1。

表 1-1 数字阀、比例阀、伺服阀特点对照表

项目/种类	数字阀	比例阀	伺服阀
流量可控否	可	可	可
压力可控否	可	可	可
方向可控否	可	可	可
控制信号	数字	模拟	模拟
抗干扰能力	强	差	差
重复精度/%	约 0.1	约 2.0	约 1.3
线性度/%	<1	5.3	4
滞环/%	<0.5	1	5.1
分辨率	<2	<2	<0.5
时间响应/ms	约 100	<100	<50
抗污染能力	强	中	差
结构复杂程度	简单	较简单	复杂
使用维护	方便	不方便	不方便
成本	低	中	高

1.2 数字液压元件的分类

1.2.1 广义数字液压元件与狭义数字液压元件

如图 1-1 所示为广义数字液压元件与狭义数字液压元件的区分。

从现有的液压阀元件来看,狭义的数字阀特指由数字信号控制的开关阀及由开关集成的阀岛元件。广义的数字阀则包含由数字信号或者数字先导控制的具有参数反馈和参数控制功能的液压阀。

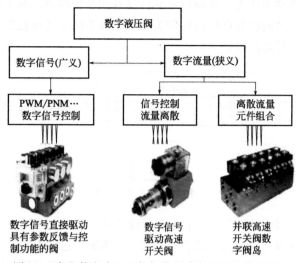

图 1-1　广义数字液压元件与狭义数字液压元件的区分

1.2.2　电液间接与直接数字控制技术

用数字信号直接控制液流的压力、流量和方向的阀称为电液数字阀（简称数字阀）。电液数字阀主要有增量式数字阀、高速开关数字阀以及阀组式数字阀和数码调节阀。电液数字阀的控制技术包括电液间接数字控制技术与电液直接数字控制技术。

（1）电液间接数字控制技术

计算机系统通过 D/A 转换将数字信号转换成模拟信号，通过伺服放大器来控制伺服阀，如图 1-2 所示。

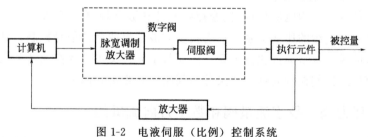

图 1-2　电液伺服（比例）控制系统

液压与气动间接数字控制技术的基本方法是将伺服阀（或比例阀）与控制放大器构成控制系统，一般通过 D/A 接口实现数字控制。

（2）电液直接数字控制技术

电液直接控制技术主要有高速开关阀的脉宽调制（PWM）控制和步进电动机直接数字控制两种方法。步进电动机的类型又有三相步进电动机和直线步进电动机之分，二者在实现对数字阀的控制上有所不同，前者需要配合适当的传动机构，后者则可直接进行直线控制。

① 对高速开关阀的 PWM 控制　计算机控制 PWM 放大器，操纵高速开关阀实现工作，如图 1-3 所示。通过控制开关元件的通断时间比，获得在某一段时间内流量的平均值，进而实现对下一级执行机构的控制。该控制方式具有不堵塞、抗污染能力强及结构简单的优点。但是也存在以下不足：一方面对高速开关阀的 PWM 控制最终表现为一种机械信号的调制，

易诱发管路中的压力脉冲和冲击，从而影响元件自身和系统的寿命及工作的可靠性；另一方面，元件的输入与输出之间没有严格的比例关系，一般不用于开环控制。除此之外，控制特性受机械调制频率不易提高的限制。

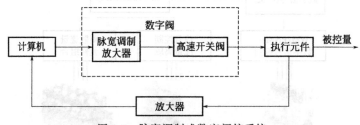

图 1-3　脉宽调制式数字阀控系统

② 步进电动机直接数字控制　计算机发出脉冲指令，经过驱动电源进行功率放大后，直接控制步进电动机从而实现液压阀动作，如图 1-4 所示。这种方法利用数字执行元件步进电动机（或者加适当的旋转-直线运动转换机构）驱动阀芯实现直接数字控制。由于这类数字控制元件一般按步进的方式工作，因而常称为步进式数字阀。

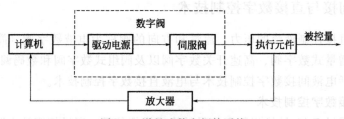

图 1-4　增量式数字阀控系统

(3) 数字式电-机械转换元件

电液控制元件主要分为电液比例/伺服控制元件和数字控制元件两大类。前者的输出信号与输入信号之间成连续的比例关系；后者接受方波信号或脉冲信号控制，其输出信号为开关状态或与输入的脉冲数呈离散比例关系，因而数字元件又可分为高速开关元件和离散式比例控制元件。离散式比例控制元件一般又分为阀组式和步进式两种。

1.2.3　数字压力阀、数字流量阀和数字方向流量阀

近年来，数字阀与控制驱动器已实现高度集成化，既可与系统机实现联机控制，又可进行独立的脱机控制。其控制器可实现编程控制，也可手动单步控制，使用十分方便可靠。因此数字阀也被广泛地应用在机械工程领域，数字阀按控制量可分为数字压力阀、数字流量阀和数字方向流量阀。

(1) 数字压力阀

数字压力阀是数字信号控制的压力阀，用于液压系统压力控制，主要应用于各类控制系统与压力机。

a.控制系统　包括加载系统、力仿真系统、压力加工系统、强力控制系统、力平衡系统、多阻力函数控制系统以及与力或力矩控制有关的数字控制系统。

b.可应用的机械设备　包括油压机、注塑机、压铸机、轧延机、压力成型机、卷取机、拉伸机、疲劳试验机、材料试验机、强力机、力型体能试验机、发动机加载试验机等。

（2）数字流量阀

数字流量阀是数字信号控制的流量阀，用于液压系统调速，适用于多种机械与车辆。

a.机床类　包括数控机床、组合机床、磨床、铣床、无切削加工机床、研磨机、旋压机等。用于进行速度控制及同步控制，并消除变速冲击现象。

b.试验机　包括金属材料试验机、非金属材料试验机、各种性能试验机等。

c.成型机　包括塑料、橡胶成型机、轧弯机、金刚石成型机等。

d.工程机械　包括挖掘机、吊车等。

e.汽车工业、核工业等行业内也有数字流量阀的应用示例。

（3）数字方向流量阀

数字方向流量阀从液压控制功能来看，与流量型伺服阀基本相同，因此应用场合是相似的，即可用于执行机构的位移、速度和加速度的自动或远程控制。然而，数字流量阀可以直接接收来自计算机的数字信号，因此更适合于数字编程控制和计算机控制。只是因为它动态响应比伺服阀缓慢，在需要快速反应的情况下，往往不能胜任。

其主要应用在压力机、机床、传递机械、机器人、轻工机械、船舶机械、汽车、钻井机械、造波机械、加载机械、仿真训练机械等上。

1.3　数字阀国内外研发与应用概况

1.3.1　国外研发与应用概况

最早出现的是阀组式数字阀，它是通过组合几个结构参数已知的阀，加上计算机逻辑控制系统而成。采用不同的时间开启不同组合阀的方式，使阀输出的压力或流量形成不同的等级。这种数字阀体积大，成本高，且其流量调节等级受阀数量的限制。

从 20 世纪 80 年代开始，利用数字电路来进行模拟信号处理的电子技术被应用于各个领域。数字阀就是在这样的时代背景下被研发并且逐渐完善的，它是传统液压阀与电-机械转换装置组合形成的一种新型液压元件。日本对步进电动机控制的增量式数字阀的研发领先于其他国家。日本东京计器公司已经开发出性能较优越的数字流量阀，其中压力阀、方向流量控制阀技术已经非常成熟，市场已有较稳定的产品，其压力可达到 210bar，流量 1～500L/min，输入脉冲数为 100～126，重复特性精度和滞环精度均可达到 0.1% 以下。日本的油研公司、丰兴工业公司和内田油压公司，丹麦 Danfoss 公司、德国 Hauhinco 公司等早已对数字阀展开系统的研究并研制出多种数字阀产品。法国、英国、加拿大等也进行了相应的研究和应用。

日本、美国、法国、德国对脉冲调制开关式数字阀的研究也投入了大量的人力和财力。日本的田中裕久等人于 1984 年前后研制了两种高速电磁开关阀，其中，二通阀在工作压力为 15MPa 时，阀的响应时间为：开启时间 3.3ms，关闭时间 2.8ms；三通阀在工作压力为 7MPa 时，阀的响应时间不足 3ms。到了 20 世纪 80 年代，日本的空本正彦等人研制出工作压力为 120MPa，开启和关闭时间分别为 0.35ms 和 0.4ms 的三通型超高压高速电磁开关阀。另外日本电装公司开发出高压共轨电控燃油喷射系统的高速开关阀，此阀开启和关闭时间均小于 1ms。

德国的 Hesse.H 发明了一种球形三通高速电磁阀，可在 10MPa 工作压力、3.5L/min

的工作流量下，实现 1ms 的切换时间。德国 BOSH 公司也开发出一种可以在高压下工作的高速开关阀，该阀的开启时间为 0.3ms，关闭时间为 0.65ms，但其工作流量非常小。美国 BKM 公司于 1984 年推出了一种三通球形插装式高速电磁开关阀，该阀的响应时间为：开启时间 3ms、关闭时间 2ms，工作压力为 10MPa，这种阀主要应用在柴油机中压共轨电控燃油喷射系统中。

1.3.2 国内研发与应用概况

我国对数字阀的研究起步较晚，但经过不懈努力也取得了较大成就。很多研究所包括广州机床研究所、上海液压气动研究所和重点院校如华中科技大学、浙江大学等都对数字阀进行了大量的科学研究，主要集中在脉宽调制开关数字阀和增量式数字阀两大方面。

20 世纪 80 年代末期，重庆大学利用自身优势先后开发出采用步进电动机控制的各类液压数字化产品如液压数字阀、数字泵、数字缸等，同时又相继研制了脉宽调制型数字液压气动组件。浙江大学对脉码调制阀的控制策略进行了深入探究，并探索出了一种对广义脉码调制式液压位置伺服系统的有效控制方法，并用实验进行了论证，在此基础上研制出了由全盘式电磁铁以及锥阀结合而成的高速开关数字阀，并于 1986 通过技术鉴定。上海大学对步进式数字溢流阀以及基于二进制原理的气动数字流量阀进行了深入研究，并取得一定进展。自 1999 年起，浙江工业大学机电学院的阮建教授等人开始从事数字阀的研究，他们成功研制出 2D 电液数字伺服阀样品。如图 1-5 所示，单个阀芯具有周向旋转和轴向滑动两个自由度，二者共同形成一种伺服机构来实现功率放大的功能。其采用步进电动机作为电-机械转换器，具有良好的静态和动态特性。但是因阀芯结构较复杂，使加工成本增大，控制较为复杂，国内尚未形成系列产品。

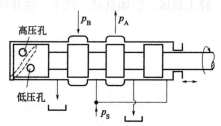

图 1-5　2D 电液数字伺服阀结构原理图

兰州理工大学的科研人员不仅对数字阀的结构、电控部分进行了深入研究，还针对实际需求先后研制出大流量高频响先导式数字液压阀、柴油机高压共轨数字阀，并于 2004 年研制出超高速大吸力燃气电喷阀（HGDV 脉冲调制开关式数字阀）。广州机床研究所在步进电动机直接控制式的增量数字阀的研究方面较为领先，研制的 SZY-F6B 数字先导溢流阀、SZQ-F8/16 数字调速阀等系列产品均已成功投入使用。北京航天工业总公司研制出一种不经过数/模转换的数字调节阀，该类阀可以直接接收计算机发出的数字量脉冲信号并按其指令实施开关动作。

PWM 电液控制系统中，脉冲调制式数字开关阀作为一种先进的先导控制元件，正逐步应用于泵的流量调节、换向阀或比例阀的先导控制等领域。北京理工大学郁秀峰等人研制出了开启时间为 3ms、关闭时间为 2ms 的用于液压式开度执行器的高速开关阀；北京理工大学王尚勇研制了吸合时间为 1.2ms、释放时间为 0.4ms 的二通型高速电磁开关阀；上海交通大学施光林、张胜昌，哈尔滨工业大学李松晶等根据建立的高速电磁开关阀电磁机液混合模型，提出了参数优化方法。

进入 21 世纪以后，随着新型材料，如 GMM（超磁致伸缩材料）和 PZT（压电陶瓷材料）的研制成功，以及高速开关阀性能要求的提高，新型高速开关阀应运而生。目前浙江大学在该领域进行了深入而广泛的研究并取得了可喜的成绩。

第2章

增量式电液数字控制技术及应用

2.1 增量式数字阀及应用

2.1.1 增量式数字阀概述

增量式数字阀采用由脉冲数字调制演变而成的增量控制方式,以步进电动机作为电气-机械转换器驱动液压阀芯工作,因此又称步进式数字阀。

(1) 控制原理

增量式数字阀控制系统工作原理方块图如图 2-1 所示。微型计算机(简称微机)发出脉冲序列经驱动器放大后使步进电动机工作。步进电动机是一个数字元件,根据增量控制方式工作。增量控制方式是由脉冲数字调制法演变而成的一种数字控制方法,是在脉冲数字信号的基础上,使每个采样周期的步数在前一采样周期的步数上增加或减少一些,从而达到需要的幅值。步进电动机转角与输入的脉冲数成比例,步进电动机每得到一个脉冲信号,其转子便沿给定方向转动一固定的步距角,再通过机械转换器(丝杆-螺母副或凸轮机构)使转角转换为轴向位移,使阀口获得一相应开度,从而获得与输入脉冲数成比例的压力、流量。有时,阀中还设置用以提高阀重复精度的零位传感器和用以显示被控量的显示装置。增量式数字阀的输入和输出信号波形如图 2-2 所示。由图可见,阀的输出量与输入脉冲数成正比,输出响应速度与输入脉冲频率成正比。对应于步进电动机的步距角,阀的输出量有一定的分辨率,它直接决定了阀的最高控制精度。

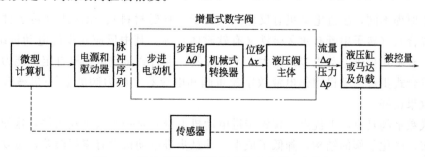

图 2-1 增量式数字阀控制系统工作原理方块图

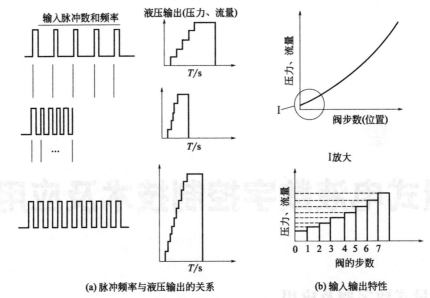

(a) 脉冲频率与液压输出的关系　　　(b) 输入输出特性

图 2-2　增量式数字阀的输入和输出信号波形图

步进电动机是电液数字阀的重要组成部分，它是一种数字式的回转运动电气-机械转换器，利用电磁作用原理工作，它将电脉冲信号转换成相应的角位移。步进电动机由专用的驱动电源（控制器）供给电脉冲，每输入一个脉冲，电动机输出轴就转动一个步距角（常见的步距角有 0.75″、0.9″、1.5″、1.8″、3″等），实现步进式运动。

表 2-1 是某公司生产的增量式数字阀的规格系列。

表 2-1　某公司生产的增量式数字阀的规格系列

形式	系列	固定流量/(L/min)	额定压力/MPa	步进数
数字压力控制阀	02	1	0.6～0.7	100
	03	80	0.8～14.0	
	06	200	1.0～21.0	
	10	400		
数字流量控制阀	02	65/130	21.0	100
	03	125/250		
	06	250/500		
数字方向流量控制阀	02	70	21.0	126(±63)
	04	130		
	06	250		
	10	500		

按工作原理不同，步进电动机有反应式（转子为软磁材料）、永磁式（转子材料为永久磁铁）和混合式（转子中既有永久磁铁又有软磁体）等。其中反应式步进电动机结构简单，应用普遍；永磁式步进电动机步距角大，不宜控制；混合式步进电动机自定位能力强且步距角较小。混合式步进电动机用作电液数字流量阀和电液数字压力阀的电气-机械转换器，控制性能和效果良好。

增量式数字阀具有以下优点：首先步进电动机本身就是一个数字式元件，这便于与计算机接口连接，简化了阀的结构，降低了成本。并且步进电动机没有累积误差，重复性好。当采用细分式驱动电路后，理论上可以达到任何等级的定位精度，如一些公司及研究院所研制的步进数字阀的定位精度均达到 0.1%。其次步进电动机几乎没有滞环误差，因此整个阀的滞环误差很小，一些公司及研究院所研制的数字阀滞环误差均在 0.5% 以内。再次步进电动机的控制信号为脉冲逻辑信号，因此整个阀的可靠性和抗干扰能力都比相应的比例阀和伺服阀好。最后增量式数字阀对阀体没有特别的要求，可以沿用现有比例阀或常规阀的阀体。由于增量式数字阀具有许多突出的优点，因此这类阀获得广泛的应用。

应根据实际使用要求的负载力矩、运行频率、控制精度等依据和制造商的产品型录（或样本）及使用指南提供的运行参数和矩频特性曲线，选择合适的步进电动机型号及其配套的驱动电源。步进电动机在使用中应注意确定合理运行频率，否则将导致带载能力降低而产生丢步甚至停转现象，使步进电动机工作失常。

(2) 结构形式

图 2-3 所示为步进电动机直接驱动的增量式数字流量阀。

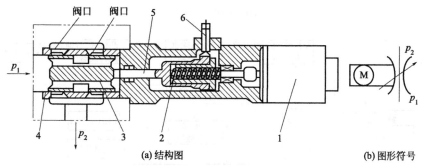

(a) 结构图　　　　　　　　　　(b) 图形符号

图 2-3　步进电动机直接驱动的增量式数字流量阀

1—步进电动机；2—滚珠丝杠；3—节流阀阀芯；4—阀套；5—连杆；6—零位移传感器

步进电动机的转动通过滚珠丝杠 2 转化为轴向位移，带动节流阀阀芯 3 移动，控制阀口的开度，从而实现流量调节。该阀的阀口由相对运动的阀芯 3 和阀套 4 组成，阀套上有两个通流孔口，左边为全周开口，右边为非全周开口，阀芯移动时先打开右边的节流口，得到较小的控制流量。阀芯继续移动，则打开左边阀口，流量增大。这种结构使阀的控制流量可达 3600L/min。阀的液流流入方向为轴向，流出方向与轴线垂直，这样可抵消一部分阀开口流量引起的液动力，并使结构紧凑。连杆 5 的热膨胀可起温度补偿作用，减小温度变化引起的流量不稳定。阀上的零位移传感器 6 用于在每个控制周期终了时使控制阀芯回到零位，以保证每个工作周期有相同的起始位置，提高阀的重复精度。

图 2-4 所示为先导型增量式数字溢流阀。

液压部分由两节同心式主阀、锥阀式导阀组成，阀中采用了三阻尼器（13、15、16）液阻网络，在实现压力控制功能的同时，有利于提高主阀的稳定性；阀的电气-机械转换器为混合式步进电动机（57BYG450C 型，驱动电压 36VDC，相电流 1.5A，脉冲速率 0.1kHz，步距角 0.9°），步距角小，转矩-频率特性好并可断电自定位；采用凸轮机构作为阀的机械转换器。

结合图 2-4(a)、（c）对其工作原理简要说明如下：单片微型算机（AT89C2051）发出需要的脉冲序列，经驱动器放大后使步进电动机工作，每个脉冲使步进电动机沿给定方向转动一个固定的步距角，再通过凸轮 3 和调节杆 6 使转角转换为轴向位移，使导阀中调节弹簧 19 获得一压缩量，从而实现压力调节和控制。被控压力由 LED 显示器显示。每次控制开始

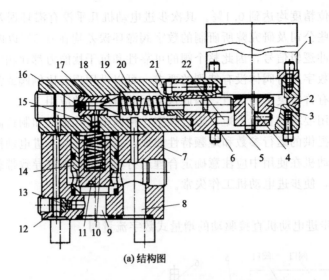

(a) 结构图

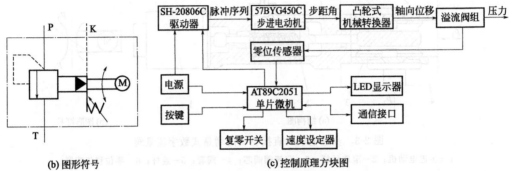

(b) 图形符号　　　　　(c) 控制原理方块图

图 2-4　先导型增量式数字溢流阀

1—步进电动机；2—支架；3—凸轮；4—电动机轴；5—盖板；6—调节杆；7—阀体；8—出油口 T；9—进油口 P；
10—复位弹簧；11—主阀芯；12—遥控口 K；13,15,16—阻尼；14—阀套；17—导阀座；
18—导阀芯；19—调节弹簧；20—阀盖；21—弹簧座；22—零位传感器

及结束时，由零位传感器 22 控制溢流阀阀芯回到零位，以提高阀的重复精度，工作过程中，可由复零开关复零。阀额定压力 16MPa，额定流量 63L/min，调压范围 0.5～16MPa，调压当量 0.16MPa/脉冲，重复精度＜0.1%。

增量式电液数字方向流量阀是一种复合阀，其方向与流量控制融为一体。若进入液压执行器的流量为正，流出流量为负，则执行器换向意味着流量由正变为负，反之亦然。

图 2-5 为一种带压力补偿的先导式增量数字方向流量阀。阀的动作原理可以看成是由挡板 4 控制的差动活塞（主阀芯）缸。压力为 p 的先导压力油从 X 口进入 A_1 腔，经节流口（阻尼孔）2 后降为 p_c，再从挡板缝隙 x_0 处流出，平衡状态时有 $A_1/A_2 = p/p_c = 1/2$。A_2 腔的压力 p_c 受缝隙 x_0 控制，挡板向前时，x_0 减小，p_c 上升，迫使主阀后退，直至再次满足 $p/p_c = 1/2$ 时，挡板 4 与喷嘴的间隙恢复为平衡状态时的 x_0，反之亦然。可见该阀的动作原理可以看成是由挡板阀控制主阀的位置伺服系统，执行元件为主阀芯。主阀芯作跟随移动时切换控制油口的油路，使压力油从 P 口进入，流进 A 或 B，而 A 或 B 的油液就从 T 口排走。由于步进电动机驱动的挡板单个脉冲的位移可以很小（10^{-2}mm 级），因此主阀芯的位移也可以这一微小增量变化，实现对流量的微小调节。为了使阀芯节流孔前后压差不受

负载影响，保持恒定，阀的内部可以设有定差减压阀或定差溢流阀。图 2-5 为设有定差溢流阀的结构，这是一个先导式定差溢流阀，弹簧腔通过阀芯的内部通道，分别接通 A 口或 B 口，实现双向进口节流压力补偿，例如，挡板向左移动时，主阀芯亦向左随动，油路切换成 P 口与 B 口相通，A 口与 T 口相通，这时主阀芯内的油道 b 使 B 口与溢流阀的弹簧控制腔相通，使 P 口与 B 口间的压力差维持在弹簧所确定的水平内，超出这个范围时，阀芯右移，使 P 与 T 接通，供油压力下降，以保持节流阀芯两侧压差维持不变，补偿负载变化时引起的流量变化。阀芯的内部通道 a 与 b，能在两个方向上选择正确的压力进行反馈，保证补偿器正常起作用。

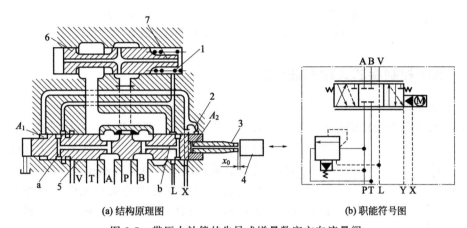

(a) 结构原理图　　　　　　　　　(b) 职能符号图

图 2-5　带压力补偿的先导式增量数字方向流量阀

1—溢流阀弹簧；2,7—阻尼孔；3—喷嘴；4—步进电动机驱动的挡板；5—主阀芯；6—定差溢流阀

(3) 技术性能

增量式数字阀的静态特性（控制特性）曲线如图 2-6 所示，其中图 2-6(c) 为方向流量阀特性曲线，方向流量阀由两只数字阀组成。由图同样可得到阀的死区、线性度、滞环及额定值等静态指标。选用步距角较小的步进电动机或采取分频等措施可提高阀的分辨率，从而提高阀的控制精度。

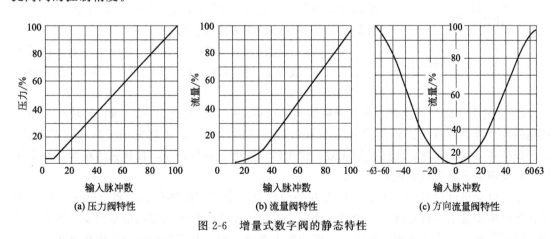

(a) 压力阀特性　　　　　　(b) 流量阀特性　　　　　　(c) 方向流量阀特性

图 2-6　增量式数字阀的静态特性

增量式数字阀的动态特性与输入信号的控制规律密切相关。增量式数字压力阀的阶跃特性曲线如图 2-7 所示，可见用程序优化控制时可得到良好的动态性能。

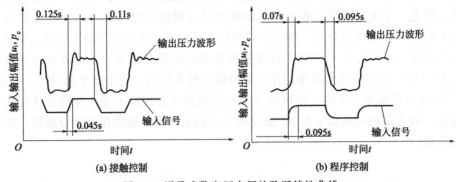

图 2-7　增量式数字压力阀的阶跃特性曲线

2.1.2　数字控制旋芯式比例插装阀

(1)　比例插装阀

比例插装阀是电液比例技术、插装阀技术、传感技术、测试技术、微电子技术、精密加

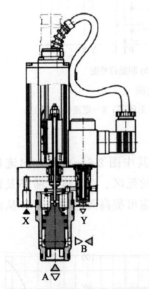

图 2-8　力士乐产比例插装阀

工技术等高度融合的高科技产品，能方便地和计算机控制系统相结合，连续、成比例地调节受控液压介质的压力、速度、流量等，是电液比例控制系统中的关键元件。国外生产比例插装阀的知名厂商有德国的力士乐（Rexroth）公司、意大利的阿托斯（Atos）公司及美、日等国的公司，其代表性产品示例如图 2-8 所示。

(2)　数控旋芯式比例插装阀结构及工作原理

数控旋芯式比例插装阀是由数控旋芯式先导阀和插装阀共同构成的二级阀，简称旋芯插装阀。它运用步进电动机加旋芯式先导阀的独特结构设计。该数控旋芯式比例插装阀可实现原有比例插装阀的所有功能，且具有机械结构及电控系统简单，可用数字技术实现高精度开环控制，工艺性、经济性好，工作可靠，使用方便等优势。

数控旋芯式比例插装阀的结构如图 2-9 所示。主要包括步进电动机 1、支座 2、控制盖板 10、旋芯 4、活塞 5、插装阀套 6、插装阀芯 7。

①　步进电动机　数控旋芯式比例插装阀采用步进电动机实现电气-机械位移转换。与比例电磁铁及各类动圈式、动铁式电气-机械位移转换器件相比，步进电动机具有技术成熟，品种规格多，线性度好，线性范围无限，输出转矩较大、可靠性高，控制灵活精准、便于和计算机及网络连接等显著优势。

步进电动机可自带编码器。编码器在一圈内有一个固定的零位标记点（index 点），驱动程序可使步进电动机实现：上电时准确处于零位；正常工作中与控制信号同步；控制信号为零时可靠回零。步进电动机回零后，即使失去系统电源，其自身的定位转矩也可防止步进电动机漂离零位，从而满足旋芯插装阀所需的回零和定位的要求。

在正常工况下，步进电动机的转动角度仅取决于控制信号的大小，其位置精度不受负载

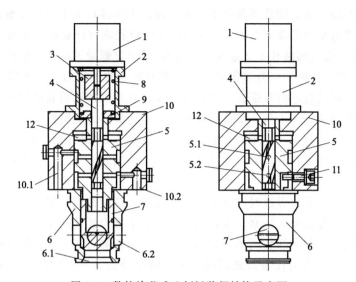

图 2-9 数控旋芯式比例插装阀结构示意图

1—步进电动机；2—支座；3—联轴器；4—旋芯；5—活塞；6—插装阀套；7—插装阀芯；8—弹簧；
9—弹簧座；10—控制盖板；11—导向销；12—控制腔

液动力矩、摩阻力矩及复位弹簧预压力的影响，可带动旋芯达到很高的位置精度。因此，采用步进电动机进行电气-机械位移转换，便于用数字技术实现高精度控制。随着步进电动机及其控制技术的快速发展，步进电动机作为电气-机械位移转换装置，具有广阔的应用前景。

② 旋芯式先导阀　旋芯式先导阀由控制盖板 10、旋芯 4、活塞 5 组成。步进电动机 1 通过支座 2 装配在控制盖板 10 上，电动机输出轴通过联轴器 3 与旋芯 4 连接。

旋芯是一个圆柱形阀芯，其两端的圆柱段为密封段，中间的圆柱段为工作段。工作段的柱面上加工有双螺旋槽，密封段与工作段之间为两个退刀槽，退刀槽与双螺旋槽连通，构成了旋芯的工作油道。整个工作段呈中心对称结构，以使旋芯受到的径向液压力完全平衡，从而转动灵活，工作可靠。旋芯在步进电动机的直接带动下仅作单纯的旋转运动。

先导活塞上有三组油孔：上面的四个油孔连通旋芯的工作油道与先导活塞的控制腔；中间是一对与压力油通道 10.1 连通的控制油孔；下面是一对与回油通道 10.2 连通的控制油孔。控制油孔可以是圆形，也可以是菱形或其他形状，但每对控制油孔必须互为中心对称，以使作用于阀芯上的径向液压力相互平衡和抵消。改变控制油孔的形状与大小，可改变先导活塞的静、动态特性。控制盖板上设有导向销 11，约束先导活塞只能直线位移而不能旋转。

③ 插装元件　数控旋芯式比例插装阀的静态流量特性主要取决于插装元件的静态流量特性。

旋芯插装阀所用的插装元件取消了其中的弹簧，而在支座 2 内的弹簧座 9 上装了具有相似作用的弹簧 8。插装元件在旋芯插装阀中为相对独立的装配件，既便于配用标准插装元件构成系列化的通用旋芯插装阀，又可以根据用户需求设计新型插装元件，构成适应不同对象的专用旋芯插装阀。

④ 工作原理　步进电动机的输出轴通过联轴器 3 与旋芯 4 连接，旋芯插装阀工作时，旋芯将在步进电动机带动下作顺/逆时针旋动。

当旋芯插装阀处于图 2-9 所示的关闭位置时，活塞上的两对工作油孔被旋芯的双螺旋面封闭，不与螺旋油道连通，插装阀芯处于全关位置，工作油口 6.1 与 6.2 断开。

当旋芯在步进电动机带动下自图 2-9 所示的关闭位置顺时针旋动一定角度时（自上向下看，下同），螺旋油道与回油孔 5.2 连通，控制腔 12 通过螺旋油道与回油连通，插装阀芯在工作油口 6.1 或/和 6.2 处的压力油作用下，克服弹簧 8 的下推力，带动活塞向上移动一定距离，工作油孔随即被旋芯的双螺旋面遮盖并变小，直到回油孔重新被封闭，插装阀芯即稳定在新的位置，工作油口 6.1 与 6.2 被打开一定开度。旋芯再顺时针旋动一定角度时，插装阀芯会带动活塞再向上移动一定距离，工作油口 6.1 和 6.2 之间的开口被进一步开启。旋芯持续顺时针旋动，直到工作油口 6.1 和 6.2 之间的开口被完全开启，旋芯插装阀即处于全开位置。

反之，当旋芯自全开位置逆时针旋动一定角度时，螺旋油道与压力油孔 5.1 连通，压力油通过螺旋油道进入控制腔，活塞在压力油与弹簧 8 下推力的共同作用下，克服作用于插装阀芯上的上推油压力，推动插装阀芯一起向下移动一定距离，压力油孔随即被旋芯的双螺旋面遮盖并变小，直到压力油孔重新被封闭，插装阀芯即稳定在新的位置，工作油口 6.1 和 6.2 之间的开口被关小一定开度。旋芯再逆时针旋动一定角度时，活塞会推动插装阀芯一起再向下移动一定距离，工作油口间的开口被关得更小。旋芯持续逆时针旋动，直到工作油口间的开口被完全关闭，旋芯插装阀又回到全关位置。

可见，旋芯顺/逆时针旋动一定角度，活塞和插装阀芯立即成比例地上/下移动一定距离，构成了一级具有直接位移负反馈的液压比例放大环节，将旋芯顺/逆时针的转动成比例地转换成插装阀芯的直线开/关运动，构成一类全新的数控旋芯式比例插装阀。

当旋芯插装阀未接通压力油时，弹簧 8 向下推动活塞及插装阀芯，将工作油口间的开口关闭。

（3）样机性能测试

在大量试验研究的基础上，试制出了 32mm 通径的旋芯插装阀工业样机。实测该旋芯插装阀的流量特性需要流量大于 600L/min 的流量试验台。从现有试验条件出发，决定仅对插装阀芯与先导活塞在电气信号控制下的静态特性和动态特性进行测试。对于同一品种规格的插装元件，其静动态流量特性基本取决于插装阀芯的静动态特性，故上述试验在很大程度上可以表征该旋芯插装阀样机的静动态流量特性。

图 2-10 为旋芯插装阀样机静态特性的测试数据及相应曲线。由图可知，旋芯插装阀的静态特性具有良好的线性和重复性。虽然静态曲线上显示出阀芯行程增减曲线间有一定的滞环，但该滞环的大小主要取决于旋芯先导阀控制油孔遮程的大小，可根据需要进行设计、加工，以达到预期值。

（4）技术经济优势

数控旋芯式比例插装阀具备以下技术经济优势：

① 用步进电动机实现电气-机械转角转换　与比例电磁铁及各类动圈式、动铁式电气-机械转换器件相比，步进电动机具有品种规格多、线性度好、线性范围无限、输出转矩大、可靠性高、控制灵活精准、便于和计算机及网络连接等显著优势。旋芯工作时仅有旋转运动而无直线位移，电动机轴与旋芯间无相对运动，直联方便可靠，阀传动效率高。

② 旋芯式先导液压组件的独特性能　旋芯式先导液压组件是一级具有直接位移负反馈的液压比例放大环节，具有较大的增益和控制刚度，能确保活塞及插装阀芯的直线位移随动于旋芯转动。也就是说，当旋芯顺/逆时针旋动一定角度，活塞和插装阀芯立即成比例地

增量-转角		第一次测试结果		第二次测试结果	
增量数n	角度/(°)	增方向阀芯行程/mm	减方向阀芯行程/mm	增方向阀芯行程/mm	减方向阀芯行程/mm
0	0.00	0.00	0.00	0.00	0
180	1.80	0.00	0.37	0.00	0.36
360	3.60	0.57	0.96	0.58	0.98
540	5.40	1.23	1.60	1.24	1.59
720	7.20	1.87	2.22	1.87	2.22
900	9.00	2.48	2.83	2.48	2.82
1080	10.80	3.11	3.46	3.11	3.45
1260	12.60	3.67	4.06	3.66	4.04
1440	14.40	4.25	4.68	4.23	4.67
1620	16.20	4.79	5.28	4.78	5.27
1800	18.00	5.32	5.90	5.31	5.89
1980	19.80	5.80	6.49	5.83	6.49
2160	21.60	6.35	7.11	6.39	7.11
2340	23.40	6.96		6.95	
2520	25.20	7.56		7.55	

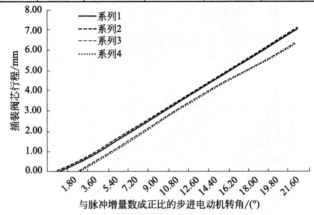

图 2-10　旋芯插装阀样机静态特性测试数据及曲线

上/下移动一定距离。正常工况下，活塞及插装阀芯的运动位置精度主要取决于随动精度，而与活塞及插装阀芯受到的液动力、摩阻力及复位弹簧预压力等因素关系不大。因此，无须在插装阀芯上加装位移传感器进行电气反馈和闭环控制，即可使插装阀芯的位置精度和旋芯插装阀的性能指标达到较高的水准。与采用位移传感器进行电气反馈相比，直接位移反馈更加简单可靠，能确保活塞及插装阀芯快速精准地随动于旋芯。此外，旋芯具有较小的转动惯量和负载力矩，有利于提高旋芯插装阀的响应频率。

③ 抗油污能力强、可靠性高　在旋芯插装阀中，推动插装阀芯的液压力较大，故其主阀级一般不存在可靠性问题。旋芯插装阀的可靠性主要取决于先导级的可靠性，而旋芯式先导液压组件恰好具有较高的工作可靠性。一方面，其控制油孔、工作油道及双螺旋面是完全的中心对称结构，使作用于旋芯上的径向液压力达到完美平衡，有利于形成和保持工作间隙中的油膜，转动摩擦阻力很小；另一方面，阀芯与活塞的相对运动是旋转和直线位移的复合运动，类似于钻头切削时的旋进、旋退运动，容易消除阀芯运动中的憋、卡现象，有利于克服液压卡阻力和油膜黏滞力，有利于破碎和清除配合间隙内的微小机械杂质，抗油污能力强。

④ 结构简单、工艺性好　与原有比例插装阀相比，数字旋芯式比例插装阀便于用数字技术实现高精度开环控制，电控部分和机械结构均相对简单，工艺性好，使用、维护方便。

2.1.3 基于数字同步阀的液压同步系统

液压同步驱动因具有结构简单、组成方便、易于控制和适宜大功率场合等特点，在各类金属加工设备、工程机械和冶金机械等领域得到越来越广泛的应用，同步精度要求亦越来越高。就目前而言，影响同步精度因素主要就是所采用的液压同步控制元件和实现闭环控制的策略。有一种同步控制系统以新型数字同步阀为同步控制元件。

(1) 数字同步工作原理

数字同步阀结构原理如图 2-11 所示。

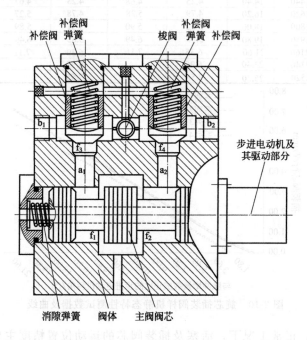

图 2-11 数字同步阀结构原理

油源压力油经稳压后进入数字同步阀 P 腔（压力为 p_s）经过一次节流口 f_1、f_2 分成 2 路，分别进入腔 a_1、a_2（压力为 p_{a1}，p_{a2}）。再经过二次节流口 f_3、f_4 进入 b_1、b_2 腔后进入两液压执行元件。同时，b_1 或 b_2 腔的压力油通过梭阀进入两结构对称的补偿阀的上腔。当两执行元件负载相同时，p_{b1} 和 p_{b2} 压力相等，则 p_{a1} 和 p_{a2} 相等，节流口 f_1、f_2 两端的压差相同（油源压力为 p_s），若此时主阀芯处于零位置，根据小孔流量公式知道 $q_{a1} = q_{a2}$，即进入两液压执行元件的流量相等；当两执行元件偏载时（设 $p_{b1} > p_{b2}$），通过梭阀的作用，两补偿阀的弹簧腔的压力是相同的，二次节流口 f_3、f_4 的开口度各自调到平衡位置后，若此时忽略弹簧力的变化，则作用在两补偿阀底部的压力 p_{a1} 和 p_{a2} 相等，这时仍有 $q_{a1} = q_{a2}$。可看出，该数字阀有较好的静态性能。实际使用中，由于各种因素如液动力、弹簧压缩力、非线性摩擦力、泄漏、阀结构本身及执行元件的结构不对称，都会影响执行元件的同步精度，这时就可以通过步进电动机驱动主阀芯调节一次节流口 f_1、f_2 的大小来控制。

(2) 液压同步系统

以新型数字同步阀为控制元件的立式双缸同步系统原理如图 2-12 所示（其中虚线框中为新型数字同步阀），该系统既可以实现无差同步（双缸位置误差为 0）又可实现有差同步

（双缸位置差为期望值）。

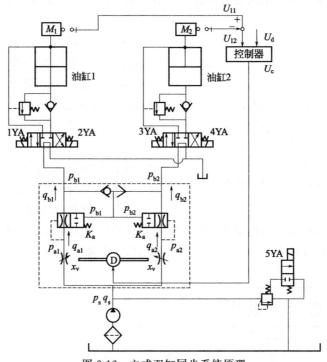

图 2-12　立式双缸同步系统原理

　　两液压缸同步性能很好，具有良好的跟踪性能，且过渡时间短。系统对双缸负载不均衡（偏载）造成的同步误差具有较强的抑制作用。

　　基于数字同步阀的液压同步系统，能有效消除制造误差、液压系统泄漏、外干扰等因素造成的同步误差，能有效抑制偏载对同步精度的影响，具有良好的设定值跟踪特性和干扰抑制特性。

2.1.4　双缸四柱液压机同步控制系统

　　四柱液压机是一种通过液压泵传递油液的静压力来加工塑料、橡胶、金属等的机械加工设备。它经常用于压制工艺和压制成型工艺，如冲压、锻压、冷挤、弯曲、粉末冶金等。双缸四柱液压机同步技术在液压机应用领域是非常重要的。

　　(1) 液压机同步液压系统

　　① 系统组成与功能　巨型四柱液压机的液压系统一般分为两个独立的子系统：驱动系统和同步纠偏系统，两个系统分别设置为两大液压站。这种同步纠偏系统也称为被动同步纠偏系统，它可以非常有效地控制系统的同步误差，但同时设备的研发与维护费用提高许多，并且增加一套被动同步系统会相应地增加液压机整体的尺寸，因此在一些结构尺寸或者空间位置受限制的特殊液压机中，为了实现同步运动只能从主动驱动的角度考虑。设置主动同步液压系统旨在防止活动横梁在运行过程中受偏心力时发生倾斜，维持活动横梁在一定的水平精度范围内运动，使加工零件的精度得以保证，同时使液压机的机架受力状态得到改善，能够延长液压机的工作寿命。

　　同步液压系统通过两个独立的阀控缸实现横梁平稳运动，活动横梁在回程时也由这两个缸驱动实现。双缸四柱液压机完成一个动作循环经历以下几个过程：活动横梁无压快速下行→减速接近工件及加压→保压延时→卸荷→活动横梁回程→停止等基本工艺动作过程，动作循环如图 2-13 所示。

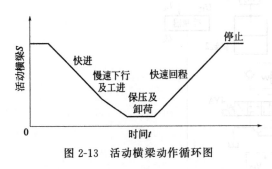

图 2-13　活动横梁动作循环图

两个独立的阀控缸系统的液压元件采用相同的型号，以确保两个液压缸回路之间的差异性尽可能地得到降低，其液压系统的原理如图 2-14 所示。

② 工作流程　活动横梁开始时停留在原点位置，电磁换向阀 10 的电磁铁 3YA 得电时，电磁换向阀的右位工作，液压泵输出的高压油进入对应的工作液压缸。

当液压缸的上腔进油时，通过控制液压缸上腔的进油量可以实现活动横梁下行时需要的各种动作。如要求活动横梁快速下降时即液压杆快行，数字阀开口最大，可以使活动横梁实现快速下降。

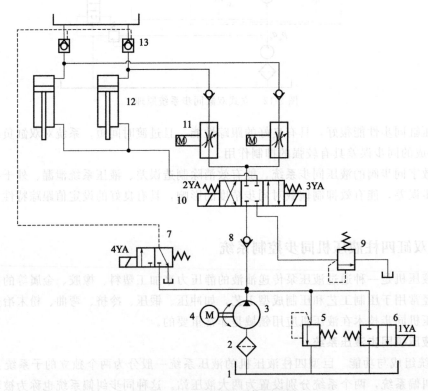

图 2-14　液压机液压系统原理图

1—油箱；2—滤油器；3—液压泵；4—电动机；5—溢流阀；6—二位二通电磁换向阀；7—二位三通电磁换向阀；8—单向阀；9—背压阀；10—三位四通电磁换向阀；11—数字阀；12—液压缸；13—液控单向阀

在要求活动横梁慢速下行即液压杆慢速下行时，改变数字阀开口的大小使活动横梁实现慢速下行。由于活动横梁与液压杆都具有一定的重量，回油路上设有背压阀 9，产生一定的回油阻力，以改善液压缸的运动平稳性。由于油液持续不断地流入液压缸的上腔，液压缸驱动活动横梁在接触到工件后压力逐渐增大，活动横梁进行工进。

当工件达到一定的厚度要求时，液压缸进入到保压状态，这时电磁换向阀 10 的电磁铁 3YA 失电，换向阀处于中位，液压缸可以进行一段时间的保压。

当工件加工完成后，活动横梁需要返回到原点进行下一次工作。由于液压缸上腔压力很高，液压缸在进行完工件的压制后是不能直接回程，要先卸荷。此时，电磁换向阀 7 的 4YA 得电，左位进入工作。两个数字阀 11 所在的油路截断，两个液控单向阀 13 的油路开通，液压缸 12 上腔的油液在压力的作用下进入上油箱 1，经过一段时间液压缸 12 的上腔卸荷完成。最后，电磁换向阀 10 的 2YA 得电，换向阀左位进入工作，液压泵输出的油液进入到液压缸 12 的下腔，驱动活塞上行从而带动活动横梁进行回程运动。此时，液控单向阀在控制油液的作用下打开，液压缸 12 上腔的油液进入上油箱 1。至此，液压机一个工作循环完成。

具体工作步骤如下：

a. 启动 按下启动按钮，电磁换向阀 6 的电磁铁 1YA 得电，右位工作，变量泵输出的油液经过电磁换向阀 6 的右位流回油箱，液压泵空载运行。

b. 活动横梁快速下行 电磁换向阀 6 的电磁铁 1YA 失电，电磁换向阀 6 的左位工作，液压泵从空运行状态转为工作状态。电磁换向阀 10 的电磁铁 3YA 得电，电磁换向阀 10 的右位工作，液压泵可以直接向液压缸 12 的上腔输入油液，液压缸 12 下腔的油液可以通过背压阀 9 直接流回油箱 1，所以活动横梁可以快速下行。系统中油液流动如下：进油路，液压泵 3→单向阀 8→电磁换向阀 10（右位）→数字阀 11→液压缸 12 上腔；回油路，液压缸 12 下腔→换向阀 10（右位）→背压阀 9→油箱 1。

活动横梁快速下行时液压泵一直处于最大输出流量的运行状态，但仍不能满足要求，液压缸 12 的上腔可能会由于快速下行而形成负压，此时，上油箱 1 中液压油可通过液控单向阀 13 向液压缸 12 的上腔输油。

c. 慢速下行 在活动横梁与工件接触之前，数字阀 11 通过控制开口变小使流入液压缸 12 上腔的油液流量减小从而控制活动横梁慢速下行。系统中油液的流动回路与快速下行基本一致。

d. 工进 在活动横梁与工件接触后，这时系统的压力增加，开始对工件进行压制，加压速度完全由数字阀控制。系统中油液的流动回路与慢速下行时也是一致的。

e. 保压 液压缸上腔达到压力预定值时，电磁换向阀 10 的 3YA 失电，换向阀进入中位，液压缸 12 的上、下腔处于封闭状态，液压缸 12 上腔暂时处于保压状态。这时液压泵 3 通过溢流阀 5 卸荷。系统中油液的流动情况如下：液压泵 3→溢流阀 5→油箱 1。

f. 卸荷 对工件压制完成后，电磁换向阀 7 的 4YA 得电，左位进入工作，液压泵 3 输出的压力油通过电磁换向阀 7 进入到液控单向阀 8 的控制油路，从而打开主阀芯，液压缸 12 上腔的高压油通过液控单向阀 8 流回上油箱。系统中油液的流动情况如下：控制油路，液压泵 3→电磁阀 7（左位）→液控单向阀 13 控制油口；回油路，电磁液压缸 12 上腔→液控单向阀 13→油箱 1。

g. 回程 电磁换向阀 10 的 2YA 得电，电磁换向阀 10 的左位进入工作，液压泵 3 输出的油液通过电磁换向阀 10（左位）流入液压缸 12 的下腔。液压缸 12 的上腔油液经液控单向阀 13 流回油箱。系统中油液的流动情况如下：进油路，液压泵 3→单向阀 8→电磁换向阀 10（左位）→液压缸 12 下腔；回油路，液压杆 12 上腔→液控单向阀 13→油箱 1。

(2) 重要元件

① 数字阀 数字阀是液压机电液控制系统最关键的元器件，数字阀所在油路中最大流量 $q_p = 497.89$ L/min。日本东京计器公司数字阀技术领先，因此选择日本东京计器公司

D-DFG-21-06-EX-500-250-20 型数字阀，阀的参数如表 2-2 所示。

表 2-2　数字流量阀参数

参数名称	参数值
最大控制流量/(L/min)	500
最小控制流量/(L/min)	6
滞环，重复精度	最大控制流量的 0.1% 以下
误差	最大控制流量的 ±3%
温度漂移(30~60℃)	最大控制流量的 ±2%
分辨率	1/200
响应/(ms/步)	1.1
允许背压/MPa	0.35 以下

　　数字阀性能可以直接对液压系统的工作性能产生一定的影响。为了使数字阀对流量控制精度提高，除了控制数字阀主阀芯的开口大小外，还需要调节主阀芯运动的平稳性。因此，当液压系统内出现压力波动较大时通过调节主阀芯两端的压力就可以使主阀芯平稳准确地运行。数字流量阀内部带有温度补偿装置，可以改善由油液温度升高而引起油液流量增加，使油液流量保持一定的稳定性。

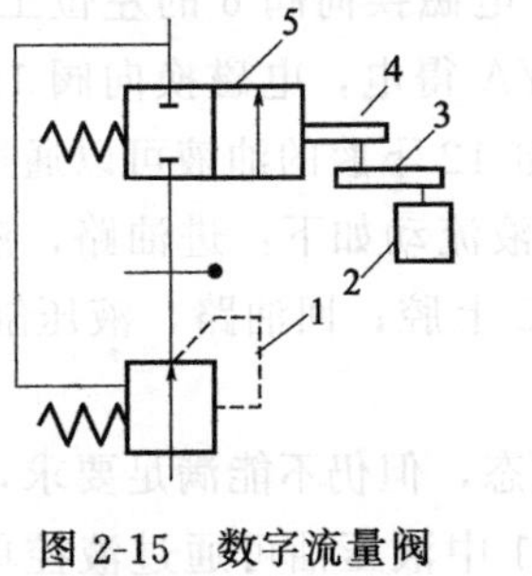

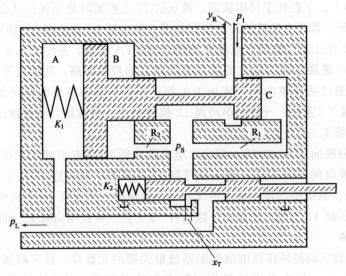

图 2-15　数字流量阀

1—定差减压阀；2—步进电动机；
3—齿轮减速器；4—凸轮机械
转换装置；5—节流阀

　　该数字阀的示意图如图 2-15 所示，它主要由节流阀、定差减压阀、步进电动机、齿轮减速器和凸轮式机械转换装置构成，其结构原理如图 2-16 所示。

　　其基本工作过程为：在控制信号的作用下步进电动机进行相应的动作，通过齿轮减速器带动凸轮机械转换装置转动，从而带动节流阀阀芯左右运动。

　　p_S 与 p_L 为节流阀前后的压力，并分别引到减压阀阀芯的左右两端，减压阀左端的压力随着负载压力 p_L 的增大而变大，致使减压阀阀芯右移，开口变大压降随之减小，p_S 增大，节流阀前后的压差始终不变；反之亦然。这样数字阀的流量就恒定不变。数字阀是由步进电动机输出转角通过机械转换装置作用在节流阀阀芯上，并与弹簧力、液动力、摩擦力相平衡，一定的数字脉冲对应一定的节流开度。即通过改变输入脉冲数控制流过数字阀的流量。

图 2-16　数字流量阀结构原理图

② 数字阀控制器　数字阀的运动主要是通过数字阀控制器进行驱动的，它的工作基本原理是通过向步进电动机传输一系列的脉冲和电源。图 2-17 展示了步进电动机驱动数字阀的基本工作步骤，这个驱动系统主要包括程序逻辑、功率放大器、电压和电流限制电路。计算机软件完成程序逻辑部分，通常功率放大器与电压和电流限制电路组合成一体，它们对程序逻辑输出的信号进行放大处理，以得到步进电动机工作的脉冲电流。

图 2-17　数字阀的步进电动机电控驱动系统框图

③ 位移传感器　位移传感器是一种金属感应的线性元器件。该传感器的主要功能是把被测的物理量转化为一定规律的电量。位移传感器主要分为两种：模拟式与数字式。模拟式位移传感器还可以再分为结构型与物性型，比较常用的有电感式与电位式位移传感器。数字式位移传感器最主要的好处是可以直接将测量到的位移信号传输到计算机，这种位移传感器已广泛应用。

在双缸四柱液压机同步控制系统中，两个液压缸带动活动横梁做往复的上下运动。对于两个液压缸的位移同步控制，首先需要将各自的位移检测信号转化为模拟量的电信号反馈给控制器，控制器对两个位移信号进行处理变为控制信号再传给数字阀，通过改变数字阀开口量的大小对流入液压缸的流量进行控制，从而间接控制位移。通过这样反复的检测、反馈与控制最终使两个液压缸位移同步。此处选用光栅式位移传感器，其具有检测范围大、精度高、响应快的优点。

液压缸的行程为 2000mm，选择上海江晶翔电子有限公司的光栅尺 FC1，其主要的性能技术指标如表 2-3 所示。

表 2-3　光栅尺 FC1 参数

参数名称	参数值
测量长度/m	1100～3200
分辨率/μm	1 或 5
准确度	$\pm(5+L)/200\mu$m(20 度)
测量速度/(m/s)	1 或 5
操作力/N	<5
工作电压/V	5V±0.25V/24V(选购)
电流/mA	≤35
防护等级	IP40
工作温度/℃	0～40

2.1.5　2D 高频数字阀在电液激振器中的应用

振动试验作为现代工业的一项基础试验和产品研发的重要手段，广泛应用于许多重要的工程领域，振动试验的主要设备为振动台，其性能直接影响振动试验结果的准确性。

电液振动台因激振力大、振幅大、低频性能好以及台面无磁场等优点而得到较为广泛的应用。随着现代航空航天等高科技的不断发展，对振动台的工作频率范围及输出推力的要求也越来越高，提高工作频率范围及增大输出推力成为当务之急。电液伺服阀频响难以大范围突破，因而电液伺服振动台的工作频率范围难以进一步提高。目前推力 50kN 以上电液式振动台工作频率已经达到 1000Hz。

一种国内开发的新型高频激振器，它的核心是高频激振阀（即 2D 高频数字换向阀）。

（1）2D 数字换向阀的工作原理

2D 阀具有双自由度，即阀芯具有径向的旋转运动和轴向的直线运动，其工作原理如图 2-18 所示。阀芯上有 4 个台肩，每个台肩上沿周向均匀开设有沟槽，相邻沟槽的圆心角为 θ，第 1、3 个台肩沟槽的位置相同，第 2、4 个台肩沟槽的位置相同，相邻台肩上的沟槽相互错位，错位角度为 $\theta/2$。阀芯由伺服电动机驱动旋转，使得阀芯沟槽与阀套上的窗口相配合的阀口面积大小成周期性变化，由于相邻台肩上的沟槽相互错位，因而使得进出口的两个通道的流量大小及方向以相位差为 180° 发生周期性的变化，以达到换向的目的。当阀芯在转动过程中位于图 2-18(a) 所示的位置时，p_s 口和 p_1 口沟通，p_2 口和 p_0 口沟通；当阀芯旋转过一定角度（如 $\theta/2$）处于图 2-18(b) 所示位置时，p_s 口和 p_2 口沟通，p_1 口和 p_0 口沟通。即阀芯在伺服电动机驱动下旋转，p_s 口周期性地和 p_2 口、p_1 口沟通。2D 阀台肩上的沟槽与阀套上窗口构成的面积除因阀芯旋转发生周期性变化外，还可通过阀芯的轴向运动使阀口从零（阀口完全关闭）到最大实现连续控制，因而，可由另一伺服电动机通过偏心机构驱动阀芯作轴向运动，从而改变周期性变化阀口面积的大小，进而控制 2D 阀的流量输出。

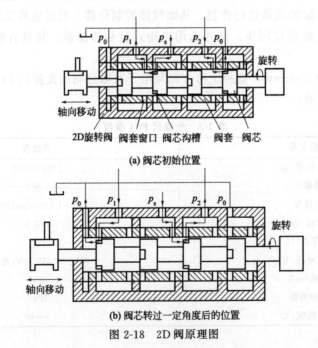

(a) 阀芯初始位置

(b) 阀芯转过一定角度后的位置

图 2-18　2D 阀原理图

2D 换向阀的沟槽结构如图 2-19 所示，阀芯沟槽数与阀套窗口数相等，这种结构形式称为全开口型配合。2D 换向阀的工作频率 f(Hz) 为：

$$f = nZ/60 \tag{2-1}$$

式中，n 为阀芯的旋转转速，r/min；Z 为阀芯沟槽每转与阀套窗口之间的沟通次数（即阀芯沟槽数）。

采用传统滑阀结构的换向阀,易产生一些故障,其中阀芯卡紧是液压换向阀最常见的;换向的频率也因受到阀芯运动惯性的影响,一直无法得到有效的提高。而从式(2-1)可知,2D数字换向阀的换向频率仅与阀芯的转速和阀芯沟槽数有关,同时提高两项参数或单独提高其中的任何一个都能提高换向频率。由于阀芯为细长结构转动惯量很小,又处于液压油的很好润滑状态中,因而容易提高阀芯的旋转速度,同时提高阀芯沟槽数也较容易,这样有利于得到很高的频率。旋转式换向也从根本上避免了阀芯卡紧现象。

(2) 阀套窗口、阀芯沟槽数 Z 的确定

阀芯以角速度 ω 旋转时,阀套窗口与阀芯沟槽的油液流通宽度变化情况如图2-20所示,阀套窗口与阀芯沟槽轴向的形状均为矩形,则:

$$A_{\mathrm{v}} = Z x_{\mathrm{v}} y_{\mathrm{v}} \tag{2-2}$$

式中,A_{v} 为阀芯沟槽的油液导通面积,m^2;x_{v} 为阀芯轴向移动距离,m;y_{v} 为阀套窗口与阀芯沟槽的导通宽度,m。

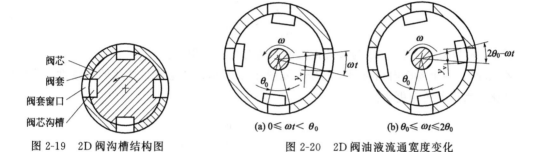

图 2-19　2D 阀沟槽结构图　　图 2-20　2D 阀油液流通宽度变化

根据阀套与阀芯接触宽度 y_{v} 的变化（$0 \sim y_{\mathrm{vmax}}$,$y_{\mathrm{vmax}} \sim 0$）位置关系,得:

$$\theta_0 = \frac{2\pi}{4Z} \tag{2-3}$$

阀芯沟槽的油液导通的最大面积为:

$$A_{\max} = Z x_{\max} 2R \sin \frac{\theta_0}{2} \tag{2-4}$$

式中,θ_0 为阀芯沟槽宽所对应的圆心角;R 为阀芯半径,m。

由式(2-4)求得最大流通面积与阀芯沟槽数的关系,当 $Z \geqslant 6$ 时,$A_{\max}$ 已基本不变化,此时流通宽度与圆周弧长之比已接近 $1/4$,因此 Z 的取值至少为 6。

(3) 2D 阀的数学模型

当阀芯旋转的角度 ωt 在 $[0, 4\theta_0]$ 内变化时,第1个台肩的阀芯与阀套接触宽度变化的分段函数为:

$$y_{\mathrm{v1}} = \begin{cases} 2R \sin \dfrac{\omega t}{2} & (0 \leqslant \omega t \leqslant \theta_0) \\ 2R \sin \dfrac{2\theta_0 - \omega t}{2} & (\theta_0 \leqslant \omega t \leqslant 2\theta_0) \\ 0 & (2\theta_0 \leqslant \omega t \leqslant 3\theta_0) \\ 0 & (3\theta_0 \leqslant \omega t \leqslant 4\theta_0) \end{cases} \tag{2-5}$$

而与之相邻的第2个台肩阀芯与阀套接触宽度 y_{v2} 变化情况则相反,在 $[0, 2\theta_0]$ 时为

0，在 $[2\theta_0, 4\theta_0]$ 时导通；第 3、4 个台肩的变化与第 1、2 个相同。

容易得到一个周期内油液流通面积的变化情况，见式（2-6），阀芯回转一周内其他阶段的变化以此类推，所以，油液流通面积在理论上有严格的周期性。如图 2-21 所示，面积的变化曲线非常接近参考的正弦波形曲线。

$$A=\begin{cases} 2x_{\mathrm{v}}ZR\sin\dfrac{\omega t}{2} & (0\leqslant\omega t\leqslant\theta_0) \\[2mm] 2x_{\mathrm{v}}ZR\sin\dfrac{2\theta_0-\omega t}{2} & (\theta_0\leqslant\omega t\leqslant2\theta_0) \\[2mm] 2x_{\mathrm{v}}ZR\sin\dfrac{2\theta_0-\omega t}{2} & (2\theta_0\leqslant\omega t\leqslant3\theta_0) \\[2mm] -2x_{\mathrm{v}}ZR\sin\dfrac{4\theta_0-\omega t}{2} & (3\theta_0\leqslant\omega t\leqslant4\theta_0) \end{cases} \qquad (2\text{-}6)$$

为考察油液流通面积与参考正弦波形曲线面积的误差，设：

$$e=\frac{A-A_{\mathrm{y}}}{A_{\mathrm{y}}}\times100\% \qquad (2\text{-}7)$$

式中，e 为相对误差；A_{y} 为参考正弦波形所对应的面积值。

$Z=8$ 时，一个周期内相对误差的变化如图 2-22 所示，考虑流量变化的连续性，实际的流量变化最大误差还应更小。

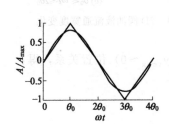
图 2-21　2D 阀油液流通面积变化

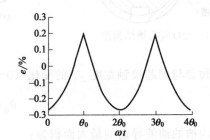
图 2-22　流通面积与正弦波形面积的相对误差

式（2-6）表明在 $[0, 4\theta_0]$ 内，流通面积的变化是非线性的，需对其进行线性化处理。采用傅里叶变换，得式（2-6）的傅里叶变换函数为：

$$A(t)=\sum_{k=1}^{\infty}\frac{1}{[2Z(2k-1)]^2}\frac{16RZ^2x_{\mathrm{v}}(-1)^{k-1}}{\pi}\cos\frac{\theta_0}{2}\sin[(2k-1)Z\omega t]\quad k=1、2、3\cdots\cdots$$

$$(2\text{-}8)$$

显然，$k=2$、3……时，高次谐波的幅值仅为 $k=1$ 时的 $1/9$、$1/25$……直至 0，衰减迅速，因此可用基波分量代替阀芯与阀套接触面积变化的分段函数。即取 $k=1$，得：

$$A(t)=\frac{1}{(2Z)^2-1}-\frac{16RZ^2x_{\mathrm{v}}}{\pi}\cos\frac{\theta_0}{2}\sin(Z\omega t) \qquad (2\text{-}9)$$

式（2-9）表明面积傅里叶变换的基波是一个与 Z 相关的正弦函数，周期为 $4\theta_0$，该波形即为阀的输入信号，其周期即为阀的换向周期。当 x_{v} 为常值时，不管阀芯转速大小如何变化，输入信号始终为正弦波形；而当 x_{v} 为按一定规律发生变化时（如 $x_{\mathrm{v}}=B\sin\omega_1 t$），输入信号的波形将发生变化。反之，如果能对所需的信号进行幅值、频率和平均值分解，就能对分解的信号实行独立控制，以满足所需信号。

(4) 小结

① 2D 阀的结构简单，换向可靠，抗污染能力强，且易于控制，新型结构有利于得到高的频率，适用于各种类型的液压式高速换向的场合，如高频激振器等；

② 单独配置一个伺服电动机通过偏心机构驱动阀芯作轴向运动，以改变周期性变化阀口面积的大小，进而控制 2D 阀的流量输出；

③ 采用直接数字控制，具有重复精度高、无滞环的优点，输入波形在理论上有严格的周期性，且按正弦规律变化。

2.1.6 基于 2D 高频数字阀的高速数控冲床液压系统

数控冲床是集机、电、液于一体的前沿产品，广泛用于各类金属薄板零件加工，是一次性自动完成多种复杂孔型和浅拉深成型的板材加工关键设备。有一种基于 2D 高频数字阀的液压控制系统方案可用于切削频率为 1000 次/min 的高端数控冲床。

(1) 工况

该高速数控冲床液压装置直接装在冲头上，控制冲头完成冲孔、压印、弯曲、成型等工艺。要求该液压装置可以控制滑块的上、下运动速度和停滞位移连续可控，实现空程快速下行、慢速冲压、快速回程；可以控制冲压力的大小，并在整个行程中提供最大的工作压力；冲压频率高。也即是要求可以设定冲裁加工工艺的速度、位置以及冲压力的大小等参数。冲压频率与冲压行程、冲压板厚等参数有关，直接影响数控冲床的生产效率，针对冲压频率为 1000 次/min 的液压系统进行设计。该液压系统其他参数为活塞最大行程 40mm，最大冲压力 330kN，工作行程 5mm，冲裁板厚 1mm。

(2) 核心控制元件

高速数控冲床液压系统具有压力高、流量大、频率高的特点，其设计的关键是液压核心控制元件和控制策略。数控冲床的伺服驱动技术发展趋势是全数字化。全数字化不仅包括伺服驱动内部控制的数字化，伺服驱动到数控系统接口的数字化，而且还应该包括测量单元数字化。电液数字控制的实现方法一般有两种：采用伺服阀或比例阀的传统的间接数字控制模式和采用 2D 高频数字阀的新型的直接数字控制模式。前者需 D/A 转换接口，具有系统复杂、价钱昂贵、维护麻烦、温漂、零漂、滞环等缺点；后者无须 D/A 转换接口，具有重复精度高、无滞环、抗污染能力强等优点。2D 高频数字阀的结构简单，换向可靠，抗污染能力强，具有重复精度高、无滞环的优点，利于得到高的频率，可实现直接数字化控制，工作压力为 40MPa，公称流量为 400L/min，响应时间 3ms，频宽 200Hz，是高速数控冲床液压系统控制元件的首选，故该液压系统采用 2D 高频数字阀作为核心控制元件。

(3) 系统方案

考虑到该冲床在工作进给时负载较大，速度较低，而在快进、快退时负载较小，速度较高，从节省能量、减少发热考虑，泵源系统宜选用高、低压双泵供油。此外为了更大幅度地调节快进、快退时的速度，实现快速冲压，同时也为了减小油缸活塞的直径，该液压系统采用液动阀控制的差动连接。另外在进油路中采用蓄能器储存能量，补偿油缸快速下行时的流量。考虑到换向、机械冲击在管路内会产生压力尖峰，产生噪声，在回油路中采用蓄能器吸收这些冲击，实现换向以及运行平稳并降低噪声。根据以上分析确定的液压原理如图 2-23 所示。

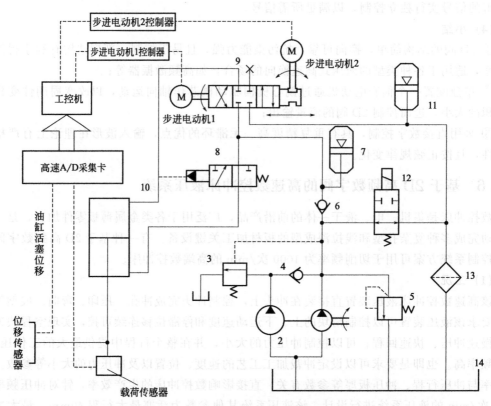

图 2-23　高速数控冲床液压系统控制原理图

1—高压泵；2—低压泵；3—顺序阀；4,6—单向阀；5—溢流阀；7,11—蓄能器；8—液动阀；
9—2D 高频数字阀；10—油缸；12—电磁阀；13—过滤器；14—油箱

其工作原理为：通过工控机先设定冲压的频率、工作行程、板材厚度、冲压力大小等工艺参数。电磁阀 12 通电，系统开始工作，此时 2D 高频数字阀 9 由工控机通过 2D 阀控制器控制步进电动机 1 转动，使得 2D 高频数字阀 9 处于右位，高、低压泵同时向主油路供油。高、低压泵以及蓄能器同时经 2D 高频数字阀 9 右位向油缸的上油腔供油，油缸下油腔的液压油通过液动阀 8 也向 2D 高频数字阀 9 右位供油，形成一个差动回路，活塞杆带动冲头快速向下运动。当冲头遇到工件受阻时，系统压力升高，达到液动阀 8 的设定压力时，阀 8 右位接通，差动回路切断，低压泵 2 经顺序阀 3 卸载，高压泵 1 经 2D 高频数字阀 9 右位向油缸上油腔供油，下油腔液压油经液动阀 8 右位回油箱，活塞向下运动，完成冲压工艺。位移传感器检测到冲头到达下位极限时，工控机发出信号，控制步进电动机 1 转动一定的角度（如 $\theta/2$）时使得 2D 高频数字阀处于左位，同时负载消失，系统压力降低，液动阀 8 右位接通，此时高、低压泵以及蓄能器通过液动阀 8 向油缸下油腔供油，油缸上油腔油液通过 2D 高频数字阀左位回油箱，活塞作快上运动，此时完成一次上下往复运动，如此重复循环，完成系统的快速往复运动。当电磁阀 12 断电时，压力油不通过主油路，通过溢流阀流回油箱，此时高、低压泵卸荷。

油缸频率控制原理如图 2-24 所示。由工控机键盘输入频率给定值，工控机将给定频率值输给步进电动机 1 控制器，将信号转化成旋转磁场的角位移信号 $\theta_m(t)$，驱动混合式步进电动机 1，使其输出角位移信号为 $\theta(t)$，步进电动机 1 旋转使得进出口的两个通道的流量大小及方向以相位差为 180° 发生周期性的变化，使得 2D 阀换向，产生一个频率 f_v，这个频率也就是油缸的冲压频率 f_p。通过改变工控机设定值，从而改变步进电动机 1 的旋转速度，很方便地控制油缸的冲压频率 f。

图 2-24   油缸频率控制原理图

油缸活塞位移、输出力控制原理如图 2-25 所示。载荷传感器检测到油缸实际输出的力（或位移）大小，与给定力（或位移）值相比较形成误差信号 $e_1(t)$［或 $e_2(t)$］，通过步进电动机 2 控制器将误差信号转化成旋转磁场的角位移信号 $\theta_m(t)$，驱动混合式步进电动机转子转动，使其输出角位移信号为 $\theta(t)$，通过传动机构转化成 2D 阀芯的轴向位移 x_v，阀芯位移的变化引起 2D 阀输出的负载流量（或位移）发生改变，从而消除油缸的输出载荷（或位移）误差，使得油缸的输出载荷（或位移）与设定值保持一致。

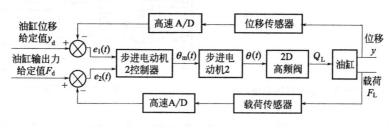

图 2-25   油缸活塞位移、输出力控制原理图

(4) 结论

液压控制系统采用 2D 高频伺服阀作为核心控制元件，响应频率高达 1000 次/min，直接通过改变 2D 高频数字阀的阀芯转速，也即改变阀芯旋转速度驱动步进电动机 1 来改变整个液压系统的频率，使得该液压系统更具柔性。该 2D 高频伺服阀直接由步进电动机驱动，无须 D/A 转换，直接将输入信号转换为与步数成比例的阀输出信号，实现了完全数字控制，控制重复精度高、无滞环，系统结构简单。此外，该液压控制系统能设定冲头的上死点、下死点、工作行程以及油缸输出载荷大小。

2.1.7   车辆换挡用 2D 数字缓冲阀

换挡用液压缓冲阀常用于车辆的换挡操纵系统中，其作用是合理控制车辆换挡时湿式离合器中油液压力的变化，使得车速在换挡过程中平稳过渡。随着车辆技术的提高，现在急需要能够快速、精确地控制离合器油缸内压力的缓冲阀。这是一种 2D 数字技术用于自动变速器的方案，用于精确快速地控制离合器内油液压力的变化。

(1) 理想缓冲特性曲线

① 离合器理想油压变化曲线   车辆自动变速器中的离合器，在换挡过程中离合器内的油液压力变化分为 3 个过程：快速充油、缓冲升压以及阶跃升压。某重型车辆离合器油压变化曲线如图 2-26 所示。

图 2-26 中 0~t_1 为离合器油缸快速充油过程，此过程需要消除离合器摩擦片的间隙，压力由 0~p_a。t_1~t_2 为缓冲升压过程，是换挡中的一个非常重要的过程。此时离合器摩擦

片被压紧，开始传递摩擦力矩，直到摩擦片实现完全接合，此过程中离合器油缸内油压的变化尤为重要，压力需要缓慢变化，由 p_a 升至 p_b。t_2 时间后为阶跃升压过程，此时离合器内的油压迅速升至主油压 p_s。上述过程即是现有某重型车辆上离合器内油压在车辆换挡时的变化过程。

② 液压缓冲阀组　目前常采用在换挡阀和离合器的控制油路上引入液压缓冲阀，如图 2-27 所示。

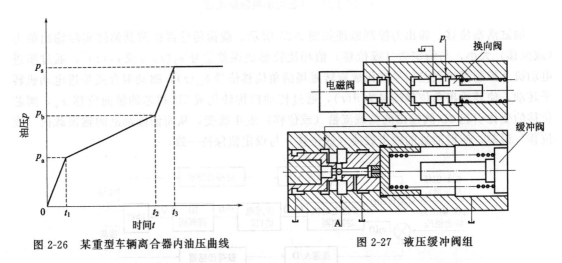

图 2-26　某重型车辆离合器内油压曲线

图 2-27　液压缓冲阀组

由图 2-27 可知现有的缓冲阀是由电磁阀、换向阀以及缓冲阀组成的缓冲阀组，因此其体积较大。另一方面，离合器油压控制主要依靠缓冲阀的节流小孔和弹簧的相互作用，若要实现不同的缓冲压力特性曲线，则需要设计不同的弹簧以及节流小孔，使得其调节灵活度低。其缓冲特性曲线同理想缓冲特性曲线的对比如图 2-28 所示。

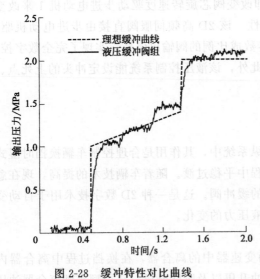

图 2-28　缓冲特性对比曲线

从图 2-28 中可以看出液压缓冲阀组在 0.78s 时有较小的压力上升，在 1.17s 时也有明显的压力上升过程，偏离了之前的线性增加轨迹。另一方面其控制精度 δ，即在缓冲升压中输出压力同理想输出压力的最大误差率，即：

$$\delta = \frac{p_o - U_i}{U_i} \times 100\% = 14.43\% \quad (2-10)$$

式中，p_o 为液压阀实际输出油压；U_i 为理想油压。

可见此液压缓冲阀组的控制精度较低，希望有能够主动控制的电液式缓冲阀。

（2）2D 数字缓冲阀

① 2D 数字缓冲阀的结构　为获得图 2-28 所示的离合器内油压的变化规律，并且能够提高输出压力的控制精度，以提高换挡品质，设计了将 2D 数字技术应用于车辆换挡缓冲上的 2D 数字缓冲阀，其结构简图如图 2-29 所示。

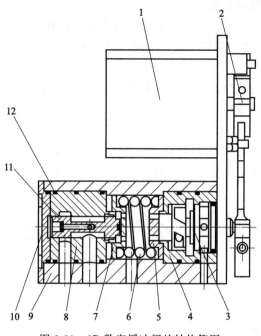

图 2-29　2D 数字缓冲阀的结构简图

1—旋转电磁铁；2—传动机构；3—数字阀芯；4—数字阀套；5—挡板 1；6—弹簧；7—挡板 2；
8—主阀套；9—阀体；10—端盖；11—主阀芯；12—O 形密封圈

2D 数字缓冲阀由电-机械转换器、传动机构以及主阀体构成，其中主阀体是由 2D 数字先导阀和主减压阀组成。阀芯开有高低压孔，高压孔与进油口相通，低压孔与回油口相通，先导阀阀套上开有斜槽，高低压孔与斜槽形成弓形重叠面积，两个弓形重叠面积在进油口和回油口之间形成了高压节流孔和低压节流孔。

② 2D 数字缓冲阀工作原理　如图 2-30 所示，数字缓冲阀的主阀是常闭的，2D 数字先导阀的零位是使得先导阀芯处于受力平衡状态。当输入一定的电信号时，使电-机械转换器逆时针旋转相应的角度，通过传动机构，将旋转运动传递给了 2D 数字阀芯，使得高压孔与螺旋槽构成的重叠面积增大，低压孔与其构成的面积减小，此时敏感腔内的压力增大，阀芯的平衡状态被打破，阀芯将向左运动，使弹簧受压，进而推动主阀芯也向左运动，打开主阀口，此时油液将流向出油口进入离合器内，使得离合器充油。

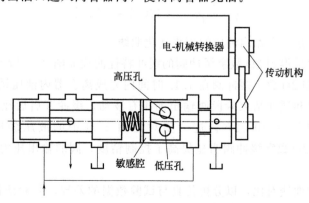

图 2-30　2D 数字缓冲阀工作原理

(3) 2D 数字缓冲阀技术性能

① 2D 数字缓冲阀静态特性　2D 数字缓冲阀的静态特性是指输入电压信号与输出油液压力的关系，是数字阀的主要性能曲线，由此可以得到阀的线性度、滞环等指标。试验及仿真曲线如图 2-31 所示。

从图 2-31 可以看出仿真和试验曲线的趋势是一致的，都成近似线性的变化趋势。通过对数据的分析试验测得 2D 数字缓冲阀的线性度为 9.25％，滞环为 0.106。

② 2D 数字缓冲阀缓冲特性　2D 数字缓冲阀的缓冲特性是其主要的动态特性，是决定缓冲阀性能的指标之一。通过仿真和试验可以得到 2D 数字缓冲阀的缓冲特性曲线，如图 2-32～图 2-34 所示。图中横轴表示时间，纵轴表示 2D 数字缓冲阀的出口油压。

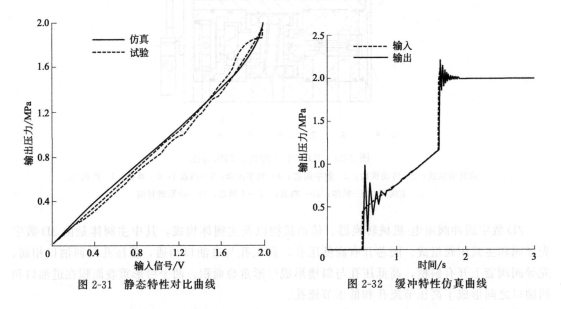

图 2-31　静态特性对比曲线　　　　图 2-32　缓冲特性仿真曲线

图 2-32 是 2D 数字缓冲阀的缓冲特性仿真曲线，从图中可知 2D 数字缓冲阀在 0.5s 时开启，输入信号使阀在 1.1s 时间内完成换挡过程，即离合器内油压在 1.1s 内具有缓慢升压的过程。图中还可以看出在缓冲开启和缓冲结束阶段阀输出油压有波动，缓冲开启后经过 180ms 后跟随输入信号，其稳定跟随精度 η 为在缓冲升压压力稳定输出时输入信号和输出压力的最大误差率，即：

$$\eta = \frac{p_o - U_i}{U_i} \times 100\% = 4.71\% \tag{2-11}$$

阀的输出压力满足离合器内油压的理想变化曲线。

利用试验平台测试得到 2D 数字缓冲阀的缓冲特性曲线如图 2-33 所示。

从图 2-33 中可知 2D 数字缓冲阀在 1.1s 时间内完成离合器内油压缓慢升压的过程。还可以看出在缓冲开启和缓冲结束阶段阀输出油压有波动，缓冲开启后经过 195ms 后跟随输入信号，其控制精度 $\delta = 10.52\%$。进一步对比图 2-28 中的液压缓冲阀组的控制精度 14.43％，可以知道 2D 数字缓冲阀明显提高了控制精度。阀的输出压力满足离合器内油压的理想变化曲线。

将仿真与试验的曲线对比，以分析仿真与试验数据的差异，并验证仿真模型的正确性，对比曲线如图 2-34 所示。

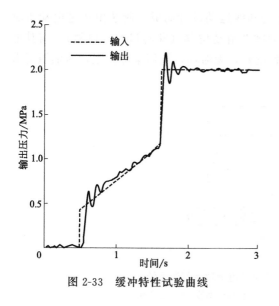

图 2-33　缓冲特性试验曲线

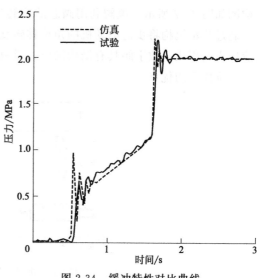

图 2-34　缓冲特性对比曲线

从图 2-34 中可以看出，仿真和试验趋势是一致的，都使离合器内油压在 1.1s 内完成缓慢上升的过程。缓冲开启时，比较阀输出压力达到 0.5MPa 的时间，仿真快于试验 5.5ms；缓冲开启和结束阶段，比较阀输出压力波动，仿真比试验更加剧烈。影响阀的瞬态特性与模型的容腔体积有关，而在实际中阀存在加工误差和装配误差，会造成在设置仿真数值时产生误差，因此仿真结果和试验结果有一定的误差；另一方面，仿真和试验的共同点是两者都跟随输入信号变化，并且都满足在换挡阶段中离合器内油压变化理想曲线。

③ 同比例式缓冲阀的对比试验　对比现有的某传动装置中所采用的比例电磁阀作缓冲阀的缓冲特性，得到如图 2-35 所示的试验结果对比曲线。

离合器内油压关键在于控制缓冲阶段内油压的变化趋势，所以从对比曲线图 2-35 中的缓冲阶段可以看出，数字式缓冲阀的缓冲特性明显优于比例式缓冲阀的缓冲特性。进一步分析缓冲阶段内的相应指标，在缓冲阶

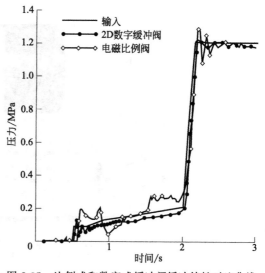

图 2-35　比例式和数字式缓冲阀缓冲特性对比曲线

段，比例式缓冲阀在起始时刻滞后数字式缓冲阀约 30ms 的时间，其超调量 105% 远远大于数字式的超调量 31.2%，并且比例式的输出压力不稳定。

2.1.8　材料试验机电液数字同步举升系统

这是一种采用 2D 数字伺服阀控同步控制方案，适用于材料试验机滑块同步举升系统。

(1) 同步系统与 2D 数字阀

图 2-36 是电液同步控制系统的原理图。控制系统中核心控制元件是 2D 数字伺服阀，其

结构图如图 2-37 所示。该阀利用阀芯的旋转运动和线运动设计而成。阀芯由步进电动机驱动，通过凸轮机构将步进电动机的角位移转变为阀芯滑动位移（即阀口的开口量）。与其他电液伺服阀相比，数字阀具有结构简单，重复精度高，无滞环，抗污染能力强，对油源要求低，性价比高的优点。

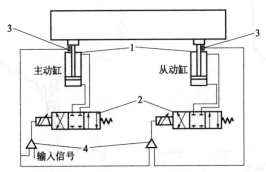

图 2-36 材料试验机滑块同步举升电液数字伺服系统
1—单出杆缸；2—2D 数字伺服阀；3—位移传感器；4—比较器

如图 2-37 所示，2D 数字伺服阀由阀体、电-机械转换器（步进电动机）、齿轮传动机构等主要部分组成。

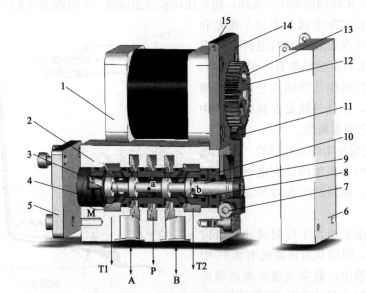

图 2-37 2D 数字伺服阀的结构图
1—步进电动机；2—阀体；3—阀套；4—O 形圈；5—挡板；6—盒盖；7—紧固螺钉；8—同心环；9—阀芯；10—端盖；11—摆轮；12—齿轮；13—限位销；14—电动机安装板；15—安装销

步进电动机位于 2D 数字伺服阀的上方，其尾部装有检测电动机转角的角位移传感器。步进电动机通过齿轮与 2D 阀阀芯连接，即步进电动机的运动可以控制阀芯的旋转运动，同时可以放大力矩。2D 数字伺服阀的电动机采用 DSP 系统设计的嵌入式系统进行控制。阀具有以下优点：抗污染能力强；响应速度快。伺服螺旋机构的液压固有频率取决于敏感腔的体积及阀芯的质量，2D 数字阀的结构特点决定了其敏感腔可以设计得很小，因此其液压固有频率很高，响应速度快。

图 2-36 中液压执行元件为单出杆液压缸,其活塞位置可由安装在主动缸活塞上的位移传感器 3 检测。这两个液压缸位置信号都送入各自的 2D 数字伺服阀控制器,实现闭环控制,并且采用同等同步的方式实现双缸同步控制。

(2) 2D 阀控单出杆缸嵌入式控制器

图 2-38 所示为 2D 阀控单出杆缸嵌入式控制器控制方案。整个系统包含控制部分、电动机驱动部分、信号反馈部分三部分组成。从结构组成方面看,系统包含 3 个闭环控制,分别是液压缸位置闭环、步进电动机位置闭环以及步进电动机两相电流闭环控制。2D 阀控单出杆缸嵌入式控制器大致控制过程是:通过滑动变阻器设定一个初始位置,与位移传感器采回的信号对比(比较码值),通过位置 PID 运算得到电动机的控制信号,电动机通过自身的位置闭环和两相电流闭环后输出一个转角,继而控制阀口的开度,使液压缸运动,直至液压缸运动到设定位置为止(液压缸经位移传感器采回的信号的 A/D 值与输入信号的 A/D 值相等)。

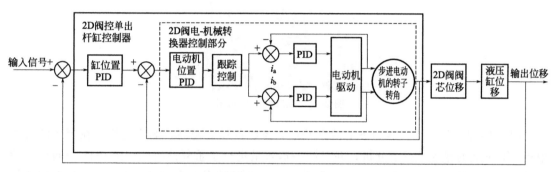

图 2-38 2D 阀控单出杆缸嵌入式控制器方案图

该嵌入式控制器有以下功能和原理:2D 数字阀控制器主要包括 DSP 基本单元、步进电动机驱动单元、步进电动机位置检测单元[SPI、两相电流检测单元、外部控制信号采集单元和液压缸位置信号采集单元(A/D 采样)]。主控芯片采用的是 TI 公司的 TM 5320 F2812,内部集成的步进电动机数字控制的模块包括 ADC 模块、EVA/EVB、SPI、SCI 等。其中 ADC 模块的主要功能有采集外部输入信号(控制信号)、步进电动机的两相电流、单出杆缸位置信号(0~10V)等,将其转化为数字信号送给 DSP 处理。EVA 的主要功能是产生控制步进电动机运动的 4 路 PWM 信号,SPI 模块主要接收角位移传感器检测到的步进电动机的角位移信号,这里采用的角位移芯片是 AS5045,其分辨率为 0.0879°。

2D 数字阀控制器的工作原理是由 EVA 产生的 4 路 PWM 波来控制双 "H 桥" 的 IRF640 的关断,从而控制步进电动机的两相电流,进而控制步进电动机的运动。通过齿轮副来控制 2D 数字阀阀芯的轴向运动,阀芯轴向运动使阀开口发生改变以控制流量,进而控制单出杆缸的位置。2D 阀控单出杆缸位置闭环系统实际包括两相电流闭环控制、电动机角位移闭环控制和液压缸位置闭环控制。

输入控制信号与液压缸反馈信号有差值时(数字信号),差值信号经过位置 PID 运算作为输入信号,电动机位置闭环也是通过 PID 控制实现,即通过输入信号与角位移反馈信号相比较得到的差值进行 PID 运算来控制步进电动机两相电流,两相电流的改变可以改变旋转磁场控制信号,进而使电动机的角位移信号和控制系统所要求的摆角信号一致。通过电动机角位移的控制达到控制 2D 数字阀流量,从而达到控制液压缸位置的目的。

(3) 实验系统及结果

双缸同步实验以疲劳试验机为平台，该实验设计双缸同步的目的是举升一个重约 3t 的上梁，如图 2-39 所示。因此要求同步过程中双缸的速度尽可能低，以减小冲击和振动，此外还要求有较高的同步精度。

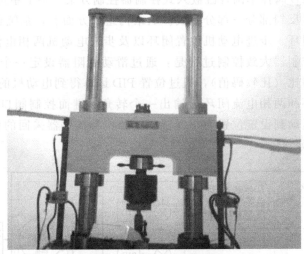

图 2-39　双缸同步实物图

图 2-40 是系统在不同压力下的阶跃响应，系统的压力越高，响应越快。在闭环的实验中还针对不同的输入进行了分析，并对同一输入量进行了重复性实验。图 2-41 为同步实验结果，活塞的运动速度为 7.6mm/s，滞后 0.1s，此时的误差大约是 0.16mm，具有较高的同步精度，满足实际应用的要求。

仿真和实验都表明同步系统具有很高的同步控制精度。

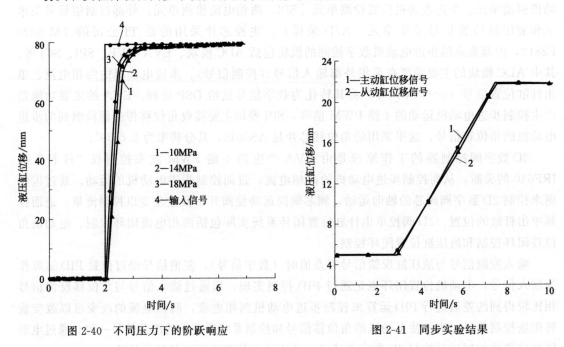

图 2-40　不同压力下的阶跃响应　　　　　　图 2-41　同步实验结果

2.1.9 数字阀在万能材料试验机中的应用

新型试验机采用数字电液伺服控制技术、全数字多通道闭环测控系统等，解决了诸多技术难题。

(1) 主机功能原理

试验机采用油缸下置式结构，试验空间电动调整，试样装夹采用对夹式液压自动夹紧装置，四立柱卡箍式结构调整主机高度及试验空间，试台下面安装有高精度载荷传感器和位移传感器，载荷传感器与活塞深置调心装置相连接，下横梁、丝杠与安装有油缸的底座形成一个刚性体，实现试验空间的调整。试验机主机的上横梁立柱、试台、传感器与调心装置形成另一个刚性体。在试验时，上、下钳口夹持住试样，上横梁通过活塞向上运动，完成对试样的加载。这时，采用变流量技术，通过 PID 伺服控制技术调节进入油缸内液压油流量，控制活塞的移动速度。根据材料试验要求，实现了载荷控制、变形控制、位移控制及三种控制方式之间的无冲击转换。

(2) 数字电液伺服控制技术的功能特性

系统应用最新研制的数字伺服阀和全数字多通道控制技术实现材料试验过程中的应力控制、应变控制、位移控制并实现三种控制形式的无冲击转换。

电液数字伺服控制系统由 CTS-500 全数字多通道闭环测控系统和数字伺服阀构成，与比例阀和伺服阀的电液控制系统相比具有以下优越性。

① 数字伺服阀较传统的比例阀或伺服阀精度更高。传统的比例阀或伺服阀可以看成是单级控制，而数字阀的分级控制却是这种单级特性的多次重复，这使得对控制阀乃至系统性能产生不利影响的非线性指标（如滞环、饱和及分辨率等）被限制在很小的范围内，如图 2-42(a) 所示的比例阀/伺服阀和图 2-42(b) 所示的数字阀（8 级）的输入-输出特性对照。

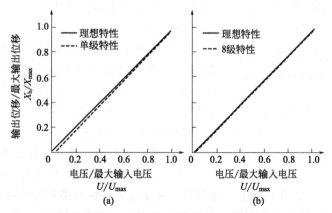

图 2-42 比例阀/伺服阀（单级）和数字伺服阀（8 级）输入-输出特性

② 响应速度快（特别是零位附近），数字伺服阀选用小型步进电动机，其固有频率在 $200\sim400\text{Hz}$。

③ 数字伺服阀通过一套机械转换机构驱动阀芯动作，该机构同时起到力（力矩）放大作用，可对阀芯产生较大的推动力（力矩），增加阀芯动作的可靠性。以万能试验机 10 通径的直动数字阀为例，折算的步进电动机对阀芯的最大推力达 1000N。

④ 在步进电动机的跟踪控制过程中，控制器还对步进电动机施加"数字碎片信号"，该信号频率可自动变化，从而更有效地消除阀芯卡紧力并保证数字阀的高分辨率。

⑤ 采用电液数字阀和直接数字控制技术，系统工作具有很高的可靠性和环境稳定性。

⑥ 系统采用载荷敏感技术，泵的出口压力与载荷压力差始终保持在 1MPa 左右，系统效率高，发热量小，无需加任何冷却器。

⑦ 系统工作可靠，抗污染能力强，无须专门过滤器，维护简单。

⑧ 自带安全阀，确保系统工作过程中不超载。

⑨ 整个系统测量和控制精度高。

2.1.10 电液数字控制技术在提升装置中的应用

(1) 提升装置

在铅电解残阳极洗涤生产线中，提升装置如图 2-43 所示。

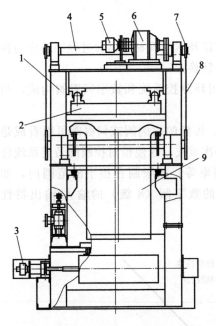

图 2-43 铅残阳极板洗涤机提升装置
1—机架；2—步进分板装置；3—步进分板油缸；
4—传动轴；5—液压马达；6—减速器；7—链轮；
8—提升链；9—铅残阳极板

该装置主要由液压马达、减速器、齿轮传动机构、链提升机构组成，其主要任务是将要洗涤的铅残阳极板下降进行洗涤，在洗涤完之后，再将铅残阳极板提升。其工作原理为：首先铅残阳极板步进输送至分板位置，步进分板油缸动作，将铅残阳极板送至洗涤位置；然后液压马达输出动力，经过一对减速齿轮将旋转运动传递给链轮，通过链轮带动铅残阳极板吊耳挂钩下降至冲洗装置；最后由链轮将洗涤完后的铅板提升至原来的分板推板位置处，再由分板推板装置将铅残阳极板推出，这样就完成一次提升工作循环。整个洗涤过程要求提升装置能做到频繁启动、反转、制动，并且为了达到洗涤的平稳性，还需限制最大加速度和加速度变化率。

由于铅残阳极板的表面极不平整，且提升的速度较快，在提升过程会出现速度控制不准确、抖动现象，不利于铅残阳极板的洗涤。严重时还可能将铅残阳极板卡到洗涤位置处，影响生产效率。作者拟采用电液数字技术对系统进行控制。

(2) 提升装置速度控制系统原理

洗涤机提升装置电液数字控制系统如图 2-44 所示。其工作原理是：当提升装置上下运动时，速度传感器检测提升装置的运动速度，模拟量的速度信号经过 A/D 转换成数字量，反馈给计算机，计算机将接收到的反馈信号与要求的信号进行对比，如果有速度误差，计算机向数字阀控制器发出误差信号，阀控制器根据此误差信号驱动数字阀的步进电动机，由步进电动机对数字阀的阀芯位置进行控制，即对数字阀开口进行控制，从而实现对数字阀流量的控制，进而达到对液压马达转速的控制，最后达到对提升装置速度的控制。

(3) 提升装置电液数字控制系统建模

根据系统各动力机构参数，得出系统输出对输入的开环传递函数为：

$$G_K(s) = \cfrac{\cfrac{K_b K K_q K_c}{D_m}}{\cfrac{s^2}{\omega_m^2} + 2\xi_m \cfrac{s}{\omega_m} + 1} = \cfrac{17.681}{\cfrac{s^2}{133^2} + \cfrac{0.3362}{133}s + 1}$$

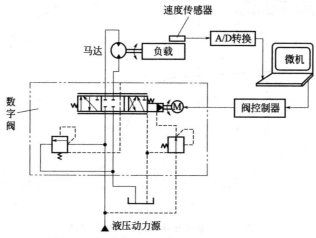

图 2-44　提升装置电液数字控制系统原理图

系统输出对输入的闭环传递函数为：

$$G_b(s) = \cfrac{\cfrac{K_b K_i K_q}{D_m}}{\cfrac{s^2}{\omega_m^2} + 2\xi_m \cfrac{s}{\omega_m} + 1 + \cfrac{K_b K_t K_q K_c}{D_m}} = \cfrac{7.8234}{\cfrac{s^2}{133^2} + \cfrac{0.3362}{133}s + 18.681}$$

（4）电液数字控制系统的稳定性分析

由图 2-45 所示的系统开环伯德（Bode）图可知，相位裕量 $\gamma = 4.71°$，穿越频率 $\omega_c = 574\text{rad/s}$。相频曲线没有与 $-180°$ 线相交，则系统幅值裕量 K_g 趋于 $+\infty$，按照判定原理来讲闭环系统是稳定的。但电液数字速度控制系统的相位裕量偏小，而幅值裕量偏大。当系统参数改变时，系统的相位裕量和幅值裕量太大或者太小都会影响到系统的稳定性。一般对于相位裕量和幅值裕量都有一个选择范围，相位裕量 $\gamma = 30° \sim 60°$，幅值裕量 $K_g = 8 \sim 20\text{dB}$。为了使系统有合适的相位裕量和幅值裕量，必须给系统加上适当的校正环节。

（5）电液数字控制系统 PID 控制

通过多种校正方法的分析，采用 PID 控制对数字速度控制系统进行校正。PID 控制器是由比例、积分、微分组成，其控制规律为：

$$G_c(s) = K_P + \frac{K_I}{s} + K_D s$$

由图 2-46 可以看出 PID 校正后的系统幅值裕量 $K_g = 9.39\text{dB}$，相位裕量 $\gamma = 47.1°$，且系统对阶跃信号的稳态误差为零。所以增加了 PID 校正的电液数字速度控制系统性能完全符合提升装置的要求。但是由 Bode 图对比可知系统的穿越频率减小了。可以说系统性能的提高是以降低系统的响应速度来实现的。

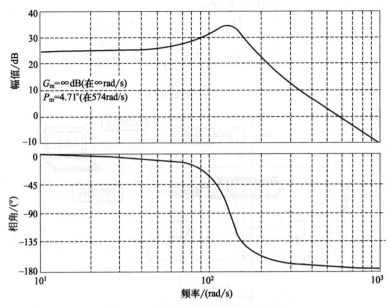

图 2-45　系统开环传递函数的伯德图

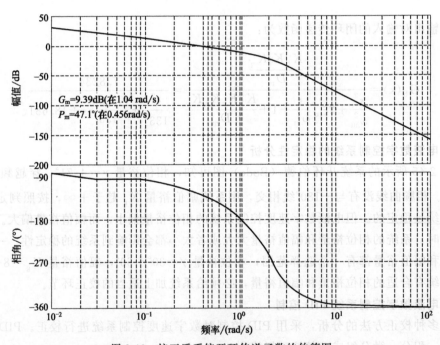

图 2-46　校正后系统开环传递函数的伯德图

2.1.11　数字阀在船舶液压舵机控制中的应用

63kN·m 液压舵机广泛应用于内河船舶舵角操控系统，它由 1 套主操舵装置和 1 套辅助操舵装置组成。由三位四通电磁换向阀 34EYM-B20H-TZ 实现压力油路的换向，舵机专用阀液压锁稳舵，保持舵角一定。双联安全阀起过载保护作用。其操舵方式是人工操舵，见图 2-47。下面将介绍 63kN·m 液压舵机控制的改造方案。

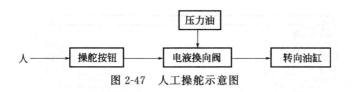

图 2-47　人工操舵示意图

(1) 同轴流量放大器

TLF 系列同轴流量放大器的结构如图 2-48 所示，由控制和放大流量用的转阀和计量用的摆线针轮啮合副（计量马达）组成。转阀由阀芯、阀套和阀体组成，阀芯与阀套上开有各种槽和孔，阀芯上的槽孔与阀套上的槽孔间形成各种节流口和油路，分别构成了控制和放大两条油路。转阀的前端与计量马达相连，构成负荷传感转向器，起到控制油流的作用；转阀的后侧与转向油缸相连接，阀体内的控制油路和放大油路合流后由此处输出，供给转向油缸。转阀阀芯的输入端与方向盘相连接。将转向器与放大器做成一体，具有结构紧凑、操纵省力、转向灵敏平稳、工作可靠和便于控制等优点。

控制信号来自步进电动机，是数字电路直接控制的液压装置。

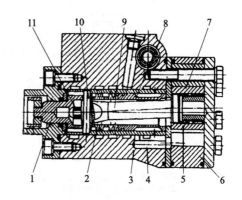

图 2-48　TLF 系列同轴流量放大器的结构
1—阀芯；2—阀套；3—阀体；4—控制油口；5—计量马达转子；6—计量马达定子；7—摆线针轮啮合副（计量马达）；8—控制放大转阀；9—联动轴；10—拨销；11—回位弹簧

(2) 硬件系统

原 63kN·m 液压舵机的液压执行元件是电液换向阀，存在换向冲击较大、换向欠平稳等缺点。同轴流量放大器优点突出，在船舶液压舵机中替代原有的液压执行器，大有可为。改造后 63kN·m 液压舵机硬件系统见图 2-49。

硬件系统由 1 套主操舵装置和 1 套辅助操舵装置组成，保留原有的辅助操舵装置作为应急。由步进电动机根据执行命令输出方向信号和角度信号，驱动同轴流量放大器实现压力油路方向和流量控制。控制转向油缸及舵叶的转动，实现舵角和航向的调整。符合《钢质内河船舶入级与建造规范》有关要求。

(3) 控制系统

PID 自动舵具有原理简单、易于实现、鲁棒性强、适用面广等优点，占据船舶应用的主导地位。可编程控制器（PLC）具有高可靠性和较强的适应恶劣工业环境的能力，能实现 PID 过程控制、顺序控制、位置控制及数据处理，具有先进性和实用性。

① PID 自动舵控制系统　PID 自动舵控制系统方框图见图 2-50。

将可编程控制器（PLC）作为 PID 控制器，同轴流量放大器作为受控的方向和流量放大单元，将设定航向与反馈航向通过比较环节作为 PLC 的输入，PLC 通过编程及 PID 参数设置输出一定频率和方向的脉冲，驱动步进电动机及同轴流量放大器的换向和流量控制，控制转向油缸和舵叶的动作，实现舵角和航向的调整和控制。

控制面板可以实现主系统与辅助系统的切换、3 种操舵方式的选择、灵敏度选择、航向和舵角显示及报警等。

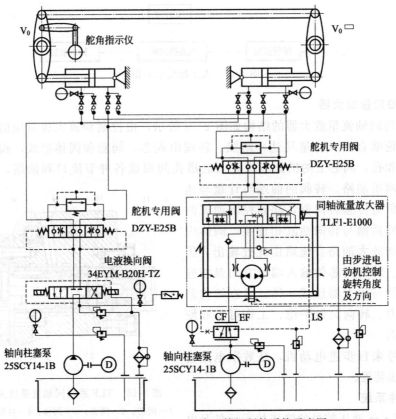

图 2-49　改造后 63kN·m 液压舵机硬件系统示意图

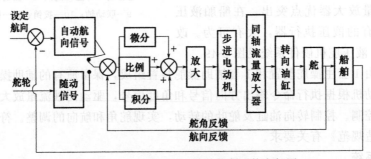

图 2-50　改造后 PID 自动舵控制系统方框图

② 功能实现

　　a. 手动操舵方式。类似人工操舵方式。实现手按舵转，手松舵停；左舵左扭，回舵右扭。在随动、自动两种操舵失灵时，实现应急操作。

　　b. 随动操舵方式。是一个根据舵角偏差进行自动调节的闭环系统。闭环系统中采用了比较环节对舵轮给定信号与舵角反馈信号进行比较，因此只有当舵角反馈信号与操舵信号相等时，舵叶才会停止。

　　c. 自动操舵方式。具有双重负反馈环节和两个比较单元的闭环 PID 控制系统。采用了比较环节对给定航向信号与反馈航向信号进行比较作为 PID 控制器的输入，通过 PID 参数的设置实现压舵、反舵等操舵过程控制，恢复原航向。

改造后的 PID 自动舵实际航向达到设定航向变化过程中，时域性能指标为：上升时间 $t_\tau = 84s$；峰值时间 $t_p = 77s$（范围 $\pm 2\%$）；超调量 $\sigma_p = 1.5\%$。

PID 自动舵系统响应初始阶段响应快，趋稳定的过渡时间短，超调量小，表明系统动态过程平稳，性能好。动态性能指标表明 PID 自动舵满足实际船舶航行要求，具有良好的控制性能。

2.2 高压高频响数字溢流阀设计实例

某型高压高频响数字溢流阀设计要求如下：

公称压力 $p_Q = 31.5MPa$

公称流量 $Q_Q = 200L/min$

调压范围 $p_1 = 0.4 \sim 31.5MPa$

启闭特性（调成最高调定压力时）：

开启压力 $[p_{1Q}] = 30.5MPa$

闭合压力 $[p'_{1Q}] = 29.9MPa$

溢流量 $[Q] = 1.32L/min$（$22cm^3/s$）$< 2L/min$（$33.34cm^3/s$）

卸荷压力 $[p_{1x}] \leqslant 0.4MPa$

内泄漏量 $[q_{nx}] \leqslant 150cm^3/min$

2.2.1 技术方案

(1) 驱动装置

马达驱动式数字阀在控制的方便性、抗干扰性、可靠性、维护方便性和造价等方面均具有比较突出的优势，所以采用马达直接驱动式。

目前马达直接驱动式数字阀的动力源绝大多数都是采用的步进电动机，但是随着电动机技术的发展，伺服电动机的应用也越来越广泛，近些年来又出现了音圈电动机，以高频响著称。

步进电动机（Step Motor）用增量的形式对液压阀进行控制。步进电动机在一定数量的脉冲信号作用下，转子输出与脉冲数相应的步距角，从而带动液压元件运动，即步进电动机转子的转动完全由相应的脉冲数来描述，这种量化方法很适合于直接用计算机来控制。

伺服电动机（Servo Motor）是指在伺服系统中控制机械元件运转的发动机，是一种补助马达间接变速装置。伺服电动机可使控制速度、位置精度非常准确，可以将电压信号转化为转矩和转速以驱动控制对象。伺服电动机转子转速受输入信号控制，并能快速反应，在自动控制系统中，用作执行元件，且具有机电时间常数小、线性度高、始动电压等特性，可把所收到的电信号转换成电动机轴上的角位移或角速度输出。分为直流和交流伺服电动机两大类，其主要特点是，当信号电压为零时无自转现象，转速随着转矩的增加而匀速下降。

音圈电动机（Voice Coil Motor）因其结构类似于喇叭的音圈而得名。其原理是通电导体穿过磁场的时候，会产生一个垂直于磁场线的力，这个力的大小取决于通过场的导体长度，磁场及电流的强度。音圈电动机将实际的电流转化为直线推力或扭力，它们的大小同实际通过的电流大小成比例。音圈直线电动机的控制简单可靠，无须换向装置，寿命长，具有高频响、高精度的特点，特别适合用于短行程的闭环伺服控制系统。

三种马达各种的特点对比如表 2-4 所示。

表 2-4　三种马达各种的特点对比

项目/各类	步进电动机	音圈电动机	交流伺服电动机
控制方式	脉冲串和方向信号	电流控制	脉冲串和方向信号
控制精度	一般	高	高
低频特性	易低频振动	非常平稳	非常平稳
矩频特性	一般	好	好
过载能力	无	无	有
运行性能	差	好	好
速度响应性能	几十毫秒	几毫秒	几毫秒
功率密度	一般	较小	高
价格	便宜	一般	高

从表 2-4 可以看出，在控制精度、低频特性、矩频特性和速度响应性能上，音圈电动机和交流伺服电动机具有更好的性能，但是在功率密度方面，交流伺服电动机具有更加明显的优势。只是在造价方面，交流伺服电动机往往较贵，但随着工业的发展，现在交流伺服电动机的价格也越来越便宜，所以价格因素在选型上的影响越来越小。考虑到设计的是高压高频响数字溢流阀，需要响应速度好，具有较大功率的驱动装置，所以初步确定采用交流伺服电动机。

(2) 转动-直线运动转换机构

先导式溢流阀的先导阀芯需要的是直线位移，然而动力源输出的是转动（直线输出的伺服电动机和旋转输出的伺服电动机相比，驱动力、运动响应速度均相对较小，但是价格却更高，因此这里不考虑直线输出式），所以需要一个转动-直线运动转换机构，常用的转动-直线运动机构主要有：齿轮齿条机构、曲柄滑块机构、蜗轮蜗杆机构、滚珠丝杠机构、凸轮机构、偏心轮机构、同步带等。但是考虑到结构的紧凑性和微小位移控制的精确性，在数字阀中运用较多的是滚珠丝杆机构、凸轮机构和偏心轮机构。

设计的是高压高频响的数字阀，最终选择了偏心轮机构，因为偏心轮机构和其他两种机构相比，在响应速度、线性度和复位性等方面更有优势。

(3) 阀芯配合方式

先导式溢流阀根据阀芯的配合方式不同可以分为两种：二级同心式和三级同心式（如图 2-51 所示）。

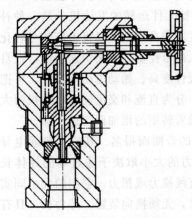

图 2-51　三级同心式溢流阀

二级同心式和三级同心式溢流阀的区别主要体现在以下几点。

① 三级同心式结构较二级同心式更为复杂，主要零件（如主阀芯、阀体等）的加工精度要求比二级同心式高，从而使制造成本提高；同时，三级同心式溢流阀在装配或使用中不慎常影响到它的动作可靠性。

② 三级同心式主阀口的过流面积较二级同心式小，因此流量也较小。

③ 二级同心式阀不会出现三级同心式阀的尾碟底部的负压涡流区，因此二级同心式阀比较稳定。

④ 二级同心式阀中，因液流经阀口至溢流口是一个

扩散流动，使高速液流迅速地降低，所以减少了噪声，二级同心式阀具有噪声小的优点。

⑤ 二级同心式具有良好的通用性，以溢流阀为基础，只要作少量的变动，就可以变成各种型式的压力阀。

⑥ 三级同心式动态稳定性更好。

通过对比可以看出，二级同心式结构具有很多优点，因此数字溢流阀选用二级同心式的结构。

(4) 液阻网络

溢流阀的液阻是指由主阀阻尼孔和先导阀阻尼孔共同组成的液压阻尼网络。溢流阀的液阻网络形式可以分为两大类：并联式（如图 2-52 所示）和串联式（如图 2-53 所示）。

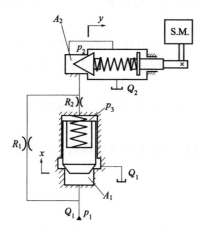
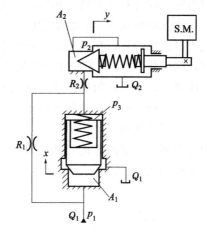

图 2-52　并联式阻尼网络　　　　　　图 2-53　串联式阻尼网络

① 静态特性分析——定压精度分析　　通过静力平衡方程和流量方程可得一组方程组，联立方程组可求得调压精度（调定压力与实际压力的差值）的表达式。

并联式：　　　　　　$\Delta p_{1\mathrm{I}} \approx K_{1\mathrm{e}}/A_1 K_{Q\mathrm{x}}(1+K_{2\mathrm{e}}/R_1 A_2 K_{Q\mathrm{y}})\Delta Q$　　　　(2-12)

串联式：　　　　　　$\Delta p_{1\mathrm{II}} \approx K_{1\mathrm{e}}/A_1 K_{Q\mathrm{x}}(1+R_2/R_1+K_{2\mathrm{e}}/R_1 A_2 K_{Q\mathrm{y}})\Delta Q$　　　　(2-13)

式中　$K_{1\mathrm{e}}$，$K_{2\mathrm{e}}$——主阀芯和导阀芯的等效弹簧刚度，它们分别等于相应的弹簧刚度与液动力刚度之和；

$K_{Q\mathrm{x}}$，$K_{Q\mathrm{y}}$——主阀口和导阀口的流量增益；

R_1，R_2——主阀和导阀阻尼孔液阻；

A_1，A_2——主阀芯和导阀芯的作用面积。

两种形式的共同点：

a. 溢流量的变化 ΔQ 引起控制压力的变化 ΔP_1。

b. 影响定压精度的参数有：A_1、A_2、$K_{1\mathrm{e}}$、$K_{2\mathrm{e}}$、$K_{Q\mathrm{x}}$、$K_{Q\mathrm{y}}$ 以及 R_1 和 R_2（并联式中 R_2 不影响定压精度）。

c. A_1、A_2、$K_{Q\mathrm{x}}$、$K_{Q\mathrm{y}}$ 增大，$K_{1\mathrm{e}}$、$K_{2\mathrm{e}}$ 减小都可以提高定压精度。

d. R_1 增大，定压精度提高；R_2 增大，会导致定压精度下降（仅指串联式中）。

两种形式的不同点：在同等条件下并联式的定压精度比串联式的要高，即 $\Delta p_{1\mathrm{I}} < \Delta p_{1\mathrm{II}}$。这说明液阻的设置对静态特性的重要性。从静态角度出发，数字溢流阀应该优先选用并联式。

② 动态特性分析

a. 并联式阻尼网络中各阻尼孔的影响　R_1 的主要作用是调节控制腔在稳态时的压力 p_3，以保证主阀芯上下腔的压差。减小 R_1（即孔径 d_{R1} 增大），会导致在同样调定压力下动态过程的响应变快，超调量增加。

R_2 的作用主要是为了控制主阀芯上腔油液的出流，对主阀芯的运动起到缓冲作用，提高系统稳定性。一般结论是：R_2 越大，系统的稳定性增加，但调整时间也增大。且由于这种方案中，R_2 不影响定压精度，故通过调节 R_2 来满足动态性能指标是很好的手段。

b. 串联式阻尼网络中各阻尼孔的影响　R_1 的作用同并联式中的 R_1 作用相同。

R_2 的主要作用是缓冲主阀芯的运动。这种形式下，R_2 的缓冲作用比串联式中的 R_2 更明显，因为它能同时对从控制腔和尺流出的油液进行节流，并在 R_2 上产生较大的压降，以致尺微小变化就能导致 p_3 较大的变化。

特别值得注意的是，在串联式阻尼网络中，由于 R_1 的出口直通控制腔，和并联式阻尼网络相比，同样的 R_1 下可避免主阀芯的微开启，系统响应较快，关闭截止可靠。所以，从动态的角度出发，串联式阻尼网络更有优势。

综合上述分析，由于对动态特性要求较高，数字溢流阀选用串联式阻尼网络。

(5) 先导阀芯结构

常用溢流阀的先导阀芯的结构主要可以分为两类：直接作用锥阀式（如图 2-54 所示）和面积差压锥阀式（如图 2-55 所示）。

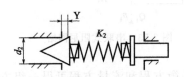

图 2-54　直接作用锥阀式

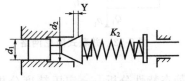

图 2-55　面积差压锥阀式

直接作用锥阀式中先导压力油直接作用于先导阀芯的锥面上；而面积差压式中先导压力油作用于先导阀芯的锥面和对应的圆柱面上，这样实际作用在先导阀芯上的液压力是作用在两个面上的作用力之差。因此在 d_2 相同时，面积差压式阀芯所受的力明显要小于直接作用式。

在调定相同的压力下，对比两个方案：

① 直接作用锥阀式中 d_2 会比面积差压式中的 d_2 小，但是如果 d_2 太小，容易引起导阀的不稳定，面积差压式不会有这个问题；

② 面积差压式中的 d_2 比直接作用锥阀式中的 d_2 大，也就是阀口的面积梯度大，所以导阀开口要小，这样面积差压式的定压精度要高；

③ 直接作用锥阀式工艺性比面积差压式好；

④ 面积差压式中的导阀芯运动没有摩擦力，因此从阀芯的运动频响来说，直接作用锥阀式要更有优势。

由于阀的流量较大，对应的先导流量也较大，不会出现 d_2 太小的情况；另外由于有高频响的要求，所以综合考虑选择直接作用锥阀式。

(6) 阀的安装方式

液压阀的常用安装方式主要有：插装式、管式、板式和叠加式四种。选择插装式的，这样可以直接购买其他厂家生产的普通溢流阀，将其先导部分更换即可，也就是主阀部分采用现有的普通溢流阀的主阀，这样不仅能降低生产成本，缩短制造周期，同时也有利于提高主阀的尺寸精度。

2.2.2 关键零部件设计及选型

(1) 调压弹簧

在数字溢流阀中调压弹簧的性能十分重要，其质量的优劣，直接影响阀的性能好坏。调压弹簧的设计，首先是确定刚度系数 K_2，有：

$$K_2 Y_{smax} = p_{max} A_2 \tag{2-14}$$

式中　Y_{smax}——偏心轮压缩弹簧的位移；

　　　p_{max}——先导压力；

　　　A_2——先导阀作用面积。

K_2 稍小，容易制造，还可改善低压调压稳定性，扩大调压范围；但 K_2 太小，会给弹簧设计带来困难并且会超过弹簧的稳定性指标，还会增大 Y_{smax}，给偏心驱动机构的设计带来困难。

综合考虑，结合前面的计算取 $Y_{smax}=4.3\text{mm}$，$K_2=79772\text{N/m}$。

特别值得一提的是由于数字阀要实现实时控制，所以调压弹簧的类型及工况为甲类 1 组，负载 Ⅱ 类。其具体参数如表 2-5 所示。

表 2-5　调压弹簧参数

名称	数值	名称	数值
材料	60Si2Mn	工作圈数	5.5
最大工作变形/mm	4.5	极限载荷/kgf	66.7
最大负载力/kgf①	39.75	极限变形/mm	7.55
许用切应力/(kgf/mm²)	64	节距/mm	4.42
极限切应力/(kgf/mm²)	106.88	弹簧外径/mm	15
切变模量/(kgf/mm²)	8000	弹簧内径/mm	9
查图线值	71.2	自由高度/mm	28.81
旋绕比	4	螺旋角/rad	0.1167
曲度系数	1.40375	中径增大值/mm	0.0439
材料直径/mm	3	稳定性	2.4(稳定)
弹簧中径/mm	12		

① 1kgf=9.80665N。

(2) 偏心轮机构

弹簧的最大压缩即偏心轮的推移位移 Y_{smax} 一旦确定，就可以计算偏心轮的偏心量。取偏心轮的偏心量 $e_m=3\text{mm}$，推杆的位移规律：

$$Y_{smax} = e_m [\cos\phi_0 - \cos(n\theta_b + \phi_0)] \tag{2-15}$$

式中　ϕ_0——偏心轮初始角；

　　　n——脉冲数；

　　　θ_b——伺服电动机的步距角，这里取 $\theta_b=0.0036°=0.0006283\text{rad}$。

根据式(2-15) 可以计算出 $\phi_0=35.52°$，$n\theta_b=108.96°$。

取偏心轮的直径为 32mm，偏心轮的结构如图 2-56 所示。对其线性度进行验算。

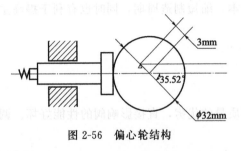

图 2-56 偏心轮结构

在（35.52°，144.78°）之间的余弦曲线段，用最小二乘法，可以拟合一条直线：

$$Y^* = K\theta + C \qquad (2\text{-}16)$$

式中，θ 单位为 rad。

运用 MATLAB 中的 CFTOOL 工具箱进行拟合（如图 2-57 所示），可求出直线：

$$Y^* = 0.002726\theta - 0.001857 \qquad (2\text{-}17)$$

从图 2-57 可知，最大的线性误差在两端点处，约为 8.7%。

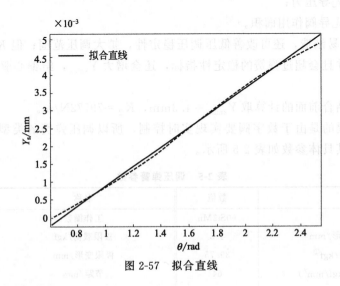

图 2-57 拟合直线

(3) 复位和调整机构

数字阀需要一个复位机构和调整机构，复位机构主要用于使用完后，偏心轮回到初始位置，而调整机构主要用于对偏心轮的初始位置进行调节，这两个机构都是数字溢流阀不能少的。

复位机构目前使用较多的是控制电动机或者采用复位弹簧复位。此处采用伺服电动机主动复位加复位弹簧辅助复位两种方式相结合。

目前调整机构主要可以分为机械调整式、绝对编码调整式或者借助其他装置，比如接近开关等设备调整。绝对编码调整式精度最高，但是需要采用绝对编码式伺服电动机，而绝对编码式伺服电动机价格比较昂贵，所以调整机构采用机械限位的方式实现初始位置调整。

此外，在系统中增加一个电磁接近开关，用于零位检查，提高复位的精确性。

同时，因为增加了电磁接近开关，所以机械调整机构可以适当增大调整的范围，仅仅作为电动机自动调整零位失败后的保护措施，也可以大大降低电动机发生机械碰撞引起烧坏的概率。

(4) 压力反馈装置

为了提高数字溢流阀的压力控制精度，所以引入一个压力反馈，即加入一个压力传感器，用以检测进油口的压力。

根据要求选用的是德国 HELM 公司生产的 HELM91 型压力传感器，其参数如表 2-6 所示。

表 2-6　压力传感器参数

名称	数值
量程	40MPa
过载能力	两倍量程
测量介质	气体或液体
综合精度	±0.1%FS
工作温度	一般 −40～85℃
信号输出	4～20mA
供电	24V
分辨率	无限小（理论） 1/100000（通常）
变送器带宽	0～3kHz

(5) 伺服电动机

① 最大驱动转矩　根据推杆的位移量和弹簧的作用力可以计算伺服电动机所需要的转矩。

$$M = FL \tag{2-18}$$

式中，F 为弹簧的作用力；L 为作用力臂；

$$F = K_2 Y_S = K_2 e_m \left[\cos\phi_0 - \cos(\phi + \phi_0) \right] \tag{2-19}$$

$$L = e_m \sin(\phi + \phi_0) \tag{2-20}$$

式(2-19) 和式(2-20) 中 $\phi_0 = 0.6199669$rad，$\phi \in (0, 1.9016589)$。通过 MATLAB 绘出其随转角 ϕ 的变化而变化的曲线，如图 2-58 所示，最大转矩 $M = 0.8182$N·m，此时 $\phi = 1.5122$rad。

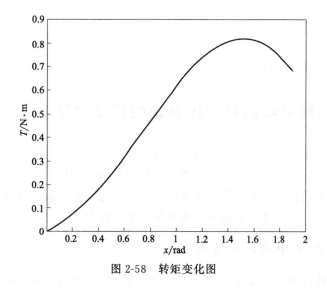

图 2-58　转矩变化图

② 转动惯量

伺服电动机一般分为超小惯量、小惯量、中惯量几种类型，用户在选用时需要根据负载的情况来选择合适的类型。传动机构如图 2-59 所示。

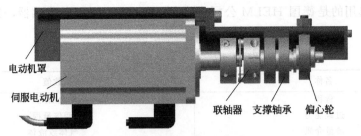

电动机罩

伺服电动机

联轴器　支撑轴承　偏心轮

图 2-59　传动机构示意图

　　负载转动惯量主要包括联轴器、偏心轮和驱动阀芯负载的转动惯量三部分。可以根据所选的联轴器型号，查到联轴器的转动惯量。所选用的联轴器是专用于高精度伺服传动的单膜片型联轴器，其转动惯量 J_1：

$$J_1 = 7.2 \times 10^{-6} \, \text{kg} \cdot \text{m}^2 \tag{2-21}$$

　　计算出偏心轮部分的转动惯量 J_2：

$$J_2 = 6.867 \times 10^{-6} \, \text{kg} \cdot \text{m}^2 \tag{2-22}$$

　　整个系统的转动惯量为 J，则有：

$$J = J_1 + J_2 + J_3 + J_4 \tag{2-23}$$

　　式中　J_3——电动机自身的转动惯量；

　　　　　J_4——驱动阀芯负载的转动惯量。

　　以选用超小惯量型伺服电动机为例，进行计算：

$$J_3 = 1.42 \times 10^{-5} \, \text{kg} \cdot \text{m}^2 \tag{2-24}$$

　　由能量守恒可以算得系统的转动惯量 J：

$$J = 2.85 \times 10^{-5} \, \text{kg} \cdot \text{m}^2 \tag{2-25}$$

　　根据伺服电动机的选型要求及负载惯量比在 32 以下，选择超小惯量型伺服电动机满足条件。

　　选择三菱 HG-MR-43 型伺服电动机。

2.3　步进电动机驱动的数字控制轴向柱塞变量泵

　　数字元件具有抗干扰能力强，可靠性高，控制精度高和能耗低等优点。基于步进电动机的轴向柱塞变量泵数字控制是指在轴向柱塞泵变量机构的数字控制中，以步进电动机作为执行元件，通过步进电动机的旋转，采用螺旋副，把步进电动机的旋转变成直线位移，控制变量活塞的运动，改变柱塞泵排量的轴向柱塞变量泵数字控制。

2.3.1　250CKZBB 电液伺服变量泵

　　250CKZBB 电液伺服数字变量装置见图 2-60。它是一个电液伺服随动装置，将数字装置发出的数字脉冲信号转换为脉冲电动机的步进角，带动旋转伺服阀转动，引起阀口位移，随动活塞跟随，泵斜盘偏转实现变量。该变量机构的主要优点在于工作稳定可靠，控制精度高，抗干扰能力强，对油质不敏感，具有结构简单、体积小、重量轻、能实现无级变量控制等特点，用于高压大流量斜盘柱塞泵的容积变量系统。

装置主要由步进电动机、液压伺服变量机构、轴向柱塞泵斜盘三部分组成。

步进电动机位移量与输入脉冲成正比，位移速度与输入脉冲频率成正比。每输入一个脉冲，它就转一个固定角度（步距角）。输出转角与输入脉冲成正比，转子的转动惯量小，启、停时间短，输出转角精度高，虽有相邻误差，但无累计误差。伺服变量部分结构及工作原理见图2-60。伺服变量采用单独油泵供油，外控式不受干扰，控制压力8.0MPa控制油通过缸底a孔进入壳体下腔。当步进电动机顺时针转动时，四边零开口螺旋伺服阀阀芯也顺时针转动，相当于螺旋槽上升时阀芯向上移动一定距离，c腔的油液通过阀芯螺旋槽经d回油，c腔压力降低，a腔油压推动随动活塞向上运动，直到螺旋四边阀处于零位。随动活塞则通过轴销带动变量头斜盘转动，使柱塞行程变化以达到变量目的。

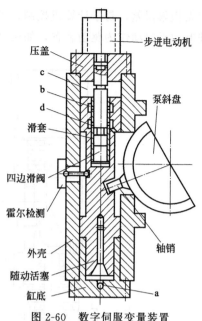

图 2-60　数字伺服变量装置

当步进电动机逆时针转动时，四边零开口螺旋阀阀芯也逆时针转动，螺旋槽下降，相当于阀芯下降，控制油经a、b及螺旋槽进入上腔c。由于c腔面积比a腔大，在差压作用下，推动随动活塞向下运动，直至四边阀芯处于零位为止。随动阀带动轴销使变量头转动，柱塞行程变大，油泵流量增大。

随位动置式伺服阀结构简单，工作行程大（28mm），从而降低了工艺要求，提高了零区分辨率，减少了因油液污染造成的卡死和堵塞等故障。无节油孔，阀口开口宽1mm，长12mm，不易被堵塞，另外还加大了驱动力，使随动阀不易卡死。这些措施提高了伺服变量机构的抗污染能力和可靠性。

该系统是电液伺服阀控制的一个油泵负载，各环节所对应的方框图及传递函数见图2-61。

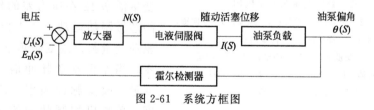

图 2-61　系统方框图

2.3.2　单片机控制的数字变量轴向柱塞泵

数字变量轴向柱塞泵由单片机AT89C52控制泵的变量机构，以步进电动机作为执行元件，通过丝杠螺母副将角位移变为直线位移，驱动泵的伺服阀芯，调节斜盘的摆角，从而改变泵的排量。

（1）数字变量泵的结构组成

数字变量轴向柱塞泵由变量机构和泵体组成。由于步进电动机对其他设备的干扰小，具有无积累误差，易于计算机控制，可靠性强，维修方便等优点，所以在变量机构中，选用步进电动机驱动作为驱动装置，如图 2-62 所示。

在变量机构中，用来连接步进电动机和柱塞泵变量机构部分称为变量头控制机构，如图 2-63 所示。

支架上端的传动丝杠通过平键与步进电动机轴连接，下端的传动螺母通过紧固螺钉与提动杆相连接。这样，通过变量头控制机构就可将步进电动机与变量机构联在一起，并将步进电动机输出的旋转运动转换为传动螺母的直线运动，进而传递给提动杆。

(2) 数字变量泵的工作原理

在图 2-62 中，变量活塞 12 与泵体组成一个差动缸，泵的出口压力油经过油口 18 进入差动缸的下腔 16，通过变量活塞内的油道 20 由伺服阀芯 9 控制进入差动缸的上腔 7。

数字泵的单片机控制原理框图如图 2-64 所示。根据对泵输出流量的要求，通过单片机发出相应脉冲信号，经功率驱动器放大后驱动步进电动机，步进电动机以相应的频率和转向转过一定角位移量 θ，通过丝杠螺母带动提动杆 8 作向上或向下运动，可带动伺服阀芯 9 作同向运动，产生位移 X_γ，从而改变上、下阀口 21 和 10 的开启量，变量活塞 12 在压力差的作用下与伺服阀芯做跟随运动，产生位移 X_p，进而驱动变量斜盘改变倾角 γ，使泵排量改变。当停止发送脉冲信号时，即停止变量。改变脉冲频率，即改变变量速度。单片机控制脉冲的正负，从而控

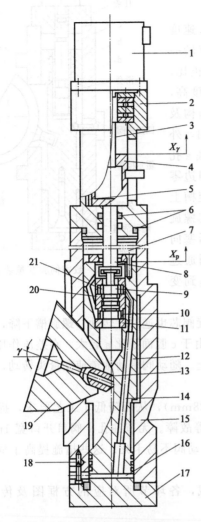

图 2-62　数字变量泵变量机构
1—步进电动机；2—支架；3—丝杠；4—螺母；5—导向键；
6—密封；7—上腔；8—提动杆；9—伺服阀芯；10—下阀口；
11—阀套；12—变量活塞；13—销轴；14,20—油道；
15—变量头体；16—下腔；17—下盖；18—油口；
19—斜盘；21—上阀口

制流量的减小或增大。

(3) 数字变量泵的输出流量与输入脉冲信号的关系

当给数字泵输入数字信号时，变量斜盘的倾角将发生变化，流量随之改变。对于处在确定液压系统中的某个伺服变量轴向柱塞泵，泵的尺寸、带动泵运转的电动机、步进电动机的步距角、传动丝杠-螺母的导程等都有相对固定的数值，故脉冲常量系数 $K(\mathrm{m}^3/\mathrm{s})$ 为常数，泵的理论输出流量与输入脉冲数是一元函数关系，所以，通过数字控制可以有效地控制流量的改变。

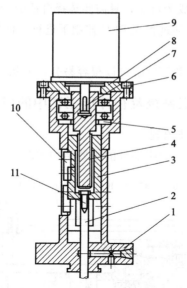

图 2-63　数字变量泵变量头控制机构

1—支架；2—提动杆；3—螺母；4—丝杠；5—双向推力轴承；6—内六角螺钉；7—圆头平键；
8—上压盖；9—步进电动机；10—导向键；11—紧固螺钉

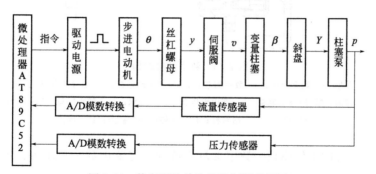

图 2-64　数字泵的单片机控制原理框图

2.4　步进电动机驱动的数字液压缸及应用

　　数字液压缸简称为"数字油缸"，其把步进电动机、液压滑阀、闭环位置反馈设计组合在液压缸内部，接通液压油源时，通过专门的数字控制器、计算机或 PLC 发出数字脉冲信号来控制步进电动机，进而达到控制液压缸运动的目的。

　　数字油缸有如下独特功能。

　　① 能够实现很高的运动精度。可应用于大型机械设备，对其进行微米级的运动控制，且因为数字油缸响应时间极短，故可迅速完成运动控制。

　　② 具有在多参数、多系统要求的情况下实现协同工作的能力。

　　③ 运动控制可完全数字化。其速度、角度及行程与电脉冲直接对应，只要控制电脉冲就可以实现自动化的控制要求。

　　④ 易于实现防爆功能。液压缸与步进电动机均有多规格、多类型防爆产品，使得数字

液压缸应用于矿山机械等领域成为可能，只需要选择合适的产品配型即可使用。

⑤ 操作简单易学。所有运动过程在 PLC 控制下进行，即使是非专业人员也可以在短时间内学会并独立完成操作工作。

⑥ 结构简单，易于维护。数字油缸可以很容易分解为几个部分，便于维修、维护。

2.4.1 数字控制液压伺服系统及在冲压工艺中的应用

(1) 数字油缸的组成及工作原理

① 数字油缸的组成与结构　数字油缸的主要结构如图 2-65 所示。

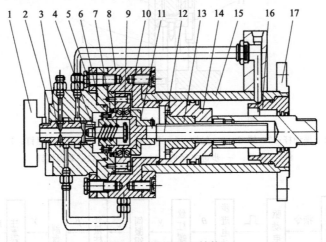

图 2-65　数字油缸结构

1—步进电动机；2—数字阀块；3—数字阀芯；4—反馈滚珠丝杠；5—数字阀块法兰；6—垫套；
7—反馈滚珠螺母；8—后盖；9—冻由承压套；10—轴承；11—轴承锁母；12—丝杠；
13—丝杠螺母；14—活塞杆；15—缸体；16—缸头；17—前法兰

② 数字油缸系统的工作原理　数字油缸系统动作主要由数字液压阀、丝杠运动副、反馈滚珠丝杠副三部分协同完成。

数字液压阀的工作原理：数字液压阀实际上是一个三位四通、O 型机能的液压阀，其结构如图 2-66 所示。当阀芯向右移动一定距离后，进油口 P 会与油口 A 接通，而油口 B 与回油口 T 接通，形成一个液压回路；而当阀芯向左移动一定距离后，进油口 P 与油口 B 接通，油口 A 与回油口 T 接通，形成一个反向流通的液压回路。

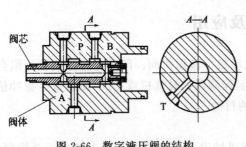

图 2-66　数字液压阀的结构

丝杠运动副工作原理（见图 2-67）：当高压液压油进入数字油缸腔体后，作用在活塞杆上，推动活塞杆伸出或收回。图 2-65 中的活塞杆与丝杠之间通过丝杠副连接，在活塞杆运动时，丝杠由于与轴承锁母 11、反馈滚珠螺母 7 连接在一起，被轴承 10 限制而无法随着活塞杆进行轴向直线运动，只能与活塞杆之间产生相对旋转的螺旋运动。活塞杆由于外力限制不能进行旋转，丝杠不能进行轴向运动，所以，当活塞杆伸出或收回时，丝杠做旋转运动。

反馈滚珠丝杠副工作原理（见图2-68）：从丝杠传动副的工作原理中，可知在活塞杆进行轴向移动时，丝杠会进行旋转运动，而反馈滚珠丝杠、反馈滚珠螺母与丝杠连接，并在丝杠带动下，做与丝杠有相同速度的旋转运动。反馈滚珠螺母由于轴承的限制，并不能进行轴向直线运动。在反馈螺母进行旋转运动时，反馈滚珠丝杠在电动机与反馈滚珠螺母的作用下，进行旋转运动和轴向直线运动，并带动阀芯进行运动，进而控制液压系统。

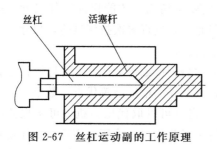

图2-67 丝杠运动副的工作原理

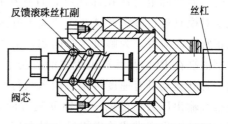

图2-68 反馈滚珠丝杠副的工作原理

③ 数字油缸动作原理 数字油缸动作程序流程为：打开油路→启动电动机→阀芯移动（滚珠丝杠带动阀芯移动）→活塞轴向移动→丝杠旋转→反馈螺母旋转→滚珠丝杠轴向移动→阀芯复位。

具体动作程序说明：电动机转动带动固定连接阀芯和反馈滚珠丝杠进行旋转运动时，反馈滚珠丝杠在反馈螺母的反作用下，会进行相对于反馈螺母的旋转运动和轴向直线运动。由图2-69可看出，当反馈滚珠丝杠带动阀芯向右移动时，使得进油口P与油口A连通，回油口T与油口B连通，此时高压油通过A口进入液压缸下腔，推动活塞向右移动，且随着阀芯开口的增大，活塞的移动速度会逐渐加快。活塞杆上的丝杠螺母与丝杠组成丝杠运动副，所以活塞杆向右运动时，丝杠会与其连接的反馈滚珠螺母产生旋转运动，其速度随着活塞杆速度加快而加快，转动方向与电动机转动方向相同。

阀芯与反馈滚珠丝杠轴向移动速度取决于电动机与反馈滚珠螺母转速相对速度 v。

当 $v=0$ 时，阀芯、反馈滚珠丝杠与反馈滚珠螺母保持相同转速，二者之间无相对旋转运动与轴向直线运动，阀芯开口大小不变，此时阀芯开口处的流量不变，活塞杆以原有的运动速度进行移动。

当 $v>0$ 时，阀芯、反馈滚珠丝杠在轴向上保持原有方向的直线运动，使阀芯开口增大，进而使

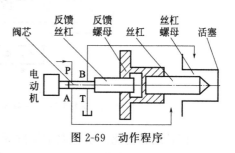

图2-69 动作程序

流量增大，推动活塞杆、丝杠及反馈滚珠螺母加速运动，使得 v 不断减小，直至 v 变为零。

当 $v<0$ 时，由上述中分析可知，阀芯开口减小，流量降低，使 v 趋近于零，直至反馈滚珠螺母转速与电动机转速相同。

④ 注意事项

a. 液压管路必须仔细清洗，防止异物进入而损坏数字阀。

b. 第一次使用时，应当往复全程运行液压缸2～3次，使内部气体完全排出。

c. 第一次使用时，切不可突然加压。

d. 在液压系统未启动前，不可使用电控系统操作数字油缸。

e. 液压系统进回油口必须加截止阀。

f. 活塞往复运动过程中不应旋转。

（2）数字油缸在轴承座冲压工艺中的应用

煤矿中，带式输送机托辊用量非常大，一套托辊用两个冲压轴承座。

传统冲压工艺为：落料→一次拉深→二次拉深→三次精密拉深→切边→冲孔。生产中需要多台压力机，多道工序，多人操作，效率很低。冲压轴承座需要 3 次拉深，对工件进行多次拉深时，需要确定每次拉深深度，且每次拉深深度要很精确，才能保证零件尺寸。换模时，先要对模具进行多次调试，深浅又不好测量，因此需要进行多次拉深试验，尺寸合适才能进入正常生产阶段，为解决这个问题，引入了数字油缸。

数字油缸在 PLC 及计算机程序的控制下，能够严格按照设定方向、速度与行程进行精确运动，且其运动具有速度可调，微米级行程控制，以及导向精度高等优点。数字油缸本身又具有很大输出压力，借助一定辅助装置固定模具，完全可以取代压力机，可实现数控调模。用数字油缸生产带式输送机冲压轴承座工艺与传统工艺相比，除第一道落料工序使用普通压力机冲压落料外，其余工序均采用数字油缸代替压力机来完成。具体工艺及工装特点为：

① 将完成各工序的数字油缸固定在同一个床身上。

② 将上模固定在数字油缸上，这样每个数字油缸就可以代替一台压力机，如图 2-70 所示。

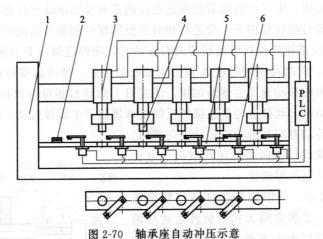

图 2-70　轴承座自动冲压示意

1—床身；2—落料毛坯；3—数字油缸；4—上模；5—下模集成；6—电磁转送装置

③ 模具结构简化。由于数字油缸导向性很好，可省去模具导柱、导套，这样大幅简化了模具结构，降低了模具制造成本。且数字油缸行程可实现微米级精确控制，在工作前设定数字油缸行程，就可以实现对工件的精确拉深，这就省去了拉深前多次调整模具的过程。

④ 工序间转送料自动化。在 PLC 控制下，用电磁转送装置进行工序转接，可以实现转料及送料自动化、无人化，极大地提高了生产安全性与生产效率。

2.4.2　数字液压缸在数控折弯机液压系统中的应用

传统数控折弯机的液压同步控制系统大多采用比例阀控制普通液压缸的形式来实现折弯机两个输出液压油缸的同步伸缩，液压控制系统可以根据接收到的输出信号，按照指定的比例控制油液的输出量，保证系统中两个输出液压缸的同步伸缩，但是这种控制方法存在控制的环节多、阀件的数量多、成本高、结构复杂及控制难度高等缺点。

数字液压缸是由步进电动机（或伺服电动机）、液压滑阀、液压缸、传动机构和传感器等器件组成的高可控性及高精度的先进液压缸，其利用滚珠丝杠对液压滑阀的阀芯进行精确的位置控制，数字液压缸中活塞的位置被实时检测作为活塞杆输出位移量的位置反馈，控制器通过改变脉冲频率来改变滑阀开口的大小，从而控制液压缸活塞的运动速度。数字液压缸只需要控制步进电动机就可实现对液压缸的精确控制，使整个液压控制系统的结构得到最大限度的简化。

(1) 数控折弯机工作过程

数控折弯机的液压同步控制系统主要通过驱动两个液压缸的同步直线运动来保证其对工件进行折弯的精度。为了提高生产效率和产品质量，数控折弯机的横梁和安装在横梁下端面的上压模在折弯机工作过程的各个阶段中要以不同的速度运动，其运动的规律如图 2-71 所示。数控折弯机的工作状态主要有以下几个过程：下压快进（快下）、下压工进（工进）、系统保压（保压）、系统卸荷（卸荷）和快速退回（快回）等。

目前，数控液压板料折弯机采用的液压同步控制系统主要由 1 个压力控制模块和 2 个同步控制模块组成。某型号折弯机液压系统如图 2-72 所示。其中，压力控制模块主要由比例压力阀 S2B、安全阀 S2A、二通插装阀

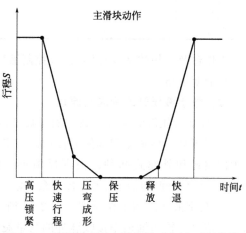

图 2-71　数控折弯机主滑块运动位置-时间曲线

S2C、换向阀 S5 等阀件及连接管路组成；同步控制模块主要由电磁比例方向阀 S1、安全阀 S7、背压阀 S6、换向阀 S4、充液阀 S9 等阀件与液压控制管路组成。

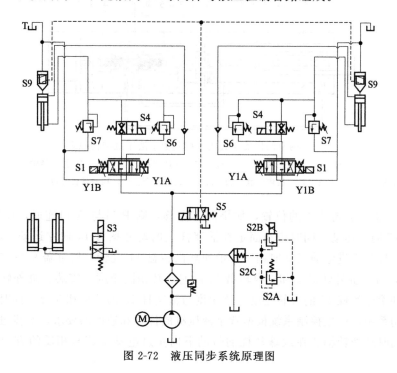

图 2-72　液压同步系统原理图

传统数控折弯机的液压控制系统存在模块复杂、阀块众多、控制模块复杂、管路连接较多、易造成混乱等缺陷。

实现数控折弯机的工作流程，电磁铁动作顺序见表 2-7。

表 2-7　电磁铁动作顺序

工序	S1		S2B	S3	S4	S5
	Y1A	Y1B				
快下		√			√	
工进		√	√	√		√
保压			√	√		√
卸荷	√		√	√		√
快回	√		√		√	

工作台及滑块的挠度补偿由 S3 控制液压缸，使工作台发生变形，来补偿工作台折弯时工作台的变形量。

（2）数字液压缸的构成及原理

① 数字液压缸的构成　数字液压缸是由步进电动机（或伺服电动机）、液压滑阀、滚珠丝杠、液压缸、传感器和其他的传动机构组成，数字液压缸根据其零部件安装形式的不同可分为内驱式和外驱式两种；根据反馈形式的不同可分为间接反馈式和直接反馈式两种。图 2-73 为内驱间接反馈式闭环控制数字液压缸的结构示意图。

② 数字液压缸的工作原理　图 2-73 所示数字液压缸的工作原理为：步进电动机 1 接收到脉冲信号，输出轴根据接收脉冲的数量旋转一定角度，其旋转通过花键 2、万向联轴器 3 和阀芯 4 传递到外螺纹 5 所在的杆件，外螺纹 5 和缸外转轴 7 的内螺纹相配合，由于内螺纹位置固定，在转矩的作用下，外螺纹可带动阀芯实现轴向运动。

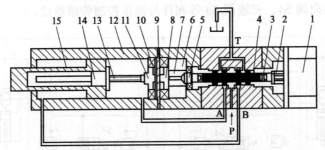

图 2-73　内驱间接反馈式闭环控制数字液压缸结构原理图

1—步进电动机；2—花键；3—万向联轴器；4—阀芯；5—外螺纹；6—编码器；7—缸外转轴；8—缸外转盘；9—后缸盖；10—磁铁；11—缸内转盘；12—缸体；13—滚珠丝杠；14—丝杠螺母；15—活塞杆

对于图 2-73 所示阀芯 4 的位置，如果阀芯左移，则 P 口与 A 口连通，B 口与 T 口连通，活塞杆 15 向左运动，同时带动固定在活塞杆上的丝杠螺母 14 向左运动，滚珠丝杠 13 轴向固定，丝杠与步进电动机旋向相反，带动缸内转盘 11 旋转，后缸盖 9 左右两侧的磁铁 10 互相吸引，带动缸外转盘 8 和缸内转盘 11 同时旋转相同角度。安装在缸外转轴 7 上的编码器 6 检测到滚珠丝杠 13 的旋转角度，该角度与活塞杆 15 的位移相对应，同时将该信号传递给液压控制系统，液压控制系统根据数字液压缸的位移和速度的要求，对步进电动机进行闭环控制。同时缸外转轴 7 在滚珠丝杠的带动下向步进电动机旋转相反的方向转动相同角度，阀芯右移，阀口关闭，完成步进过程。

阀芯连接的万向联轴器 3，不仅可以限制阀芯径向的微小位移，防止划伤阀芯，还可以保证阀芯进行轴向运动和旋转运动，进而保证了数字液压缸的控制精度。

数字液压缸具有以下特点：a.控制精度高，响应快；b.易于实现远程控制；c.位移、速度直接与电脉冲信号相关，控制好电脉冲信号就可以实现控制精度要求；d.结构简单，集成化程度高，只需要系统提供能源即可，液压控制系统可以被大幅度简化。

（3）数字液压缸液压控制系统

将传统数控折弯机液压同步控制系统利用数字液压缸进行改进设计，将图 2-72 所示的同步控制模块中的电磁比例阀 S1、安全阀 S7、背压阀 S6、换向阀 S4、充液阀 S9 用"步进电动机＋液压滑阀"的简单组合代替，再将其与传感器、传动机构、液压缸等组成数字液压缸，同时改进液压能源泵站，使其满足系统流量的基本需求，保证数字液压缸的液压控制系统能够完成原液压同步控制系统的所有控制功能。数字液压缸的液压控制系统原理如图 2-74 所示。

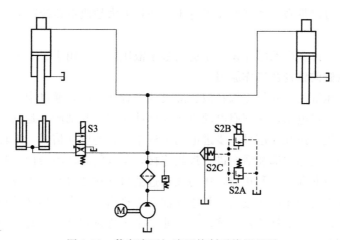

图 2-74　数字液压缸液压控制系统原理图

数控折弯机的各个工作状态的实现情况如下。

快下工序：当上压模需要快进时，控制系统向步进电动机发出高频正向脉冲信号，数字缸带动上压模快速前进，可根据数字液压缸中对应的编码器的反馈信号判断快下的速度是否满足系统的要求。如果输出速度大于指定速度，则减小脉冲频率，反之则增大脉冲频率，这样可以保证所需要的快下工序的速度。

工进工序：通过编码器的反馈信号判断液压缸活塞杆的位移是否到达工进位置。如果没有到达工进位置，则通过闭环控制继续推动活塞杆运动，当活塞杆到达工进位置时，降低脉冲信号频率，数字液压缸低速工进，上压模对板料进行折弯加工。

保压工序：当上压模到达下死点后，控制系统向步进电动机发出反向脉冲信号，滑阀阀芯关闭液压缸上下腔的油路，上压模停止在下死点，系统保压。

卸荷工序：当保压结束时，控制系统向步进电动机发出低频反向脉冲信号，滑阀阀芯反向打开，液压缸下腔通入高压油，活塞杆缩回，上压模微量抬起，抬起的位移由系统设定。

快回工序：当上压模快回时，控制系统向步进电动机发出高频反向脉冲信号，数字缸快速退回，通过闭环控制可以达到预设速度和位移。

利用数字液压缸代替原有数控折弯机液压同步控制系统中的比例阀和液压缸，可以使折弯机的液压控制系统结构更为简单紧凑，更加易于实现智能控制，数字液压缸的液压控制系统较普通数控折弯机的液压控制系统更为稳定，能够满足数控折弯机液压控制系统的总体性能要求，将数字液压缸应用于数控折弯机可以降低数控折弯机的故障率，降低控制的难度，减少折弯机液压控制系统设计的时间以及液压控制系统的调试时间，简化产品结构，减少设计制造的工作量，降低数控折弯机的制造成本，提高数控折弯机的同步精度和位置控制精度。

2.4.3 新型数字液压缸

数字液压缸是将液压缸和计算机或可编程逻辑控制器相结合，利用控制器发送脉冲来控制液压缸活塞杆的移动，包括位置、速度和方向，并且其运动只取决于控制器发送脉冲的频率和数量，具有很高的控制精度。

数字液压缸优良的控制性能超过了传统液压及控制技术，由于它能广泛地应用到国民经济各领域中，因而可以带来一系列的技术进步，必将大大地改造传统产业，使之升级为高新技术产业。

目前，国内外有许多厂家已经设计制造出数字液压缸并应用于工业生产。

(1) 数字液压缸的结构及工作原理

目前的数字液压缸的结构是将阀和液压缸设计组合在一起，通过中空活塞杆中的滚珠丝杠机械闭环反馈，步进电动机或伺服电动机接收脉冲序列，驱动阀芯运动。如图 2-75 所示，控制器给步进电动机发送脉冲信号，步进电动机根据收到的脉冲信号产生转动，其转动又会带动阀芯进行转动，阀芯左端和活塞进行螺纹连接，所以阀芯转动会使自身移动。当阀芯向左移动的时候，油口Ⅱ和油口Ⅴ接通，压力油通过油口Ⅱ和油口Ⅴ进入液压缸无杆腔，推动活塞右移，有杆腔中的液压油通过油口Ⅳ进入油口Ⅰ排出，活塞右移又带动阀芯右移，油口Ⅱ关闭，阀芯复位，液压缸杆就停止移动，至此一个步进过程结束。此时液压缸处于一个新的平衡位置上，实现了直接的位置负反馈。

就这样通过油口不断地开闭，使活塞杆运动。阀芯右移时同理。

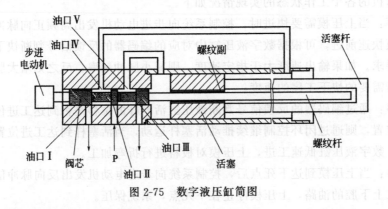

图 2-75　数字液压缸简图

(2) 新型数字液压缸的结构及工作原理

新型数字液压缸的结构与传统数字液压缸的结构大致类似，主要不同表现在其工作原理上。传统数字液压缸主要是通过阀芯不断地进行高速开闭给液压缸供油，从而带动活塞杆移动。而新型数字液压缸的工作原理不用进行多次的开关和闭合，从开始工作到工作结束，只进行一次开闭即可实现其位置和速度的控制。

如图 2-75 所示，当步进电动机带动阀芯转动时，阀口向左打开，液压油进入无杆腔，活塞杆向右移动，会带动阀芯右移，使阀口关闭。这时可以通过控制 PLC 控制器不间断地发送脉冲，使阀口不用关闭，最终只要让活塞杆向右移动的速度 V_1 和阀芯由于步进电动机旋转所产生的向左的速度 V_2 相等，就可以使二者保持动态平衡。

首先，假设液压油进入油口Ⅱ的流速是不变的，即流入液压缸的液压油的流量是随着滑阀开口的增加而增加的，但不是正比关系（因为油口为圆形，面积梯度不是一定的）。所以当滑阀阀口全开的时候，此时液压缸的速度达到最大。工作原理如下（相关参数含义见表 2-8）。

表 2-8　各参数及对应符号

参数	符号
液压缸最大运行速度	V_{max}
进入阀芯的流速	u
螺距	p
油口面积	A_m
无杆腔的面积	A_1
步进电动机步距角	θ
阀口最大开度	X_{max}
脉冲频率	f

如图 2-75 所示，当液压缸的活塞杆以最大速度 V_{max} 向右移动时，阀芯此时应该是阀口向左全开，阀芯位移为 X_{max}，并且步进电动机带动阀芯向右移动的速度也是 V_{max}。

$$V_{max} = \frac{f_{max}\theta}{2\pi}p \tag{2-26}$$

$$V_{max} = \frac{uA_m}{A_1} \tag{2-27}$$

$$f_{max} = \frac{uA_m \cdot 2\pi}{A_1\theta p} \tag{2-28}$$

当 V_{max} 同时满足式（2-26）和式（2-27）时，滑阀阀芯就达到了动态平衡，即阀芯在 X_{max} 位置不轴向移动，只转动。

以上是最大速度运行时的情况分析。把式（2-28）写成一般情况：

$$f = \frac{uA \cdot 2\pi}{A_1\theta p} \tag{2-29}$$

当液压缸以 $0 \sim V_{max}$ 之间的速度运行时，阀开口位移也在 $0 \sim X_{max}$ 之间，油口开口面积 A 也在 $0 \sim A_{max}$ 之间。此时在 $0 \sim X_{max}$ 之内，必定会有一个位置，使阀芯达到动态平衡状态；由于油口为圆形、面积梯度不是定量，所以具体位置无法确定，但是可以由式（2-29）计算出此时 PLC 应该发送的脉冲频率 f 与其对应。所以不用去计算当阀芯向左移动、达到动态平衡状态时的具体位置。

图 2-76 为 V_1 和 V_2 之间关系图，借之可以更好地理解阀芯的运动过程。阀芯运动过程总共分为 3 个阶段：

阶段Ⅰ，$V_1 < V_2$，阀芯打开，向右移动，此时液压油进入无杆腔，活塞杆开始运动，带动阀芯向左移动，速度为 V_2；

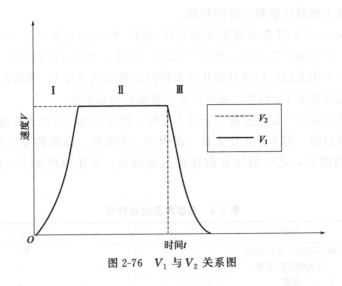

图 2-76 V_1 与 V_2 关系图

阶段Ⅱ，$V_1 = V_2$，二者速度相等，达到动态平衡状态，此时活塞匀速运动；

阶段Ⅲ，步进电动机停转，$V_2 = 0$，活塞杆带动阀芯逐渐关闭，回到初始位置，活塞杆也停止移动。

可以看出，活塞杆的位移完全取决于 PLC 发送脉冲的数量，其位移就等于步进电动机带动阀芯的位移，活塞杆的速度完全取决于 PLC 发送的脉冲频率，这样就在很大程度上简化了数字液压缸的控制。

(3) 新型数字液压缸的优势及缺点

新数字液压缸与现有数字液压缸相比，主要有以下的优点和缺点。

优点：

① 不需要用到传感器，其活塞杆的移动速度完全取决于 PLC 控制器发送脉冲的频率，移动位置完全取决于脉冲的数量，并且二者理论上可以通过计算得出。

② 滑阀阀芯不用进行高速开闭，对阀芯的磨损和冲击较小。

缺点：

① 液压油进入油口的流速要保证不变，需要采用调速阀系统进行供油。

② 实际应用中液压系统存在有内泄、流量系数不定和阀口死区等问题影响运动精度，数字液压缸的运动精度控制需要进一步实验研究。

2.4.4 电液步进缸的测试

电液步进缸是日本某公司生产的一种集精密机械、电气、液压于一体的高技术专用产品，主要应用于连铸生产线上，如钢厂连铸设备的调宽控制以及钢水液面高度控制等。步进缸测试方法适用于步进缸稳态特性的设计制造，对提高油缸基本性能具有促进作用。

(1) 工作原理

步进缸由液压油缸、内置式伺服阀、滚珠丝杠、步进电动机、编码器等组成。配套设备有液压油源、驱动单元、控制单元等。

驱动器产生脉冲使步进电动机旋转，通过传动齿轮，使滚珠丝杠转动，从而控制阀中的阀芯打开阀口。活塞杆的位移是通过内置阀芯（安装在活塞杆上）反馈给阀门套筒，阀门套筒跟随阀芯移动，活塞按照阀芯的移动量而移动，当差值变为 0 时，活塞处于一个新的平衡位置，活塞停止。阀门套筒总是跟随阀芯移动，因此，与输入脉冲数成比例的位置可以静态地确定。由于过渡是动态的，阀门套筒以与输入脉冲频率成比例的速度差跟踪阀芯，如图 2-77 所示。

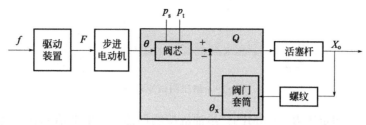

图 2-77　步进缸工作原理

如图 2-78 所示，步进电动机旋转，当 $\Delta x > 0$ 时，压力油 p_s 通过阀芯进入 B 无杆腔，压力平衡时，$p_s S_A < p_B S_B$，活塞杆向前运动；当 $\Delta x = 0$ 时，A、B 油腔封闭，压力平衡时，$p_s S_A = p_B S_B$，活塞杆停止运动；当 $\Delta x < 0$ 时，压力油 p_s 进入 A 有杆腔，B 腔液压油经过阀芯回到油箱，压力平衡时，$p_s S_A > p_B S_B$，活塞杆向后运动。

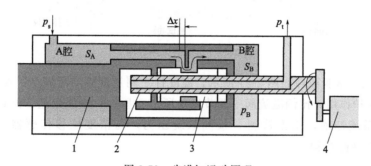

图 2-78　步进缸运动原理

1—活塞杆；2—滚珠丝杠；3—阀芯；4—步进电动机

(2) 设计特点

步进油缸采用开环控制，不需要反馈传感器，利用油缸内部机械反馈获得较高的响应和稳定性，移动行程靠脉冲数总数控制，移动速度靠脉冲频率控制。

步进油缸配有电动机编码器，实时监控步进电动机的运行状况，既能实现故障报警，也可以根据需求实现闭环控制，对外界因素造成的误差进行补偿，进一步提高控制精度。

油缸分辨率高，一个脉冲的分辨率是 0.01mm，无论长行程还是短行程都可完成高分辨率控制。可以实现高精度定位控制和速度控制。

结构紧凑，集成化程度高，不需要复杂安装工作，抗污染能力强（NAS11 级），可靠性高，维护费用低。

(3) 测试技术

被试油缸采用 ZM/ALMX-1236 型电液步进缸，油缸行程 360mm，额定压力 20.6MPa，分辨率 0.01mm，步进电动机选择 5 相，2-3 相励磁，步距角 0.36°，最大应答周波数 2000 脉冲波数/s。

驱动器选择斩波调压式电流控制，驱动电压 AC 110V±10%（1 相），控制电压 AC 110V±10%（3 相），相电流最大 4A。

① 耐压测试　加工前、后法兰盖板，封堵缸筒，液压泵往 A 口供油 10min，油源压力设定为 30.9MPa。不得有外渗漏及零件损坏等现象，如图 2-79 所示。

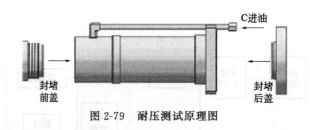

图 2-79　耐压测试原理图

② 扭矩测试　额定压力 20.6MPa，给油缸持续供油，在油缸活塞杆最远端施加 1960N 的径向负载，用扭矩仪转动丝杠正转与反转，来回运行，如图 2-80 所示，该扭矩仪精度应达到 0.1N·m，测量结果最大扭矩不超过 1N·m。

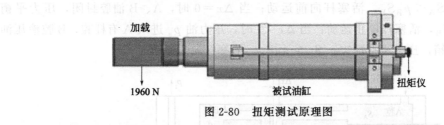

图 2-80　扭矩测试原理图

③ 精度测试　试验原理如图 2-81 所示，温度计 1 测量试验油液温度，安全阀 3 限定系统最高压力起保护作用，比例溢流阀 4 调节试验所需要压力，液压泵组 5 给试验系统供油，过滤器 6 过滤系统油液，压力检测 8 检测系统压力，高精度位移传感器 10（精度可达 0.001mm）检测油缸行程。

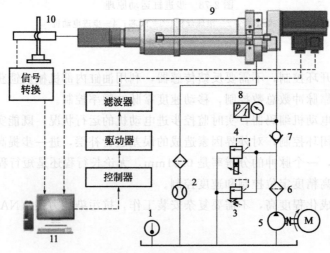

图 2-81　精度测试原理图

1—温度计；2—流量计；3—安全阀；4—比例溢流阀；5—液压泵组；6—过滤器；7—单向阀；
8—压力检测；9—油缸；10—位移传感器；11—PC 控制

a.单步精度测试与十步精度测试　调节系统压力 20.6MPa，油温 30～40℃，无负载，设定手动运行模式，频率 500Hz，油缸运动到 180mm 处开始试验。分别记录伸出与缩回各

10 个脉冲的位移，如图 2-82 所示，得到 a 值与 b 值，计算误差：

$$\Delta x_{单步} = a_{理论} - a_{实际}$$

$$\Delta x_{十步} = b_{理论} - b_{实际}$$

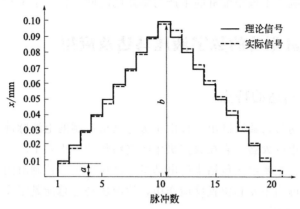

图 2-82 单步、十步精度测试曲线

得到 20 组数据，分别找出伸出与缩回最大误差，误差值不许超过 ±0.02mm。

b.重复精度测试 调节系统压力 20.6MPa，油温 30～40℃，无负载，设定自动运行模式，设定频率 500Hz，脉冲数 1000，时间间隔 4000ms，回数 10 次，油缸运动到 180mm 处，设定为零点，开始试验。分别记录伸出与缩回各 10 回，如图 2-83 所示，得到 c 值与 d 值，计算误差：

$$\Delta x_{伸出} = c_{max} - c_{min}$$

$$\Delta x_{缩回} = d_{max} - d_{min}$$

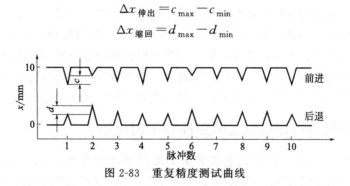

图 2-83 重复精度测试曲线

得到 20 组数据，分别找出伸出与缩回最大误差，误差值不许超过 ±0.02mm。

④ 泄漏测试

a.外泄漏测试 活塞杆缩回，保持油温 30～40℃，系统压力 30.9MPa，保压 5min，要求无外泄漏。

b.内泄漏测试 系统压力 20.6MPa，油温 30～40℃，无负载，分别记录活塞处在最末端，最前端，中间三处位置的内泄漏。

活塞处在最末端，主要检测密封件泄漏情况，泄漏要求小于 2mL/min；活塞处在最前端，主要检测机械配合处的泄漏情况，泄漏要求小于 5mL/min；油缸处于中间位置，主要检测所有密封处的泄漏，要求小于 5mL/min。

(4) 结论

电液步进缸对位置、速度控制精度高，易于操作，结构紧凑，抗污染能力强。在环境恶劣的情况下，能够替代传统液压伺服系统。多年生产新品和维修 ZM/ALMX-1236 型油缸的实践证明，测试方法能够检测步进油缸的基本性能，已经达到日本公司的出厂试验验收标准，实现了先进测试技术的国内应用。这不仅降低了步进缸的生产成本，提高了该设备的市场竞争力，而且大大减少了该型油缸的生产与维修的时间，提高了工作效率。

2.5　步进电动机驱动的数字液压马达及应用

2.5.1　数字液压马达的特点

早期，日本富士通公司就研制出一种由步进电动机控制的电液脉冲马达，它又被称为步进液压马达或液压扭矩放大器，它在数控机床的进给传动中得到了广泛的应用。它是一种阀控马达位置伺服机构，主要组成包括步进电动机、液压马达、控制滑阀、螺杆螺母副和减速齿轮副，其中螺杆螺母副主要起位置反馈作用，使液压马达总能紧跟步进电动机动作。其组成原理方框图如图 2-84 所示。

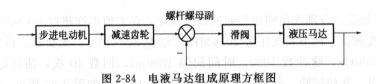

图 2-84　电液马达组成原理方框图

其工作原理是：当步进电动机接收控制脉冲信号而转过一定角度时，经减速齿轮副使阀芯旋转，由于阀芯端部的螺杆螺母副的作用，使阀芯产生轴向位移，于是阀口打开，压力油进入马达使马达转动，马达主轴旋转时，带动螺母转动，螺母转动方向与螺杆转动方向相同。此时，当步进电动机连续转动时，螺母和螺杆保持相对静止转动，即阀口保持一恒定开口量。当步进电动机停止转动时，螺杆停止转动，由于液压马达此时尚未停止转动，即螺母仍在转动，于是使阀芯轴向移动恢复原位，阀口重新关闭，液压马达也停止转动。

2.5.2　数字液压马达在风电变桨距控制中的应用

风力发电机组的功率控制方式主要为定桨距控制和变桨距控制。变桨距控制依据发电机转速和输出功率调节桨叶的桨距角，使其输出功率维持在额定值附近，因其更能有效控制和稳定输出功率，因而应用较普遍。基于电液数字马达的变桨距控制技术，控制特性良好。

(1) 工作原理

电液数字马达变桨距机构如图 2-85 所示，机构整体上主要由各桨叶分别安装的电液数字马达、变桨齿轮和液压单元等构成。电液数字马达变桨距机构为一带有直接反馈的电液伺服控制机构。该机构主要由步进电动机、减速器、液压转阀副、螺母螺杆副、液压马达、变桨齿轮及液压单元等构成。步进电动机实现桨距角控制信号的输入，减速器用于呈比例降低输入转速，根据需要可实现多级减速。液压马达输出变桨转矩和桨距角，并通过变桨齿轮实现桨叶桨距角的随动变化。液压单元通过液压泵、精滤器、单向阀供给电液数字马达油源，以实现有效变桨所需的压力和流量，溢流阀用于限制系统的最高工作压力和流量。

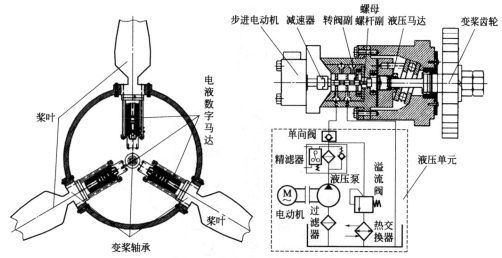

图 2-85　电液数字马达变桨距机构

如图 2-85 所示，机构主要特征为：液压转阀的阀芯通过螺母螺杆副与液压马达轴相连，并通过两个负载阀口与液压马达的柱塞腔相通，高压油可通过液压转阀副的负载阀口进入液压马达柱塞腔。在结构上所做的改进：增加柱塞数量和柱塞头圆弧半径，减小柱塞直径和柱塞缸体长度，以减少输出转矩脉动和磨损。同时为减弱快速启闭时的液压冲击，在转阀与液压马达间安装了直动溢流阀。

经步进电动机输入给系统桨距角控制信号，该控制信号通过与阀芯固连的螺母螺杆副转化为转阀阀芯的位移，进而转阀阀芯与阀套间形成阀口，以控制进出液压马达的液压油的流动方向和流量，液压马达轴便根据输入桨距角控制信号，输出相应的桨距角和变桨转矩，同时液压马达轴通过螺母螺杆副使得阀芯复位。因该机构为直接单位负反馈的伺服控制机构，所以输出桨距角完全跟踪阀芯输入信号，输出转矩实现输入转矩的高比例放大。

（2）电液变桨距系统

电液数字马达变桨距的电液控制系统如图 2-86 所示，系统主要包括：由电动机、液压泵、单向阀、溢流阀、蓄能器等组成的液压油源系统；由步进电动机、液压转阀、液压马达等构成的电液数字马达、风力机桨叶等。

液压泵作为液压油源；溢流阀起限压和保护作用；蓄能器相当于带阻滤波器，用于消除回路的压力脉动和冲击；电液数字马达实现输出桨距角的随动控制，并实现三桨叶独立或协同变桨距控制。

工控机发出开机指令后，电动机带动液压泵启动，并通过各单向阀输出给各电液数字马达所需的压力和流量，同时，给定的桨距角信号以数字信号的形式分别输入到各电液数字马达，电液数字马达中的液压转阀相应地调节输入到液压马达的流量和压力来改变输出桨距角和变桨转矩，实现各工况的变桨距跟踪控制。电液数字马达由电脉冲信号直接进行数字控制，变桨时，可实现较好的准确性、同步性和较高的精度。

（3）系统模型与控制策略

综合变桨距系统其他环节，构建系统等效数学模型如图 2-87 所示。系统主要由桨距角给定控制器、变桨距控制器、电液数字马达等效模型、桨叶、传动系统及发电机等构成，系统由 3 个闭环控制环节串级而成。其中，桨叶、传动系统和发电机模型为现有通用模型。

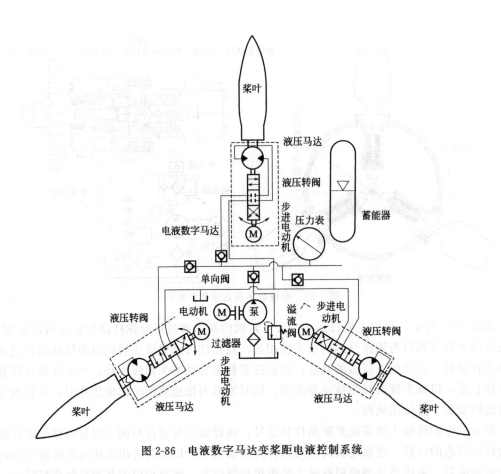

图 2-86 电液数字马达变桨距电液控制系统

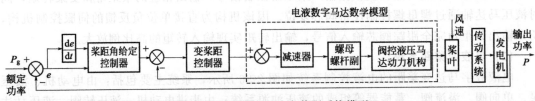

图 2-87 电液数字马达变桨距系统模型

桨距角给定控制器实现桨距角给定，其控制策略为：当风速高于额定风速时，为保证输出功率稳定，控制器根据实际输出功率 P 与额定功率 P_g 的偏差 e 及偏差变化率 de/dt 的大和正负，按能量利用系数 C_P 值与桨距角的函数关系，调节桨距角，进而改变 C_P 值，而桨捕获能量与 C_P 值正相关，因而调节桨距角即可改变桨叶捕获能量，即改变相应的发电机输出功率，对应于某组 e 值和 de/dt，即有相应的桨距角最佳值，该值即为桨距角给定值。例如，若 e 值和 de/dt 均为正值且较大，则表明，实际输出功率低于额定功率且二者偏差有逐渐增大趋势，这时，须减小桨距角，以增大 C_P 值，从而捕获功率和输出功率相应增大，e 值和 de/dt 值相应减小，输出功率得以稳定于额定值附近。该控制策略可通过神经网络、专家或模糊控制算法实现。

变桨距控制器用于获得最佳控制量，以有效控制电液数字马达的静动态特性，该控制器可采用 PID 控制器，为有效提高系统动态响应和稳态精度，在此提出并应用了重复 PID 控制器。系统主要运行过程为：在获得桨距角给定信号后，系统将信号数字化并通过功率放大后输入电液数字马达，电液数字马达高精度跟踪给定的控制信号，并改变桨距角，进而发电机输出功率相应改变。电液数字马达输出的桨距角仅与输入信号的数字脉冲数呈正比，输出转速仅与输入信号的数字脉冲频率呈正比，转向仅与输入信号的数字脉冲方向有关，因而电液数字马达可实时精确跟踪桨距角信号，实现同步精确控制。

（4）仿真

变桨距执行机构的动静态特性对变桨距系统的性能影响较大，以风力机变桨距为仿真研究对象，首先对执行机构特性进行仿真，进而对变桨距系统的功率特性进行研究。

① 变桨距执行机构特性　风力机变桨距控制系统随变桨时间的推移和变桨距次数的累加，桨距角误差可能会逐步加大，针对此，提出并设计应用了基于重复 PID 控制器的变桨距机构控制方式。

重复 PID 控制基于内模原理并采用双 PID 控制器。在重复 PID 控制器中，加到被控对象上的输入信号除当前时刻的偏差信号，还叠加了过去时刻的控制偏差。将两种偏差叠加起来，同时输入到被控对象上进行控制，偏差被重复使用，因而该控制方式能有效抑制扰动和误差。

模型如图 2-88 所示，模型分别采用电液数字马达和电液比例系统作为变桨距执行机构，以获得二者变桨距执行性能的对比情况。

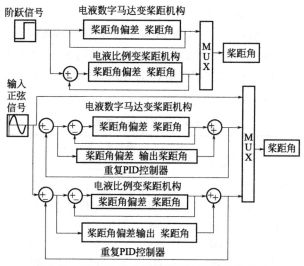

图 2-88　基于重复 PID 控制的变桨距机构模型

模型输入分别为阶跃信号和正弦信号，分别用于检验系统的响应和跟踪特性，在正弦跟踪模型中设计两执行机构的重复 PID 控制器，该控制器嵌入到系统控制闭环内，控制器的输入为桨距角跟踪偏差，输出为桨距角值，该值叠加到变桨距系统的输出桨距角中，二者之和作为总的桨距角输出。

② 变桨距风力机功率特性　图 2-89 为同一风力机组分别采用电液数字马达、电液比例变桨距和定桨距控制进行功率特性仿真的模型，模型采用德国某公司 1.5MW 风力机组的相关数据，其中，额定风速为 13.5m/s、额定功率为 1.5MW，仿真时间为 50s。模型主要由变桨距控制器、电液数字马达、电液比例控制系统模型、桨叶、传动链模块和发电机模块等构成。桨距角给定控制器实现最佳桨距角的给定，变桨距控制器实现执行机构的有效控制，

桨距角给定策略采用基于二维模糊向量表的控制算法实现，该算法具有三次样条曲线的自动插补功能。

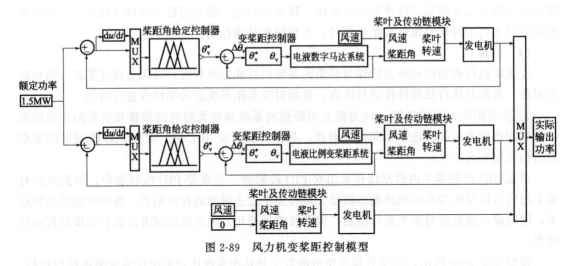

图 2-89　风力机变桨距控制模型

向量表如表 2-9 所示，将功率偏差值 e、偏差变化率 de/dt，转化为 $[-6，6]$ 之间的连续量，然后将这些量划分为正大（PB）、正中（PM）、正小（PS）、零（ZO）、负小（NS）、负中（NM）、负大（NB）7 档。

根据功率控制的误差要求，$e>250kW$ 时为 PB；$e\leqslant-250kW$ 时为 NB；$125kW<e\leqslant 250kW$ 时为 PM；$-250kW<e\leqslant-125kW$ 时为 NM。为避免电动机过于频繁启动，设定控制禁区为 $\pm 25kW$，$25kW<e\leqslant 125kW$ 时，为 PS；$-125kW<e\leqslant-25kW$ 时为 NS；$-25kW<e\leqslant 25kW$ 时为 ZO。

表 2-9　二维模糊向量表

桨距角		偏差变化率 de/dt						
		PB	PM	PS	ZO	NS	NM	NB
功率偏差 e	PB	NB	NB	NM	NM	NS	NS	ZO
	PM	NB	NB	NM	NM	NS	ZO	PS
	PS	NB	NM	NS	NS	ZO	PS	PM
	ZO	NM	NM	NS	ZO	PS	PM	PM
	NS	NM	NS	ZO	PS	PM	PM	PB
	NM	NS	ZO	PS	PS	PM	PB	PB
	NB	ZO	PS	PS	PM	PM	PB	PB

③ 结果及分析　图 2-90 为变桨距执行机构阶跃响应特性曲线，从图中阶跃响应特性可看出，电液数字马达的调整时间为毫秒级别，动态过渡过程非常短，响应非常迅速，且系统稳态几乎无超调，稳态性能很好。电液比例系统的调整时间约为 0.3s，系统动态过渡过程存在一定的超调，调整时间较长。

从图 2-91 中的正弦跟踪响应特性曲线可看出，电液数字马达跟踪正弦波的位置精度非常高，跟踪曲线与原曲线基本重合，二者几乎无法分辨。电液比例系统的位置跟踪的波动和误差较大，几乎可达到 8%～10% 的误差，从图中可看出，对于同一风力机的变桨距控制执行机构而言，电液数字马达的控制精度比电液比例变桨距的控制精度高得多。

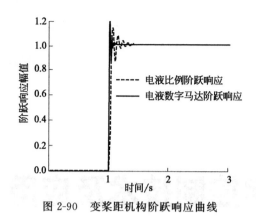

图 2-90 变桨距机构阶跃响应曲线

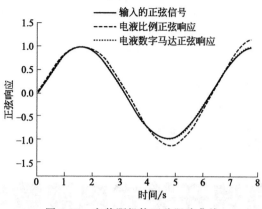

图 2-91 变桨距机构正弦跟踪曲线

第3章

高速开关式电液数字控制技术及应用

3.1 高速开关式数字阀

高速开关元件的 PWM（脉宽调制式）控制的思想源于电动机的 PWM 控制，即通过改变占空比，使一个周期时间内输出的平均值与相应时刻采样得到的信号成比例。

3.1.1 高速开关式数字阀概述

(1) 控制原理

在流体动力系统中，通过控制开关阀的通断时间比，可获得在某一段时间内流量的平均值，进而实现对下一级执行机构的控制。脉宽调制信号是具有恒频率、不同开启时间 t 比率的信号，如图 3-1 所示，脉宽时间 t_p 对采样周期 T 的比值 t_p/T 为脉宽占空比，用它来表征采样周期的幅值。用脉宽信号对连续信号进行调制，可将图 3-1(a) 中的连续信号调制成图 3-1(b) 中的脉宽信号。此处调制的对象是流量，则每个采样周期的平均流量为 $q = q_n t_p/T$，与连续信号处的流量相对应，式中 q_n 为调制对象的额定流量。

脉宽调制（PWM）型高速数字开关阀的控制系统工作原理框图如图 3-2 所示。由微型计算机产生脉宽调制的脉冲序列，经脉宽调制放大器放大后驱动数字阀，即高速开关阀，控制流量或压力。由于作用于阀上的信号是一系列脉冲，所以高速开关阀也只有与之对应的快速切换的"开"和"关" 2 种状态，而以开启时间的长短来控制流量。在闭环系统中，由传感器检测输出信号反馈到计算机形成闭环控制。如果信号是确定的周期信号或其他给定信号，可预先编程存在计算机内，由计算机完成信号发生功能。如果信号是随机信号，则信号源经 A/D 转换后输入计算机内，由计算机完成脉宽调制后输出。在需要作 2 个方向运动的系统中，要用 2 个数字阀分别控制不同方向的运动。与增量式数字阀控制系统相同，该系统的性能与计算机、放大器、数字阀有关，三者相互关联，使用时必须有这些配套的装置。

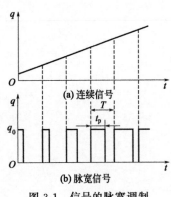

图 3-1 信号的脉宽调制

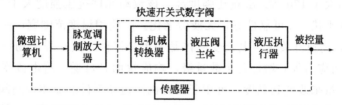

图 3-2　脉宽调制（PWM）型高速数字开关阀控制系统工作原理框图

此控制方式具有不堵塞、抗污染能力强及结构简单的优点。系统可以是开环控制，也可以进行闭环控制。开环控制不存在稳定性问题，控制比较简单。

（2）高速开关阀的驱动器

高速开关阀之所以有很高的响应速度，是因为驱动阀芯运动的驱动器响应速度极高。根据所用驱动器的不同，高速开关阀可分为电磁式高速开关阀、磁致伸缩式高速开关阀、电流变液式高速开关阀、压电式高速开关阀。

① 电磁式高速开关阀　电磁式高速开关阀以高频电磁铁为驱动元件，电磁阀的电磁部件由固定铁芯、动铁芯、线圈等部件组成；阀体部分由滑阀芯、滑阀套、弹簧底座等组成。电磁线圈被直接安装在阀体上，阀体被封闭在密封管中，构成一个简洁、紧凑的组合。电磁铁由 PWM 信号控制，输入高电平时，线圈通电，衔铁与阀芯连成一体，带动阀芯动作；低电平时，磁芯的运转将导致通过阀体的流体被切断，此时将通过弹簧复位。对于电磁铁来说就是带电和失电，而对于所控制的阀门来说就是开和关。

高频开关电磁铁功率小、体积小、结构简单、工作频率很高。目前国内外开发的一些高速开关阀，大多仍采用电磁铁作为驱动器，但阀的切换速度慢。

② 磁致伸缩式高速开关阀　超磁致伸缩材料（Giant Magnetostrictive Material）有别于传统的磁致伸缩材料（Fe、Co、Ni 等），典型商品牌号为 Terfenol-D，代表成分为 Tb0.27、Dy0.75、Fe1.93。与压电材料（PZT）及传统的磁致伸缩材料 Ni、Co 等相比，超磁致伸缩材料具有以下独特的性能：a. 室温磁致伸缩应变量大，伸缩量可达 0.15％ 以上，是镍的 40～50 倍，是压电陶瓷的 5～8 倍，转换效率高，机电耦合系数可达到 0.75，居里温度高达 380℃，工作温度可达 200℃。b. 用超磁致伸缩材料制备的器件驱动电压低，工作时需低电压驱动，而压电陶瓷则需几千伏的高压驱动。c. 超磁致伸缩应用器件体积大大减少，并对磁化和应力几乎即时响应（达到微秒级），可用于快速执行器件。d. 超磁致伸缩材料可承受高达 200～700MPa 的压力，适于高压力的执行器、大功率的声换能器等。当外加磁场为 80kA/m 时，产生应力在 29.4MPa 以上，而压电陶瓷无法承受较大的压力。e. 不存在压电陶瓷中失极化引起的失效问题，同时不存在老化、疲劳问题，因而具有很高的可靠性。f. 超磁致伸缩材料特别适用于低频区工作，在 0～5kHz 范围内能量转换效率优于压电陶瓷材料。

利用超磁致伸缩材料制作的超磁致伸缩致动器不仅能克服传统电致伸缩致动器反应速度慢、消耗功率大的缺点，而且其电动机转换效率具有其他材料无法比拟的优势，如在精密阀门、精密流体控制、数控机床、精密机床的进给系统方面，用精密致动器，位移精确度可达到纳米级。且响应速度快，输出功率大，设计相对简单。超磁致伸缩致动器与传统致动器相比具有以下优点：a. 伸缩范围（冲程）大，对于 100mm 长的致动元件，伸长量很容易达到 100μm 以上。b. 响应速度快，＜1μs。c. 输出力大，对于直径为 12mm，长度为 100mm 的致动元件，输出力大于 1700N。d. 抗压强度高，该致动元件抗压强度大于 700MPa。e. 工作电压低，几伏到几十伏。f. 可靠性好，无疲劳老化。g. 使用温度范围宽，一般为 0～70℃。

③ 电流变液式高速开关阀　电流变液体是一类悬浮体，其在强电场作用下的流变性质（如表现黏度、剪切应力等）增加几个数量级，响应快而且可逆。将电流变液应用于液压控制系统，直接用电量来改变其黏度，可用于没有机械运动部件的流体控制阀，阀的流量和压降可直接由电场信号来调节。利用电流变液的电流变效应代替传统的电磁铁，其性能（如速度响应等）要比电磁铁优异。

电流变液控制系统与传统的电液控制系统相比较，一个明显的优点是消耗的电能极少。这是因为控制系统在工作时尽管电压较高，但电流十分微弱，是典型的"信号"控制。

电流变技术被公认为具有巨大的工程应用前景，一旦突破，将在汽车、机电、液压技术和机器人等行业中引起技术革命。

④ 压电式（电致伸缩）高速开关阀　压电效应的原理包括两方面：一方面，压电陶瓷在机械力作用下产生变形，引起表面带电的现象，而且其表面电荷密度与应力成正比，这称为正压电效应；另一方面，在压电陶瓷上施加电场，会产生机械变形，而且其应变与电场强度成正比，这称为逆压电效应。如果施加的是交变电场，材料将随着交变电场的频率作伸缩振动。施加的电场强度越强，振动的幅度越大。正压电效应和逆压电效应统称为压电效应。

压电陶瓷驱动器是利用压电陶瓷的逆压电效应，将电能转变为机械能或机械运动。压电陶瓷致动器具有体积小、位移分辨率极高、响应速度快、输出力大、换能效率高、不发热、可采用相对简单的电压控制方式等特点。但其本身固有的一些特性会影响到输出的精度和线性度。压电陶瓷在电场的作用下有两种效应：逆压电效应和电致伸缩效应。在开关阀中利用其电致伸缩效应，实现阀芯的移动。虽然压电陶瓷驱动器提高了切换速度和频率，但所需电压高，消耗功率大。

(3) 结构形式

高速开关式数字阀有二位二通和二位三通两种，两者又各有常开和常闭两类。为了减少泄漏和提高压力，其阀芯一般采用球阀或锥阀结构，但也有采用喷嘴挡板阀的。

图 3-3 所示为二位二通电磁锥阀型高速开关式数字阀，当线圈 4 通电时，衔铁 2 上移，使与其连接的锥阀芯 1 开启，压力油从 P 口经阀体流入 A 口。为防止开启时阀因稳态液力而关闭和减小控制电磁力，该阀通过射流对铁芯的作用来补偿液动力。断电时，弹簧 3 使锥阀关闭。阀套 6 上有一阻尼孔 5，用以补偿液动力。该阀的行程为 0.3mm，动作时间为 3ms，控制电流为 0.7A，额定流量为 12L/min。

图 3-4 所示为力矩电动机-球阀型二位三通高速开关式数字阀，其驱动部分为力矩电动机，根据线圈通电方向不同，衔铁 2 顺时针或逆时针方向摆动，输出力矩和转角。液压部分有先导级球阀 4、7 和功率级球阀 5、6。若脉冲信号使力矩电动机通电时，衔铁顺时针偏转，先导级球阀 4 向下运动，关闭压力油口 P，L_2 腔与回油腔 T 接通，功率级球阀 5 在液压力作下向上运动，工作腔 A 与 P 相通。与此同时，先导级球阀 7 受 P 作用于上位，L_1 腔与 P 腔相通，功率级球阀 6 向下关闭，断开 P 腔与 T 腔通路。反之，力矩电动机逆时针偏转时，情况正好相反，工作腔 A 则与 T 腔相通。这种阀的额定流量仅 1.21L/min，工作压力可达 20MPa，最短切换时间为 0.8ms。

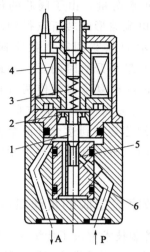

图 3-3　二位二通电磁锥阀型高速
开关式数字阀

1—锥阀芯；2—衔铁；3—弹簧；
4—线圈；5—阻尼孔；6—阀套

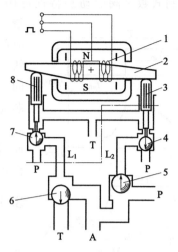

图 3-4　力矩电动机-球阀型二位
三通高速开关式数字阀

1—线圈锥阀芯；2—衔铁；3,8—推杆；
4,7—先导级球阀；5,6—功率级球阀

(4) 技术性能

脉宽调制式数字阀的静态特性（控制特性）曲线如图 3-5 所示。由图可见，控制信号太小时不足以驱动阀芯，太大时又使阀始终处于吸合状态，因而有起始脉宽和终止脉宽限制。起始脉宽对应死区，终止脉宽对应饱和区，两者决定了数字阀实际的工作区域。必要时可以用控制软件或放大器的硬件结构消除死区或饱和区。当采样周期较小时，最大可控流量也小，相当于分辨率提高。

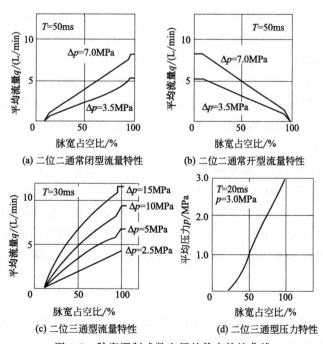

图 3-5　脉宽调制式数字阀的静态特性曲线

脉宽调制式数字阀的动态特性可用它的切换时间来衡量。由于阀芯的位移较难测量，可利用控制电流波形的转折点得到阀芯的切换时间。图 3-6 所示为脉宽调制式数字阀的响应曲线，其动态指标是最小开启时间 T_{on} 和最小关闭时间 T_{off}。一般通过调整复位弹簧使两者相等。当阀芯完全开启或完全关闭时，电流波形产生一个拐点，由此可判定阀芯是否到达全开或全关位置，从而得到其切换时间。不同脉宽信号控制时，动态指标也不同。

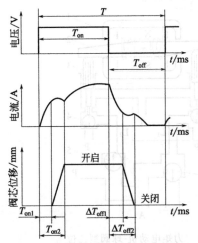

图 3-6　脉宽调制式数字阀的响应曲线

3.1.2　基于数字流量阀的负载口独立控制

负载口独立控制技术解决了传统阀控缸系统操纵性和节能性难以同时达到最优的问题，但负载口独立控制系统在恶劣工况下，控制器的抗干扰能力可能成为制约负载口独立控制技术广泛应用的一个关键问题。一种新型流量控制阀，阀先导级为 PWM 控制的数字阀，主级为基于流量放大原理的 Valvistor 阀。Valvistor 阀通过阀芯上的反馈节流槽连通进油口与主阀上腔，稳态时节流槽流量与先导流量相同，构成内部位移反馈，先导阀流量反馈至主阀出口。该新型数字流量阀采用了两级流量放大的原理，解决了数字阀通流能力小的问题，该阀具有二位二通的特点，适合在负载口独立控制系统中应用，数字控制具有负载口独立控制抗干扰能力，能实现独立负载口智能化控制。

(1) 工作原理

① 系统组成　基于数字流量阀的负载口独立控制系统原理如图 3-7 所示，因该数字流量阀主阀采用 Valvistor 阀，该主阀仅能实现一个方向的流量控制，另一个方向流通时流量阀仅相当于节流阀，难以实现控制，所以为避免流量反向通过数字流量阀，在数字流量阀前边加了单向阀。在负载口独立控制系统中，为实现系统所有机能，采用 6 个数字流量阀控制的负载口独立控制系统。该系统包括 6 个数字流量阀、4 个单向阀、液压源、控制器等组成。3 个压力传感器检测液压缸两腔及液压泵出口压力，速度传感器检测活塞杆速度。根据输入控制器速度信号，控制器输出信号控制 6 个数字流量阀的占空比、液压泵出口压力，实现对液压缸速度控制。

② 数字流量阀组成　数字流量阀如图 3-8 所示，由主阀、数字先导阀组成。主阀采用基于流量-位移反馈的 Valvistor 阀，先导阀为二位二通数字阀。当先导阀不通时，控制腔压力 p_C 等于入口处压力 p_A，由于弹簧力及上下腔面积差作用，主阀关闭。当先导阀有流量通过时，控制腔压力降低，主阀芯向上移动，直至流过反馈节流槽的流量与先导阀的流量相同时，达到稳态，主阀芯移动 x_M。该阀出口流量 Q_0 等于流过主阀流量 Q_M 与先导阀流量 Q_p 之和。

(2) 数学模型

假设阀芯运动过程中入口压力 p_A、出口压力 p_B 不变，控制腔压力为 p_C，建立通过数字流量阀先导阀及主阀静态流量平衡方程。

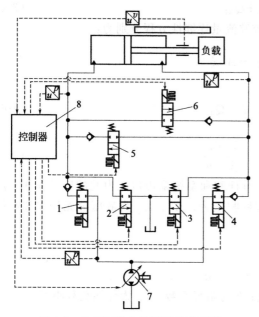

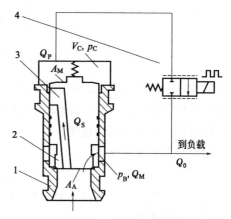

图 3-7 负载口独立控制系统原理图
1~6—数字流量阀；7—液压源；8—控制器

图 3-8 数字流量阀组成
1—主阀阀套；2—反馈槽；3—主阀阀芯；4—先导阀

通过先导阀平均流量为：

$$\overline{Q}_P = \frac{DT}{T}Q_P = DK_P\sqrt{p_C - p_B} \tag{3-1}$$

其中，Q_P 为开关阀压差为 $p_C - p_B$ 时的流量；K_P 为先导阀液导，D 为 PWM 控制信号占空比，$D \in [0, 1]$；p_C 为控制腔压力；p_B 为主阀出口压力。

流过主阀芯反馈槽可变节流口流量为：

$$Q_S = K_S\sqrt{p_A - p_C} \tag{3-2}$$

其中，K_S 为通过反馈槽液导，$K_S = C_{dS}w_S(x_0 + x_M)\sqrt{\dfrac{2}{\rho}}$，$C_{dS}$ 为反馈槽流量系数；w_S 为反馈槽面积梯度；x_M 为主阀芯位移；x_0 为主阀芯预开口量。

流过主阀流量方程：

$$Q_M = K_M\sqrt{p_A - p_B} \tag{3-3}$$

其中，K_M 为通过主阀芯液导，$K_M = C_{dM}w_M x_M\sqrt{\dfrac{2}{\rho}}$；$C_{dM}$ 为主阀芯流量系数；w_M 为主阀芯面积梯度。

稳态时，主阀对先导阀流量放大倍数 g：

$$g = \frac{Q_M}{Q_P} = \sqrt{2}\frac{K_M}{DK_P}$$

总阀出口流量为：

$$Q_0 = Q_P + Q_M \tag{3-4}$$

液压缸无杆腔、有杆腔、泵出口压力腔的容腔流量连续性方程分别为：

$$\frac{V_1}{\beta_e} \frac{\mathrm{d}p_1}{\mathrm{d}t} = Q_3 - A_1 \dot{x} \tag{3-5}$$

$$\frac{V_2}{\beta_e} \frac{\mathrm{d}p_2}{\mathrm{d}t} = A_2 \dot{x} - Q_4 \tag{3-6}$$

$$Q_S - Q_3 + Q_4 = \frac{V_3}{\beta_e} \frac{\mathrm{d}p_s}{\mathrm{d}t} \tag{3-7}$$

式中，V_1、V_2、V_3 分别为液压缸无杆腔、有杆腔和系统泵出口压力腔的容腔体积；β_e 为液压弹性模量；p_1、p_2 为液压缸无杆腔和有杆腔压力；A_1、A_2 为液压缸无杆腔和有杆腔作用面积；$\dot{x}$ 为活塞杆速度。

活塞杆力平衡方程为：

$$A_1 p_1 - A_2 p_2 = m\ddot{x} + b\dot{x} + k_h x + F_1 \tag{3-8}$$

式中，m 为活塞及负载质量；F_1 为外负载；b 为阻尼系数；k_h 为弹性负载刚度。

(3) 控制策略

负载口独立控制系统针对液压缸不同工作模式 ［图 3-9（a）为阻抗伸出，图 3-9（b）为超越缩回，图 3-9（c）为超越伸出，图 3-9（d）为阻抗缩回］选择不同控制策略，其中 F_1 为外负载，v 为液压缸运行速度。对液压缸的不同工作模式分别选用两个阀对液压缸的速度和流量进行控制（如表 3-1 所示）。

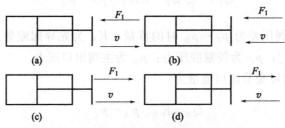

图 3-9　液压缸工作模式

以图 3-9（a）中 F_1、v 为负载力、速度正方向，对液压缸不同工作模式分别选择两个流量阀对液压缸两腔流量、压力进行控制。不同工作模式时选择控制阀如表 3-1 所示。

负载口独立控制系统中，供油压力响应可测但无法准确控制，负载力可测不可控，数字流量阀的压差对通过数字流量阀的流量影响显著，因此在控制策略上采用了前馈控制系统来避免系统扰动对控制性能影响。又因为在液压系统中通过数字流量阀的液导、油液体积弹性模量等受油液温度、油液含气量等因素影响，所以采取前馈控制的开环控制策略难以获得对系统准确控制性能，因此采用了前馈反馈复合控制的控制策略。

系统控制原理如图 3-10 所示。操作手柄发出的唯一操作信号 v 为系统的输入信号，控制器首先根据液压缸的工况选择控制阀（见表 3-1），然后根据图 3-10（a）所示流量控制策略和图 3-10（b）所示压力控制策略实现对液压缸流量和压力的复合控制。通过对系统流量、压力进行复合控制提高系统操纵性，使液压缸速度仅与 v（输入信号）有关，而与负载变化无关，同时在液压缸变速时响应快，稳态时速度平稳。

表 3-1　负载口独立控制系统工作模式表

项目		阀 1	阀 2	阀 3	阀 4	阀 5	阀 6
$F_1>0, v>0$		开	关	开	关	关	关
$F_1>0$ $v<0$	$p_1>p_2$	关	开	关	关	关	开
	$p_1<p_2$	关	开	关	开	关	关
$F_1<0$ $v>0$	$p_1>p_2$	开	关	开	关	关	关
	$p_1<p_2$	开	关	关	关	开	关
$F_1<0, v<0$		关	开	关	开	关	关

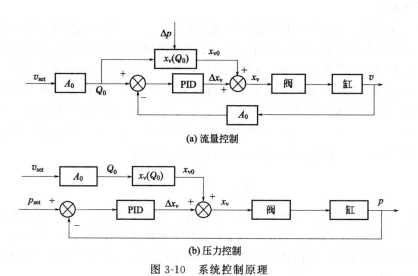

(a) 流量控制

(b) 压力控制

图 3-10　系统控制原理

为了获得较精确的数字阀（先导级）液导，利用试验装置对其进行测试，两个压力传感器分别测量入口压力 p_C、出口压力 p_S，流量传感器测量通过先导阀流量 Q_P，计算机和驱动控制器实现对数字阀输入信号的控制。试验测得的先导阀液导 K_P 与占空比 D 关系如图 3-11 所示。

为了获得较精确的 Valvistor 阀（主级）液导，利用试验装置对其进行测试，压力传感器分别测量入口 p_A、出口压力 p_B，流量传感器测量主阀流量 Q_M、位移传感器测定主阀芯位移 x_M，通过 dSPACE 完成控制信号的施加和数据采集。试验测得的主阀液导 K_P 与主阀芯位移 x_M 关系如图 3-12 所示。

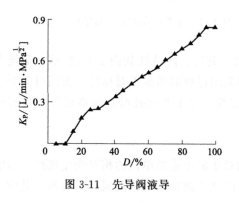

图 3-11　先导阀液导

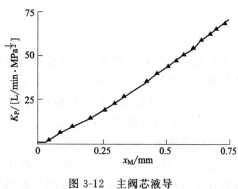

图 3-12　主阀芯液导

基于数字流量阀负载口独立控制系统，既能实现对液压缸速度的平稳控制，又能够在负载和速度信号阶跃变化时，实现活塞杆速度的快速响应。

系统仿真表明，对数字流量阀输入信号的载波频率在 40Hz 以上时，系统速度粗糙度明显减低。

3.1.3 基于并联开关阀技术的新型数字液压阀

二位开关阀工作原理简单，抗污染能力强，泄漏量小，是非常理想的数字离散控制单元。一种新型的数字阀采用了并联开关阀技术。

(1) 工作原理

二位开关阀受控于电信号，只有通流和截止两种状态，是数字式液压系统的最小组成单元。二位开关阀组是由多路二位开关阀按照一定的编码规律并联而成的流量控制单元，将其定义为开关式数字阀，简称数字阀。这种数字阀不同于采用伺服电动机或步进电动机驱动的"数字阀"，其本质上是一个并行工作的数字离散系统，类似于数码相机和 LCD 数字系统。n 位数字阀的示意图如图 3-13 所示，其中 u_1、u_2、$\cdots$、u_n 为 n 路开关阀的控制信号，且 $u_i = [0, 1]$；q_1、q_2、$\cdots$、q_n 为各开关阀的流通能力（定义为压差为 1MPa 的稳态流量），符合特定的编码规律。n 位数字阀的流通能力 Q_{0n} 可表示为：

$$Q_{0n} = \sum_{i=1}^{n} u_i q_i \tag{3-9}$$

缺乏用于数字液压系统的专用开关阀，采用普通开关阀作为替代品，其流通能力的规格通常难以符合特定的编码规律，因此，为了在工程上实现这种数字阀，需要在每路开关阀出口或出口位置加入节流孔，其流通面积遵循特定的编码规律，这里将每路开关阀和节流孔的组合定义为控制基元。

图 3-14 为加入节流孔后置的 n 位数字阀示意图，其中 φ_1、φ_2、$\cdots$、φ_n 为节流孔有效通径。带节流孔的 n 位数字阀输出流量 Q_n 表达式为：

$$Q_n = \sum_{i=1}^{n} u_i f_{q,i}(\varphi_i) \tag{3-10}$$

式中，$f_{q,i}(\varphi_i)$ 为第 i 路控制基元流量函数，它通常满足节流公式。

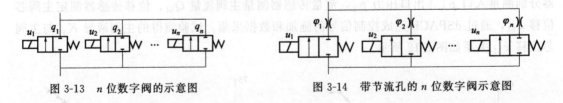

图 3-13　n 位数字阀的示意图	图 3-14　带节流孔的 n 位数字阀示意图

节流孔的加入对控制基元的动态特性影响较大，其启、闭特性如图 3-15 所示。节流孔显著迟滞了控制基元的关闭响应，造成了其开启和关闭过程的明显不对称性（关闭时间明显长于开启时间），这加剧了数字阀整体的瞬态不确定性。由于节流孔前置易造成开启过程振荡，选择节流孔后置构建控制基元。

(2) 编码方法

在数字阀设计中，编码方法决定了输出流量相对于最小流量单位的相对变化规律，可能的编码方法包括脉冲数编码、斐波那契数列编码、广义二进制编码以及混合编码等，其中二进制编码和脉冲数编码是最常用的编码方法。

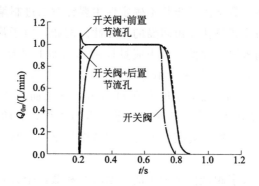

图 3-15　加入节流孔后控制基元的开启和关闭特性

图 3-16 给出了五位数字阀在不同编码方式下的流量控制曲线。其中横坐标为数字控制量，为无量纲物理量。混合编码能够充分发挥各编码方法的优势，组合出扩展性更强的流量控制规律，通常做法是将二进制编码和脉冲数编码结合起来，低位采用脉冲数编码，高位采用二进制编码，以求达到扩展性与冗余性的平衡与优化。

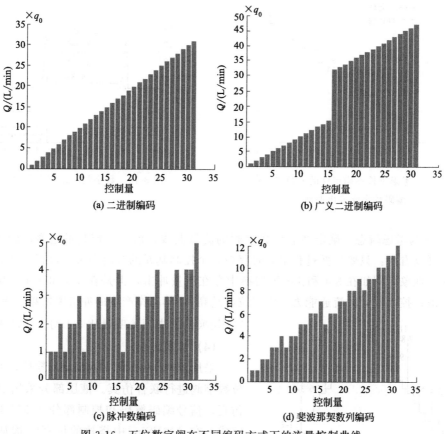

图 3-16　五位数字阀在不同编码方式下的流量控制曲线

(3) 技术性能

① 稳态特性　数字阀在流通能力、滞环、零偏、线性度、分辨率、内泄漏等静态指标

上具有明显优势。数字阀采用离散式量化控制，因此还具有一些特殊的稳态特性，这包括输出离散性和步长不确定性。数字阀的步长不确定性主要针对二进制编码的数字阀，它来自于开关阀加工误差，体现为相邻量化输出间隔的差异性。例如，对于最小流通能力 1L/min 和二进制编码的五位数字阀来说，设低三位小流量控制基元加工误差为＋3％，而高二位大流量控制基元加工误差为－6％，当控制量由 [11100] 变为 [00010]（左边为低位）时，流通能力变化步长仅为 0.21L/min，远低于理论值 1L/min，输出曲线如图 3-17 所示。

② 瞬态特性　数字阀中每个控制基元完全独立并行工作，其阶跃响应仅决定于每个基元的阶跃响应特性，其状态切换时间其实就是动态特性最差的控制基元的反应时间，而与阶跃幅值没有直接关系。

在二进制编码下，当数字阀低位全为 1 的递增瞬间和低位全为 0 的递减瞬间，瞬时不确定性最为严重。设某四位二进制编码数字阀各控制基元的开关阀固有频率均为 20Hz，流通能力为 20L/min，节流孔流通能力分别为 1L/min、2L/min、4L/min、8L/min，图 3-18 显示了该数字阀控制量在 7（1110）和 8（0001）之间切换的瞬态响应曲线，可以看出控制基元关闭动作明显滞后于开启动作，形成的瞬态不确定区间约为 50ms，在此区间存在流量冲击现象。

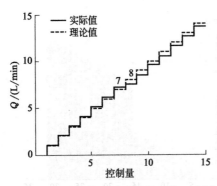

图 3-17　考虑步长不确定性的五位二进制
编码数字阀输出曲线

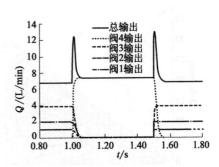

图 3-18　数字阀瞬态响应曲线

图 3-19 为考虑瞬态不确定性后该数字阀的流量曲线，前 16s 控制量递增，后 16s 控制量递减。可以看出：只要切换过程中同时存在多个控制基元的开启和关闭过程，就会存在瞬态流量冲击现象，例如在 3-4 和 7-8 等切换中存在流量冲击，但是在 4-5 和 8-9 等切换中没有流量冲击；控制基元的流通能力越大（位数越高），其动作产生的冲击现象越严重，例如，7-8 切换的冲击现象明显比 3-4 切换要严重。

(4) 仿真分析

采用 AMESim 和 MATLAB 软件，对一个四位数字阀进行联合仿真。液压部分采用 AMESim 仿真，信号编码解码和控制部分在 MATLAB 中完成，在 AMESim 中搭建的仿真结构如图 3-20 所示。该数字阀由 4 路二进制编码的带节流孔的开关阀组成，最小流通能力为 1L/min，供油压力为 16MPa。

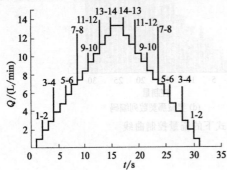

图 3-19　考虑瞬态不确定性的数字阀流量曲线

该数字阀的静态特性曲线如图3-21所示。可以看出,在16MPa压力下,该数字阀最大流量为62.3L/min,分辨率为4L/min,不存在滞环和死区,名义流量曲线具有非常理想的线性度和对称度。由于数字阀的离散输出特性,其静态特性曲线有明显的阶梯变化,并呈带状分布,减小数字阀的流量步长并增加位数能够有效抑制这种现象。

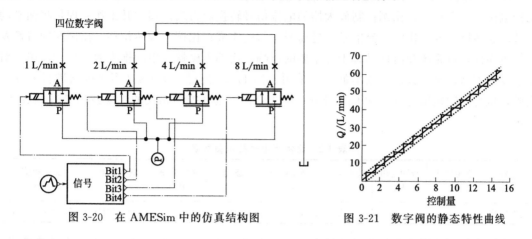

图3-20　在AMESim中的仿真结构图　　　　图3-21　数字阀的静态特性曲线

将数字阀中开关阀频率分别设为40Hz和80Hz,其频率特性曲线如图3-22所示。当开关阀频率为40Hz时,数字阀的幅频宽(-3dB)和相频宽(-90)分别为11.2Hz和38Hz,提高开关阀频率后,能够明显改善其动态特性。由此可见,数字阀的动态特性是由开关阀的动态特性决定的,采用高速开关阀,能够搭建出与比例阀动态特性相当甚至逼近伺服阀性能的数字阀。

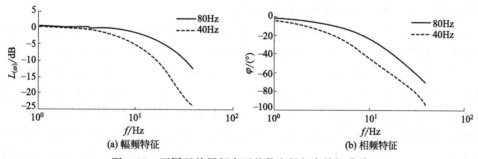

图3-22　不同开关阀频率下的数字阀频率特性曲线

3.1.4　电液比例数字控制

比例控制液压系统中,力的精确控制是衡量系统性能最重要的技术指标,控制的基本原理是通过调节伺服比例阀线圈电流控制阀芯开口,以达到流量及压力的控制。而对比例阀线圈电流的控制,目前有模拟控制和数字控制两种方式。模拟控制以V/I转换电路、运算放大电路、功率放大电路、可调电位器为主组成控制放大器,控制比例电磁铁线圈电流和衔铁推力的大小,从而改变其阀口大小。模拟器件自身固有的缺点,如元件温漂大、分散性大、对外围阻容元件参数依赖性大等,使模拟控制的功能较为单一、控制参数难以灵活调整和量化处理。此外,模拟控制器与计算机之间无法实时通信,不能实现力的闭环控制,严重影响了设备的自动化与智能化的水平。一种比例阀数字控制技术,采用微型处理器与比例阀控制芯片实现比例电磁铁线圈电流的数字控制与精密控制，具有响应快、控制灵活、集成度高、稳定性好、易于扩展应用等特点。

(1) 比例阀特性与控制芯片选择

① 比例阀特性 比例阀是液压控制系统中关键控制部件之一，其电-机械转换装置采用比例电磁铁，它把来自比例控制放大器的电流信号转换成力或位移。其工作原理是将两端的等效电压转换为成正比的电流信号，进而产生与电流成正比例的阀芯位移。比例阀的特性及工作可靠性，对系统和组件具有十分重要的影响。比例电磁铁产生的推力大，结构简单，对油质要求不高，维护方便，成本低廉。采用德国 Have 公司的 PWVP 型比例阀进行研究与实验，压力控制范围为 0～700bar(1bar＝10^5Pa)，与电气控制相关的主要技术参数如表 3-2 所示。

表 3-2 比例阀电气技术参数表

参数名称	额定电压 U_N	线圈电阻 R_0	冷态电流 I_0	额定电流 I_N	冷态功率 P_0	额定功率 P_N	颤振频率 F	颤振幅值 A_m/mm
技术指标	24V	24Ω	1A	0.63A	24W	9.5W	60～150Hz	(0.2～0.4)×I_0

由于比例阀线圈磁铁的磁滞特性和运动的摩擦会导致比例阀的稳态特性存在滞环现象，影响阀的动态响应性能，减小滞环的有效方法是在比例阀电流信号中叠加一定频率的颤振信号，给电磁铁一个间断的脉冲电流，使阀芯一直处于非常小的运动状态，可防止阀芯卡死。颤振频率一般取值为 60～150Hz，颤振幅值不宜太大，过大易引起输出电流及负载特性的变化，一般取值为冷态电流的 30%。当额定电压为 24V 时，PWVP 型比例阀实际的控制电流范围为 0.1～0.63A，其 0～0.1A 为比例阀最低压力工作区，即比例阀控制电流值在 0.1～0.63A 范围时，压力值与电流值呈近似线性关系。

② 控制芯片选择 根据比例阀的特性，其控制的关键参数为线圈额定电流、颤振频率及颤振信号，即比例阀控制器的正常运行需要连续可调而稳定的电流信号及固定的颤振频率和颤振信号。根据需求，英飞凌公司相继推出了 TLE7241、TLE7242 等专用控制芯片。作为汽车电子级 IC 芯片，具有很好的抗干扰性和较大的电压裕度。内部集成了恒流控制单元、PWM 调制控制、颤振信号发生单元、SPI 总线控制单元、PI 调节和外部电流采样等功能，可实现外部比例电磁铁的驱动控制。减少了外围模拟器件，也提高了系统的数字化水平。

由表 3-3 可知，TLE7241E 及 TLE82453SA 的最大控制电流及采样电阻固定，其内部集成了 MOSFET 驱动电路，用户可直接连接外部电磁铁进行操作，但采样电阻值直接决定了电流控制精度，如 TLE7241E 对于 0.24Ω 的采用电阻，其控制精度为 1.5mA/bit，所以对于控制精度、最大控制电流值及操作电压范围满足应用要求的情况下，可选用前述两种芯片。由于采用 24V 比例阀，控制精度要求满足小于 0.5mA/bit，所以采用 TLE7242-2G 作为控制芯片，通过外接 MOSFET 及采样电阻的方式，实现对电磁铁的高精度控制。

表 3-3 几种常用控制芯片参数一览表

型号	输出通道数	最大控制电流 /A	电压范围 /V	采样电阻 /Ω	颤振频率 /Hz	颤振幅值 A/mm
TLE7241E	2	1.2	5.5～18	0.24	41～1000	0～1.2
TLE7242-2G	4	可调	5.5～40	可配置	可配置	可配置
TLE8242-2G	8	可调	5.5～40	可配置	可配置	可配置
TLE82453SA	3	1.5	5.5～40	0.25	可配置	0～1.5

(2) 比例阀驱动接口

比例阀驱动及控制系统结构示意图如图 3-23 所示。

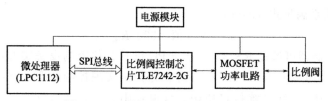

图 3-23　比例阀驱动及控制系统结构图

图 3-23 所示以 ARM 处理器构建的控制系统中，LPC1112 通过 SPI 接口实现与 TLE7242 通信，控制 TLE7242 通过功率模块驱动比例电磁铁工作。

LPC1112 是基于 ARM Cortex-MO 的 32 位微型处理器，提供高性能、低功率、简单指令集和内存寻址，与现有 8 位/16 位架构相比，代码尺寸更小。LPC1112 的 CPU 工作频率最高可达 50MHz，内部包括 16KB 的闪存、4KB 的数据存储器、I^2C 总线接口、RS-485/232 接口、SSP/SPI 接口、通用计数/定时器、10 位 ADC 以及最多 22 个通用 I/O 引脚。TTLE7242 有 4 个完整的独立的比例电磁铁驱动通道，芯片内部集成了数据寄存器组模块、PWM 模块、颤振信号发生器模块、A/D 模块、PI 调节模块、SPI 总线模块，实现可编程的控制电流输出和颤振信号叠加输出。

LPC1112＋TLE7242 便可构建一个完整的比例阀伺服控制系统，实现比例阀控制的数字化、小型化与智能化。其控制系统驱动电路如图 3-24 所示。

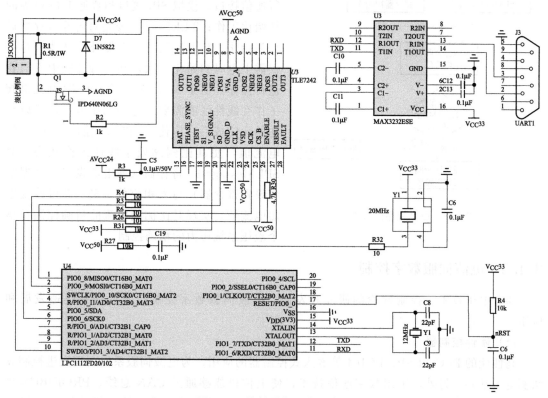

图 3-24　控制系统驱动电路图

如图 3-24 所示，当采样电阻值为 0.5Ω 时，输出电流的范围为 $0\sim640\text{mA}$，且输出电流与二进制值呈比例关系，其比例系数为 0.3125mA/bit，即最小控制电流为 0.3125mA，满足系统高精度的要求。当需要更大的电流输出范围时，可调整采用电阻 R_{sensor}（图 3-24 中 R1 值）阻值，其关系满足式（3-11）。

$$最大电流值 = 320/R_{\text{sensor}} \tag{3-11}$$

图 3-24 中，控制器可通过 RS232 接口与 PC 机及其他控制设备实时通信。在控制器内部，微处理器通过 SPI 接口与 TLE7242G 进行通信，实现控制命令、寄存器状态等数字信息的接收与发送。SPI 总线系统接口使用 3 线制：串行时钟线（SCK）、主入/从出数据线（MISO）和主出/从入数据线（MOSI），故可以大大地简化硬件电路设计及获取串行外围设备接口。

TLE7242 是从机型器件，主控制器需要通过 32 位的 SPI 接口发送指定数据的帧结构来实现控制功能。由于 LPC1112 中内置 16 位高速 SPI 接口，不满足 TLE7242 的 32 位 SPI 接口要求，所以采用 CPU 普通 I/O 口模拟 32 位 SPI 接口协议的方式实现 SPI 通信，由于 TLE7242 在收到命令字时，总是要发送一帧诊断信息，所以 CPU 访问 TLE7242 内部寄存器时，应连续发送 2 帧相同的 SPI 命令字。

(3) 驱动软件

比例电磁铁的驱动程序使用 C 语言进行底层软件开发，其整体流程如图 3-25 所示。

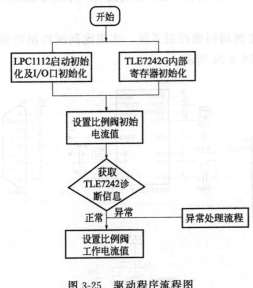

图 3-25 驱动程序流程图

控制系统上电后，首先对 LPC1112 和 TLE7242 两个芯片进行初始化，其中 LPC1112 包括芯片内部寄存器、时钟中断、串行通信接口，模拟 SPI 接口和普通 I/O 口等的初始化工作；TLE7242 主要是对内部寄存器进行初始化。除电流设置寄存器外，其他寄存器仅需上电时初始化一次，在运行过程中不需要进行操作。由于 Have 公司的 PWVP 型比例阀工作在线性区前需要一定的初始电流，所以在初始化完成后，应使 TLE7242 输出 100mA 的电流值，使其比例阀处于线性工作状态。对 SPI Message 3[#] 寄存器（即电流设置与颤振幅值设置寄存器）写入相应数字量，即可改变输出电流值，实现对比例阀电流的精确控制及整个液压系统压力的精确控制。

3.1.5 电液伺服数字控制

随着电子技术、控制理论的研究和发展，电液伺服数字控制技术已得到迅速发展和应用。

(1) 硬件控制器

高性能的 PLC、DSP、PC104 等嵌入式控制器的应用，为电液伺服系统实现先进控制算法奠定了基础。另外，采用数字通信技术，使上位机能够通过 CAN 总线、PROFIBUS 总线、以太网等向电液伺服系统的控制器发送指令、实时传送参数，并在线监控系统运行状态。

（2）控制算法

在控制算法方面，针对电液伺服系统的非线性、参数时变、存在滞回、负载复杂等问题，一些先进控制算法得到了应用。除常用的 PID 算法外，其他比较典型的控制算法主要包括以下几种：

① 鲁棒自适应控制　在传统自适应控制系统中，扰动能使系统参数严重漂移，导致系统不稳定，特别是在未建模的高频动态特性条件下，如果指令信号过大，或含有高频成分，或自适应增益过大，或存在测量噪声，都可能使自适应控制系统丧失稳定性。自适应鲁棒控制（Adaptive Robust Control）结合了自适应控制与鲁棒控制的优点，以确定性鲁棒控制为基础增加了参数自适应前馈环节，在处理不确定非线性系统方面取得了良好的效果。电液伺服系统中，普遍存在系统参数获取困难、负载模型不易建立、系统强耦合且非线性严重（如滞回、摩擦、死区等）等问题，通常采用鲁棒自适应控制方法实现在线估计参数，对非线性环节进行补偿，保证了存在建模不确定性和外界干扰系统的鲁棒性。鲁棒自适应控制器的原理如图 3-26 所示。

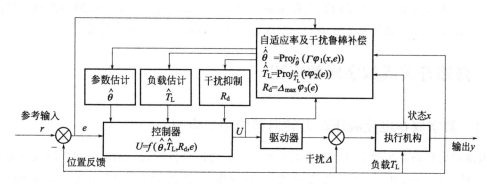

图 3-26　鲁棒自适应控制器原理

② 有参数自整定功能的 PID 控制　PID 控制因其结构简单、含义明确、容易理解等特点在工程中得到广泛使用。但是电液伺服系统属于非线性系统，大量的实际应用表明，当系统状态发生变化时，固定参数的 PID 控制器性能变差。因此，具有参数自整定功能的 PID 控制得到了研究和应用。PID 控制器的参数整定方法包括常规的 ZN 法、继电反馈法、临界比例度法等。在传统方法中，有的需要依靠系统精确数学模型进行参数整定，有的需要开环实验确定控制器参数，这些方法都容易造成系统振荡。因此，基于闭环系统实验数据的 PID 控制器参数整定算法得到了重视。比较典型的方法包括：迭代反馈整定算法和极限搜索算法。这两种算法均是利用闭环系统的输入输出数据进行控制参数的整定，其不同之处在于迭代反馈整定法每次迭代过程需要进行三次实验，而极限搜索方法只需要进行一次实验。

③ 自抗扰控制　自抗扰控制是中科院韩京清研究员提出的一种控制算法，该算法的优点是不考虑被控系统的数学模型，将系统内部扰动和外部扰动一起作为总扰动，通过构造扩张状态观测器，根据被控系统的输入输出信号，把扰动信息提炼观测出来，并以该信息为依据，在扰动影响系统之前用控制信号将其抵消掉，从而获得最优的控制效果。从频域角度看，这样的控制手段要优于一般"基于误差"设计的 PID 控制器，自抗扰控制器原理如图 3-27 所示。

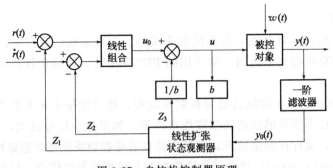

图 3-27 自抗扰控制器原理

(3) 故障检测与诊断功能

随着工业过程对电液伺服系统的可靠性要求越来越高，故障检测和诊断已成为控制器中一个必不可少的功能。通过故障检测可向用户发出故障报警，如传感器故障、伺服阀故障等。目前，比较成熟的故障检测技术主要以数据为主，如专家系统故障检测、神经网络故障检测等。上述方法都需要大量的数据样本或专家知识作为前提。现有的故障检测技术只能局限于一些简单故障，对于复杂故障的诊断还有待于新故障诊断技术的发展。

3.2 高速开关式数字阀的应用

3.2.1 数字阀在电控液压动力转向系统中的应用

电液动力转向系统的主要类型有流量控制式、辅助泵控制式、油压反馈控制式和电动油泵式 4 种，其中油压反馈控制式系统又称为电控液压动力转向系统（Electronically Controlled Hydraulic Power Steering，ECHPS），该系统是在传统液压动力转向系统的动力转向器中引入了油压反力室，配备电控系统将电子传感器获取的汽车运行中的某些非电量转为电信号，由电子控制单元（Electric Control Unit，ECU）精确地控制动力转向系统中油压反力室的压力，进而控制进入助力油缸油液的压力，达到控制转向助力大小的目的。

(1) ECHPS 系统的组成及工作原理

图 3-28 所示为 ECHPS 系统的组成及工作原理，其主要由转向操纵机构、转向传动机构、动力转向器总成、车速传感器、ECU、转向动力泵、数字阀、油罐及油管等组成。

ECHPS 系统的助力动源是转向动力泵，它由一个定量泵加集成在泵体内的流量控制阀和安全阀组成，转向动力泵的流量与发动机转速成正比，一般设计成在发动机怠速运转时其流量也能保证急速转向所需的助力油缸活塞最大移动速度。当发动机转速高时，过大的流量因节流孔作用，迫使差压式流量控制阀打开，将多余的油液流回油泵进油腔，因此，转向动力泵在正常工作时输出的流量是固定不变的。转向动力泵的输出压力取决于液压系统负载（即助力油缸活塞所受的运动助力），当转向阻力矩过大时，泵内的安全阀（即单向阀）会打开，避免在过载下工作。动力转向器中扭杆的上端通过圆柱销与转向输入轴及转阀阀芯相连，下端通过圆柱销与转向螺杆和转阀阀体相连。转向时，转向盘上的转矩通过扭杆传递给转向螺杆及转阀，当转矩增大，扭杆发生扭转变形，转阀阀芯和阀体之间将发生相对转动，阀芯和阀体之间油道的通、断关系和工作油液的流动方向将发生改变，由转向动力泵供给的

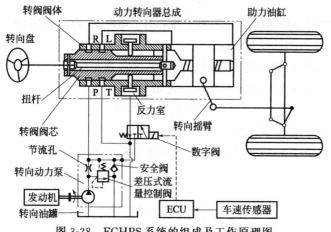

图 3-28　ECHPS 系统的组成及工作原理图

压力油进入助力油缸，实现转向助力作用。同时系统中的 ECU 能根据车速传感器传来的信号控制数字阀，使油压反力室的油压随车速的变化而改变，进而使驾驶员转向时需克服的转向阻力发生变化，转阀阀芯和阀体之间相对位置关系也发生相应变化，进入助力油缸油液的压力也相应变化。实现低速行驶时，提供大助力，保证转向轻便；高速行驶时，提供小助力，保证驾驶员获得较强的路感。

(2) ECHPS 系统转向特性

① 转向控制阀的 p-φ 关系特性　假设：a. 动力转向器无内泄漏；b. 无加工误差；c. 不计沿途压力损失；d. 助力油缸活塞不动；e. 不计转向手力。

因转阀阀口等同于细长孔，流过每个阀槽的流量为：

$$Q_E = \frac{\pi b^2 W_2 p}{32\mu} \tag{3-12}$$

式中，Q_E 为流过每个阀槽的流量，m^3/s；b 为孔口瞬间宽度，m；W_2 为孔口轴向长度，m；p 为工作油压，MPa；μ 为液压油绝对黏度，$Pa \cdot s$。

由于常流式动力转向器的工作油液流量是恒定的，所以流过转阀每个阀槽的流量 Q_E 为总流量除以阀槽数，而孔口瞬间宽度 b 可用预开间隙宽度与转阀阀芯与阀体间相对转角之间的对应关系替代，则推得 p-φ 关系方程为：

$$p = \frac{32\mu Q}{\pi N W_2 \left(A_2 - \frac{\pi R \varphi}{180}\right)^2} \tag{3-13}$$

式中，Q 为流过转阀的总流量，m^3/s；N 为阀槽数；A_2 为预开间隙宽度，m；R 为转阀阀芯半径，m；φ 为转阀阀芯与阀体间相对转角（即扭杆的扭转角度），$(°)$。

② 扭杆的扭转特性　由材料力学的圆轴扭转变形公式得扭杆的扭转角度为：

$$\varphi = \frac{5760 M_n l}{\pi^2 d^4 G} \tag{3-14}$$

式中，M_n 为作用在扭杆上的扭矩，$N \cdot m$；l 为扭杆上两定位销间距离，m；d 为扭杆直径，m；G 为材料的弹性模量，Pa。

③ 反力室油压 p_4 与作用在转阀阀芯上的阻力矩关系　图 3-29 所示为油压反力室中柱塞与转阀阀芯的结构，油压通过柱塞作用在转阀阀芯上的阻力矩为：

$$M_4 = p_4 A_4 L \tag{3-15}$$

式中，M_4 为作用在转阀阀芯上的阻力矩，N·m；p_4 为反力室油压，Pa；A_4 为柱塞受力面积，m^2；L 为力偶臂长度，m。

④ 动力转向器的转向助力特性　对转阀阀芯进行理想化，可认为其是刚性圆轴，由受力分析可知其受 3 个力矩的作用，其平衡公式如下所示：

$$M - M_4 - M_n = 0 \tag{3-16}$$

式中，M 为作用在转向盘上的转矩，N·m。

将式(3-14)~式(3-16)代入式(3-13)可得助力油缸工作油压与转向盘转矩及压反力室油压的关系：

$$p = \dfrac{32\mu Q}{\pi N W_2 \left(A_2 - \dfrac{32Rl(M - p_4 A_4 L)}{\pi d^4 G} \right)^2} \tag{3-17}$$

由式(3-17)可知，随着驾驶员作用在转向盘上的转矩增大，助力油缸工作油压增大，动力转向器的助力也将增大；当作用在油压反力室的油压增大，则助力油缸工作油压减小，动力转向器的助力也将减小。

(3) 数字阀在 ECHPS 系统中的应用

由图 3-29 可知，数字阀设置在 ECHPS 系统油压反力室的控制油路中，选用的是二位三通高速开关阀（螺管电磁铁二位三通开关阀），当开关阀处于全关状态时，油压反力室与油罐连通，无油压，通过柱塞作用在转阀阀芯上的阻力矩较小，动力转向器的助力增大；当开关阀处于全开状态时，转向动力泵输出的压力油经开关阀进入油压反力室，反力室油压较高通过柱塞作用在转阀阀芯上的阻力矩较大，动力转向器的助力减小。

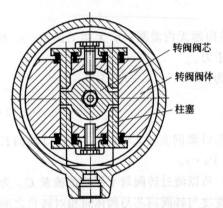

转阀阀芯
转阀阀体
柱塞

图 3-29　油压反力室结构图

对于 ECHPS 系统来说，其调节助力特性的关键是能随着车速的变化而改变助力大小。电控系统通过车速传感器采集车速信号，再经过电平转换等信号处理及 A/D 转换，将其传送给 ECU，经过运算处理产生随信号大小变化而占空比可变的输出量，从而直接控制高速开关阀。由于开关阀的阀口形状为薄壁小孔，因此通过开关阀的平均流量为：

$$\overline{Q_3} = \tau C_d A_3 \sqrt{\dfrac{2p_3}{\rho}\left(1 - \dfrac{p_4}{p_3}\right)} \tag{3-18}$$

式中，τ 为 PWM 信号的占空比；C_d 为开关阀节流处的流量系数；A_3 为开关阀阀口的几何开口面积，m；p_3 为开关阀的进口压力，Pa；ρ 为液体的密度，kg/m^3；p_4 为反力室油压，Pa。

式(3-18)表明控制占空比大小就可控制通过开关阀的平均流量，进入油压反力室的流量也相应变化其油压反力室的油压也相应得到控制，则动力转向器的助力大小也相应变化。车速高，占空比大，通过开关阀进入油压反力室的流量大，油压反力室压力升高，助力减小；而车速低，占空比小，通过开关阀进入油压反力室的流量小，油压反力室压力降低，助力增大。

(4）小结

电控液压动力转向系统能解决转向轻便性和灵敏性的矛盾，使驾驶员在汽车高速行驶时有足够的路感。它比电动助力转向系统适应性更强，且提供的助力更大，很好地满足了大中型汽车转向的要求。将数字阀应用到 ECHPS 系统中具有简化电控系统、控制精度高、响应速度快、稳定性好等优点，具有较强的实用价值。

3.2.2 新型高速数字开关阀为导阀的多路换向阀

数字式多路换向阀采用高速数字开关阀取代比例减压阀作为先导级，控制多路换向阀主阀芯的位移，主阀控制口可获得与主阀芯位移成比例的输出流量，从而实现对工作装置运动速度及方向的控制。利用数字式多路换向阀就可以构成高可靠性、适用于工程机械的数字电液比例控制系统，成为计算机应用于液压系统的最佳组成形式之一，而且价格只是传统的电液比例控制系统的 $1/10 \sim 1/5$，因此，该种控制系统在实际工程中将会得到越来越广泛的应用。

（1）数字式多路换向阀的工作原理

数字式多路换向阀采用高速数字开关阀作为先导级。高速数字开关阀与传统伺服阀和比例阀的连续控制方式有着本质的区别，比例阀和伺服阀是连续地输出和输入与电流成比例的流量，而高速数字开关阀输出的不是连续量，而是采用脉宽调制信号（PWM）控制。电控单元输入系列脉冲电压阀在工作过程中总是不停地开关动作，输出系列脉冲流量。如果调节脉宽占空比，输出的脉冲流量的大小可以控制，可以得到与占空比成比例的脉冲流量。该脉冲流量作为导阀的控制量，输入主阀芯的左、右控制容腔，经过控制容腔的积分过程使主阀芯产生成比例的位移，主阀出口就获得了与导阀输入占空比成比例的流量。高速开关输入输出及工作方式都与比例阀有本质的区别。脉宽调制（PWM）信号可直接由计算机输出，因此高速开关阀能够直接以数字的方式进行控制，不必经 D/A 转换，计算机可以根据控制要求发出脉宽调制信号，控制电-机械转换器电磁铁动作，从而带动高速开关阀开或关，以控制液压缸液流的流量大小和流向。简化模型如图 3-30 所示。

（2）高速数字开关阀的 PWM 控制

理想高速开关阀只有"开"与"关"两个状态，脉冲调制式数字开关阀无任何开启与关闭延时，流量的变化都在瞬间完成（见图 3-31）。

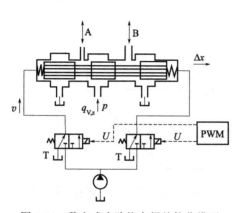

图 3-30　数字式多路换向阀的简化模型

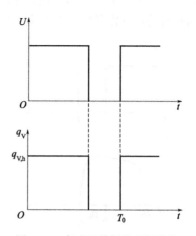

图 3-31　高速开关阀的理想特性

当阀口打开时，流量为最大流量：

$$q_{V,h}=C_{d,0}A_0\sqrt{2\Delta\rho_0/\rho}$$

式中，$C_{d,0}$ 为数字阀流量系数；A_0 为数字阀过流面，$\Delta\rho_0$ 为数字阀进出口油压压差，ρ 为油液密度。

当阀口关闭时，流量为零，所以，开关阀控制的流量是非连续的，流量只有两种状态：或最大，或为零。在 PWM 控制方式中，载波周期 T 不变，通过改变导通脉宽 T_p 来改变占空比 $\tau=T_p/T$，则在一个载波周期内的平均流量为

$$\overline{q_V}=q_VT_p/T=q_V\tau$$

从阀的静特性方程不难看出，数字阀的负载流量不仅与阀的面积梯度最大开口量成正比，而且与电磁铁通断电占空比的大小有关，因此在压力恒定的情况下，可以通过改变占空比来控制阀的平均流量，即供油压力 p_s 一定时，$\overline{q_V}$ 与 τ 成线性关系。

这样给出一个通电脉冲，数字阀就会通过一定体积的油，对应的主阀阀芯位移为 Δx，如果给出一系列脉冲，每次通电时间为 t_w，周期为 T，控制腔有效截面积为 A_k，则每次的通油体积：

$$\Delta V=t_wq_{V,h}\tau$$

多路阀主阀芯每一脉冲周期内走过的位移：

$$\Delta x=\frac{\Delta V}{A_k}=\frac{t_wq_{V,h}\tau}{A_k}$$

每一脉冲周期内主阀通过的流量：

$$q_{V,z}=C_{d,z}\pi d\,\Delta x\sqrt{2\Delta p_z/\rho}=\frac{C_{d,z}\pi dt_wq_{V,h}\tau}{A_k}\sqrt{2\Delta p_z/\rho}$$

式中，$C_{d,z}$ 为多路阀主阀流量系数；Δp_z 为多路阀主阀进出口油压压差。

数字多路换向阀的流量 $Q_{V,z}$ 与脉宽占空比 τ 成正比。脉宽占空比 τ 越大，通过高速开关阀进入多路阀主阀控制腔的平均流量越大，通过主阀的流量也越大。实际上，脉宽调制式数字开关阀存在开启/关闭延时，流量从零到最大也需要时间（见图 3-32）。

设阀的开启延时为 D_0，关闭延时为 D_c。当通电脉冲宽度 $t_w<D_0$ 时，阀不能打开，其通油时间 $t_p=0$，多路阀主阀阀芯的位移为零，即为控制的死区。死区范围为 $0\leqslant t_w\leqslant D_0$，减小 D_0 可以减小死区范围，当 $t_w>T_0-D_c$ 时，阀在本周期内还未关闭，下一个通电脉冲又到，故在 $(T_0-D_c)\sim T_0$ 段，主阀阀芯开度一直最大，并不随 t_w 的变化而变化，这是开关阀控制速度的饱和区，减小 D_c 可以减小饱和区。多路阀主阀流量特性见图 3-33。

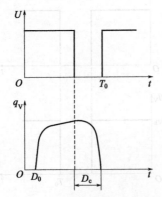

图 3-32　高速开关阀的实际特性

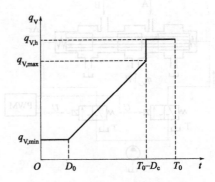

图 3-33　多路阀主阀的流量特性

脉冲调制式数字开关阀的线性脉宽范围为：

$$D_0 \leqslant t_w \leqslant T_0 - D_c$$

对数字开关阀的优化设计，减小开启延时 D_0 和关闭延时 D_c，可以改善多路阀流量特性，使多路阀主阀出口更好地获得与导阀输入占空比成线性比例的流量，得到更高精度的控制数字多路阀系统。

(3) 技术特点

采用数字高速开关阀作为多路阀的先导阀，由计算机直接控制，同时保留多路阀的操作手柄，在自动控制部分出问题时可以实现手动操作，经改造的数字式多路阀工作可靠、维修方便、成本低、易于实现自动化，是一种很有发展前途的多路阀，而用 PWM 控制高速数字阀，进而控制多路阀阀芯，不仅具有计算机控制的各项优点，还大大减少了系统设计的工作量，不存在各接口信号的匹配问题，提高了系统的可靠性，增加了系统的抗干扰能力。

3.2.3 自动变速器主油压调节用数字比例溢流阀

合理控制自动变速器的主油压，可以改善换挡品质，降低油泵损耗功率，提高变速器寿命。以高速开关阀为比例溢流阀的先导级，采用脉宽调制（Pulse Width Modulated，PWM）信号控制的数字比例溢流阀具有可靠性高、成本低、环境敏感度低等特点。

(1) 数字比例溢流阀结构及工作原理

自动变速器主油压调节用数字比例溢流阀原理如图 3-34 所示，包括高速开关阀、安全阀、主阀和阻尼孔。建模中还加入了主油路容腔和先导阀容腔部分。

无控制信号时，高速开关阀处于关闭状态，数字比例溢流阀工作过程与先导式溢流阀一致。主油路压力 p_1 由安全阀弹簧预紧力决定。输入 PWM 控制信号时，高速开关阀处于高速交替启闭状态。此时安全阀关闭，油液通过高速开关阀流回油箱。调制 PWM 信号占空比 τ 可以调节一个周期内高速开关阀开启与关闭状态所占时长，进而控制流经阻尼孔的流量。不同的流量经过阻尼孔产生不同的压力差，相应地可以控制主阀芯的工作状态，即控制主油路压力。PWM 信号占空比 τ 越大，一个周期内高速开关阀开启时间越长，流经阻尼孔的流量越大，则主油路压力越低，当 $\tau = 1$ 时，系统压力达到最低。

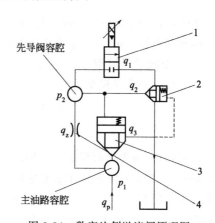

图 3-34　数字比例溢流阀原理图
1—高速开关阀；2—安全阀；3—主阀；4—阻尼孔

(2) 数字比例溢流阀建模

数字比例溢流阀建模前，对部分条件进行如下假设：

忽略高速开关阀电磁铁磁滞效应；

数字比例溢流阀工作时无泄漏；

油液体积模量恒定；

油源为理想恒流源。

① 高速开关阀数学模型

a. 控制信号模型　仿真模型中 PWM 信号生成原理如图 3-35 所示。其中 τ 在 0～1 之间

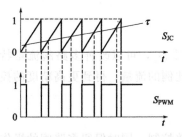
图 3-35　PWM 信号生成原理图

变化，并与幅值为 1 的锯齿波做差，当差值大于 0 时输出 1，差值小于 0 时输出 0，如式（3-19）所示：

$$S_{PWM} = \begin{cases} 1 & \tau > S_{JC} \\ 0 & \tau < S_{JC} \end{cases} \tag{3-19}$$

式中，S_{JC} 为锯齿波信号。

理想状态下，高速开关阀阀芯所受电磁力 F 与控制信号的关系如式（3-20）所示：

$$F = \begin{cases} F_0 & S_{PWM} = 1 \\ 0 & S_{PWM} = 0 \end{cases} \tag{3-20}$$

式中，F_0 为电磁铁最大电磁力，N；S_{PWM} 为 PWM 控制信号，1 为高电平，0 为低电平。

b. 高速开关阀动力学模型：

$$F = m_1 \ddot{x}_1 + c_1 \dot{x}_1 + k_1 x_1 \tag{3-21}$$

式中，F 为电磁铁作用力，N；m_1 为高速开关阀阀芯质量，kg；x_1 为高速开关阀阀芯位移，m；c_1 为高速开关阀芯黏性阻尼系数，N·s/m；k_1 为高速开关阀复位弹簧刚度，N/m。

c. 高速开关阀阀口节流方程：

$$q_1 = C_1 \pi d_1 \sin\alpha_1 x_1 \sqrt{\frac{2}{\rho} p_2} \tag{3-22}$$

式中，q_1 为高速开关阀阀口流量，L/min；C_1 为高速开关阀阀口流量系数；d_1 为高速开关阀阀孔直径，m；α_1 为高速开关阀阀口半锥角，(°)；p_2 为先导阀腔压力，MPa。

② 安全阀数学模型
a. 安全阀动力学模型：

$$\begin{cases} p_2 A_2 = m_2 \ddot{x}_2 + c_2 \dot{x}_2 + k_2 (x_2 + x_{02}) \\ x_2 = 0 \end{cases} \tag{3-23}$$

式中，p_2 为先导阀腔压力，MPa；A_2 为安全阀阀口截面积，m^2；m_2 为安全阀阀芯质量，kg；c_2 为安全阀芯黏性阻尼系数，N·s/m；k_2 为安全阀复位弹簧刚度，N/m；x_2 为安全阀阀芯位移，m；x_{02} 为安全阀弹簧预压缩量，m。

$F_2 = k_2 x_{02} - p_2 A_2$ 为安全阀阀座反作用力，N。

b. 安全阀阀口节流方程：

$$q_2 = C_2 \pi d_2 \sin\alpha_2 x_2 \sqrt{\frac{2}{\rho} p_2} \tag{3-24}$$

式中，q_2 为安全阀阀口流量，L/min；C_2 为安全阀阀口流量系数；d_2 为安全阀阀孔直径，m；α_2 为安全阀阀口半锥角，(°)。

③ 主阀数学模型
a. 主阀动力学模型：

$$(p_1 - p_2) A_3 = m_3 \ddot{x}_3 + c_3 \dot{x}_3 + k_3 (x_3 + x_{03}) \tag{3-25}$$

式中，p_1 为主油路压力，MPa；A_3 为主阀阀口截面积，m^2；m_3 为主阀阀芯质量，kg；c_3 为主阀芯黏性阻尼系数，N·s/m；k_3 为主阀弹簧刚度，N/m；x_3 为主阀阀芯位移，m；x_{03} 为主阀阀芯预压缩量，m。

b. 主阀阀口节流方程：

$$q_3 = C_3 \pi d_3 \sin\alpha_3 x_3 \sqrt{\frac{2}{\rho} p_1} \tag{3-26}$$

式中，q_3 为主阀阀口流量，L/min；C_3 为主阀阀口流量系数；d_3 为主阀阀口直径，m；α_3 为主阀阀口半锥角，(°)。

④ 阻尼孔数学模型

该阀的阻尼孔为细长孔，其数学模型为：

$$q_z = \frac{\pi d^4 (p_1 - p_2)}{128 \mu l} \tag{3-27}$$

式中，q_z 为流经阻尼孔的流量，L/min；d 为阻尼孔直径，m；μ 为油液动力黏度，Pa·s；l 为阻尼孔长度，m。

⑤ 容腔数学模型

油液体积模量定义式为：

$$K = -\frac{\mathrm{d}p}{\mathrm{d}V} V \tag{3-28}$$

由式(3-12) 得：

$$K \frac{\mathrm{d}V}{\mathrm{d}t} = -\frac{\mathrm{d}p}{\mathrm{d}t} V$$

整理得：

$$\dot{p} = -\frac{K}{V} q \tag{3-29}$$

根据式(3-13) 可得到如下的容腔数学模型。

a. 先导阀容腔数学模型：

$$\dot{p}_2 = \frac{K}{V_1} (q_z - q_1 - q_2) \tag{3-30}$$

式中，V_1 为先导阀腔体积，m^3。

b. 主油路容腔模型：

$$\dot{p}_1 = \frac{K}{V_2} (q_p - q_1 - q_2 - q_3) \tag{3-31}$$

式中，V_2 为主油路容腔体积，m^3；q_p 为油源输出流量，L/min。

⑥ 数字比例溢流阀仿真模型

根据模型，在 Simulink 中建立的仿真模型如图 3-36 所示。仿真参数见表 3-4。

表 3-4 数字比例溢流阀仿真参数

符号	参数值	符号	参数值	符号	参数值
$k_1/(\text{N/m})$	1000	$k_2/(\text{N/m})$	1000	$k_3/(\text{N/m})$	1500
$c_1/(\text{N·s/m})$	5	$c_2/(\text{N·s/m})$	10	$c_3/(\text{N·s/m})$	100
m_1/kg	0.005	m_2/kg	0.015	m_3/kg	0.035
C_1	0.65	C_2	0.65	C_3	0.65
d_1/m	0.0005	d_2/m	0.003	d_3/m	0.01
$\alpha_1/(°)$	45	$\alpha_2/(°)$	20	$\alpha_3/(°)$	15
$\mu/\text{Pa·s}$	0.023	$\rho/(\text{kg/m}^3)$	860	x_{03}/m	0.01

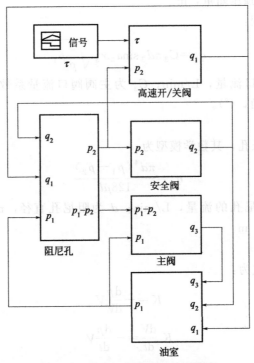

图 3-36　数字比例溢流阀仿真模型

(3) 数字比例溢流阀性能试验与仿真

数字比例溢流阀试验台如图 3-37 所示,包括操作台和试验台架两部分,测控系统将两部分联系起来。

在流量 50L/min,油箱温度 40℃,PWM 信号频率 50Hz 的条件下,进行数字比例溢流阀的静态特性和动态特性试验,并将试验结果与仿真结果对比分析。

① 数字比例溢流阀静态特性　分析静态特性时,对高速开关阀输入占空比信号,记录不同占空比下对应的主油路压力,得到的压力-占空比关系曲线如图 3-38 所示。可以看出仿真结果和试验结果基本一致。数字比例溢流阀控制压力随控制信号占空比近似线性变化,其中当压力 p_1 连续变化时,试验结果对应的占空比 τ 范围为 30%～70%,仿真结果为 30%～80%。

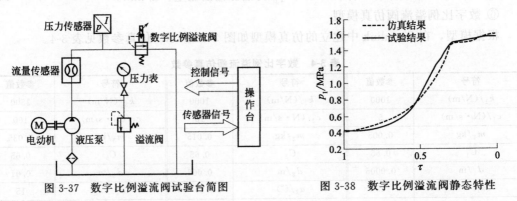

图 3-37　数字比例溢流阀试验台简图　　　　图 3-38　数字比例溢流阀静态特性

占空比为 70%～80% 时,由于磁滞效应,实际工作中的高速开关阀阀芯保持完全开启状态，而仿真模型中阀芯已经开始动作，并产生了压力变化。

② 数字比例溢流阀动态特性

a. 数字比例溢流阀对阶跃信号的响应　对数字比例溢流阀输入的 PWM 信号占空比在 $0\sim5s$ 为 100%，在 $5s$ 时阶跃降至 0%，并保持不变，先后调整阻尼孔直径 d 和主阀弹簧预压缩量 x_{03}，得到压力-时间关系曲线如图 3-39 所示。

图 3-39(a) 中，主油路最低压力为 $0.6MPa$，仿真结果压力响应时间为 $0.13s$，试验结果为 $0.25s$；图 3-39(b) 中最低压力为 $0.48MPa$，仿真结果响应时间为 $0.19s$，试验结果为 $0.3s$；图 3-39(c) 中最低压力为 $0.4MPa$，仿真结果响应时间为 $0.23s$，试验结果为 $0.5s$。可以看出随着阻尼孔直径的减小以及主阀弹簧预压缩量的减少，系统可达到的最低压力变小，压力响应时间变长。

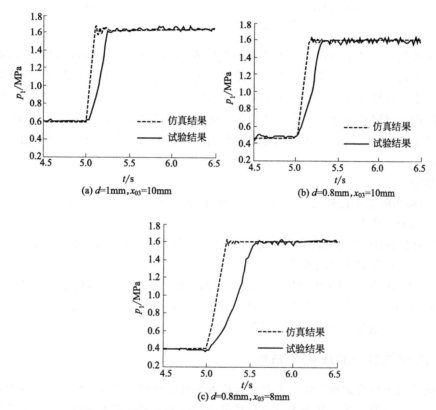

图 3-39　数字比例溢流阀阶跃响应压力-时间关系曲线

图 3-39 中，随最低压力降低，仿真和试验结果压力响应时间的差别变大。主要原因为：对于仿真模型，由于建模假设条件，进行仿真时选取 $1MPa$ 压力下的油液正切体积模量，大小为 $100MPa$。但实际油液体积模量随压力减小而变小，所以在 $1MPa$ 以下时，试验结果的建压速度较仿真曲线慢。对于试验台，从液压泵到数字比例溢流阀间的管路过长，其中存留的油液较多，这部分油液对整个建压过程起了缓冲作用，延长了压力响应时间。

b. 数字比例溢流阀对连续变化信号的响应　对数字比例溢流阀输入的 PWM 信号占空比在 $0\sim5s$ 内保持 100%，在 $5\sim5.8s$ 由 100% 线性减小至 0%，之后保持 0% 不变，得到如图 3-40 所示的压力变化过程。图中仿真结果中压力在 $5.65s$ 时达到最大，p_1 连续变化时对应的占空比为 $20\%\sim70\%$；试验结果中压力在 $5.7s$ 时达到最大，压力连续变化时对应的占空比为 10%~60%。

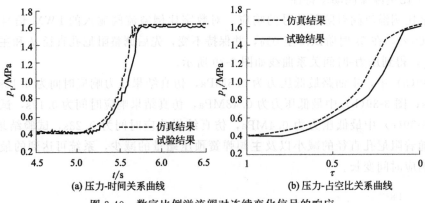

(a) 压力-时间关系曲线   (b) 压力-占空比关系曲线

图 3-40　数字比例溢流阀对连续变化信号的响应

对比试验与仿真结果可知，压力连续变化时对应的占空比变化范围相等，但起始值不同，试验结果对应的占空比偏小。这种差异是由建模时对高速开关阀磁滞效应及油液体积模量设定的假设条件导致的。考虑到实际液压控制系统集成在一块阀体上，其中的油道很短，仿真模型的误差可以被缩小。另外，这种误差导致仿真结果中压力连续变化时对应占空比的起始值和终止值偏大，对占空比变化范围无影响，对数字比例溢流阀进行特性分析时这种误差可以忽略。

(4) 结论

① 参数适当的数字比例溢流阀控制压力能随控制信号占空比近似线性变化，满足自动变速器主油压调节要求；

② 数字比例溢流阀的阶跃响应过程随着阻尼孔直径及主阀弹簧预压缩量的减少，系统最低压力降低，压力响应时间变长；

③ 数字比例溢流阀控制压力随占空比变化而连续变化，对比仿真与试验结果，压力连续变化所对应的占空比变化范围相等，但起始值不同，试验结果压力连续变化时对应的占空比偏小，主要由高速开关阀磁滞效应引起。

3.2.4　擦窗机台车液压调平系统

擦窗机作为外墙维护和清洗的大型建筑机械装置，近年来被高层建筑施工和维护时广泛采用。随着建筑行业发展，其需求量也与日俱增。擦窗机设计以安全性作为核心内容，对于轨道式擦窗机，使擦窗机台车车载平台在行走过程中保持水平是保证稳定性的重要组成部分，因为立柱是吊臂与底盘连接的纽带，其结构为箱体薄壁结构，垂直位于车载平台。在工作过程中要使其均匀受力，尽量避免受到不均匀弯扭倾覆力矩，车载平台要尽量一直处于水平状态进而保证立柱的稳定。因此擦窗机台车的调平需要具有快速响应特性。

(1) 擦窗机工况和调平结构

以 CWG250X 型轨道式擦窗机为例（见图 3-41），在轨道转换过程中，调平系统通过油缸举升使得与立柱连接的上底盘架保持水平，以适应不同的爬坡角度，这样擦窗机立柱、吊臂及吊船能够平稳工作。

根据擦窗机的工作和工况特点，自动调平反馈系统应用于擦窗机台车液压自动调平系统，擦窗机台车液压自动调平系统原理如图 3-42 所示。

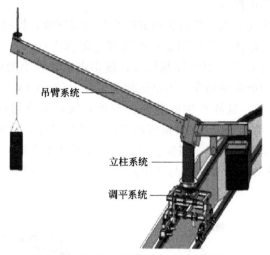

图 3-41　CWG250X 型轨道式擦窗机结构

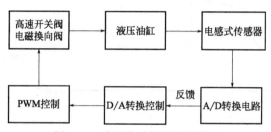

图 3-42　液压自动调平系统原理

在不同工作状态过渡中，爬坡角度改变，传感器收到信号，将角度变量以电压为改变量输出，A/D 转换电路将电信号以数字信号输出，经过 CPU 以车载平台水平为原则，将数字信号识别、处理并做出反馈，将命令传递给 PWM 控制系统，经过放大器、高速开关阀和电磁换向阀，以此为信号做出通电和断电操作，控制液压缸无杆腔内液压油的压进和排除，进而实现液压杆的伸出和缩进。这样擦窗机台车在轨道行走过程中对于不同坡度改变都可以实现自动调平。传感器利用重力始终竖直向下作为标准，处于水平时，衔铁在两线圈的中间，电桥平衡。车载平台倾斜时，衔铁受重力保持铅垂，衔铁与两铁芯的间隙产生增减，电桥失去平衡，输出电压会改变。

A/D 转换中心内容是把连续的模拟量转换成离散的二进制数字量，即通过 IC 芯片把模拟电信号转换成脉冲形式的数字信号输出。此集成电路的设计结构简单、转换速度快。

将液压自动调节控制系统应用到擦窗机设备，使其工作时具有智能性和便捷性。

（2）PWM 脉宽调制控制

车载平台水平时，经过 A/D 转换输出的二进制数字量作为 CPU 的判断标准，当 CPU 接收到其他二进制数字量信号时与标准信号进行比较，并做出相应的反馈，输出一条控制信号，此信号传递给 PWM 控制系统。PWM 控制系统主要工作原理为通过改变脉冲宽度来调节占空比，从而实现对控油开关时间的控制。此控制信号与锯齿波信号进行耦合产生脉冲信号，其耦合原理是当控制信号电压高于锯齿波电压时，输出高电压，驱动开关导通，相反则输出低电压，驱动开关关闭。将所得到的脉冲信号作为控制信号，对液压系统中的高速开关阀，电磁换向阀进行通断电控制。

　　输出脉冲信号的占空比越大，其液压油缸的举升速度越快，控制信号的斜率越大，则脉冲信号的占空比增长速度越快。若传感器的电压偏差值在±(0.5～2)V范围内默认为水平状态，在±(0.5～2)V选择小斜率的控制信号，输出占空比较小的脉冲信号，避免在平衡点处产生震荡，良好地控制调平精度。当电压偏差值在±(2～6)V时，倾斜角度则比较大，发出斜率较大的控制信号，这样产生的脉冲占空比较大，调节速度较快。电压偏差值在±6V以上时，控制信号的斜率为0，其幅值高于锯齿波最高点，脉冲信号占空比为100%，在进入调平过程中，不断进行反馈，当倾斜角度逐渐变成小角度时，则输出的控制信号斜率随反馈偏差电压改变。PWM脉宽调制与液压流量输出如图3-43所示。

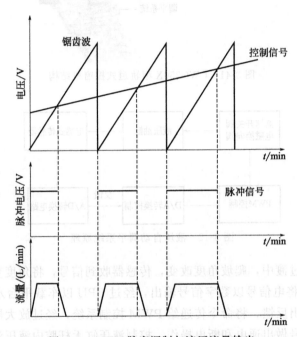

图3-43　PWM脉宽调制与液压流量输出

　　因此，电路的设计应采用3路控制，前两路0～2V和2～6V信号采用电位器调定控制信号斜率，锯齿波的幅值设置为6V。第三路6～10V输出高于锯齿波最高点的水平信号，一直输出高电平脉冲。每个控制路的比较器有四路通道分别是控制极一路、输入两路和输出一路。经过调制的信号传递给液压控制系统。Q_S代表电磁换向阀每秒钟输出的液压油流量，在电磁换向阀接收到PWM控制信号响应，电磁铁推动阀芯换位和液压油流动存在响应时间，其脉冲控制信号频率不能过高，避免阀芯不能够完全打开或关闭，其控制具有滞后性。

(3) 液压控制系统

　　液压控制系统主要是接收到PWM的调制信号，对高速开关阀和电磁换向阀进行通电断电操作，实现油缸的举升或收缩。其主要元件有高速开关阀、电磁换向阀和液控单向阀。

　　高速开关阀的工作原理是利用电磁铁的通断来决定控制油液是否流出，通过脉冲信号的形式控制。

电磁换向阀借助电磁铁的吸力推动阀芯在阀体中相对运动，运用两个 PWM 控制器，分别控制左右两边电磁铁。

液控单向阀具有良好闭锁性能、无泄漏，往往与高速开关阀组合使用。控制油进入会推动活塞上升顶开主阀芯，使控制油可以反向流动，液控单向阀允许正向油路自由通过，反向流通则需要借助控制油路进油使反向油路流动。

液压油缸是通过控制液压阀的通断来进行的工作的，如图 3-44 所示。

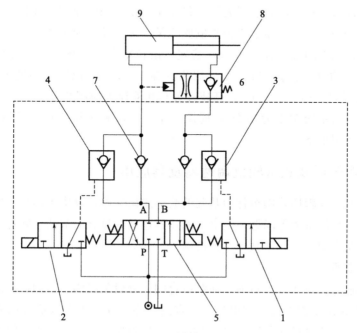

图 3-44　液压控制原理

1,2—高速开关阀；3,4—液控单向阀；5—电磁换向阀；6,7—单向阀；8—平衡阀；9—液压缸；
P—进油口；T—油箱；A，B—出油口或者回油口

电磁换向阀 5 右边通电，处于右挡位，液压油由 P 口流向 A 口，液压油进入液压缸的无杆腔中，推动液压杆伸出。同时控制平衡阀换位，有杆缸内的液压油通过平衡阀 8 进行节流回油。此时高速开关阀 1 通电，控制油进入液控单向阀 3 中，液控单向阀 3 逆向导通，于是液压油经由液控单向阀 3 再从 B 口流向油箱 T，这一过程实现油缸的举升动作。

电磁换向阀 5 左边通电，处于左挡位，液压油由 P 口流向 B 口，液压油进入液压缸的有杆腔中。高速开关阀 2 通电，控制油进入液控单向阀 4 中，液控单向阀 4 逆向导通，液压油由 A 口回流到油箱 T，这一过程实现液压杆的缩进动作。

(4) 技术性能

根据液压控制原理，在实际调平的过程中，当液压系统收到 PWM 的控制信号，电磁铁通电，高速开关阀的阀芯向右移动直至完全关闭，液控单向阀向上移动至完全打开，输出的调制脉宽控制信号对液压系统的液压有输出具有一定的滞后性，这种控制的滞后响应特性是否影响工作时的调平速度，需要对液压系统的控制过程中进行仿真与验证。

通过仿真高速开关阀控制液控单向阀的数学模型，得出各个参数随时间变化的运动趋势，分析 0s 和 0.5s 附近的变化曲线，并得出各参数稳定的时间，如表 3-5 所示。

表 3-5　高速开关阀和液控单向阀各参数稳定时间　　　　　　　　　　　　　　ms

高速开关阀位移		液控单向阀位移		高速开关阀A口压力		高速开关阀P口流量		高速开关阀T口流量		高速开关阀A口流量		液控单向阀流量	
t_1	t_2	t_1	t_2	t_1	t_2	t_1	t_2	t_1	t_2	t_1	t_2	t_1	t_2
1.5	1.5	4.5	3.5	4.5	3.5	0.9	3.5	4.5	1.5	4.5	3.5	4.5	3.5

注：t_1 为上升稳定时间，t_2 为下降稳定时间。

在 PWM 脉冲高电平时，高速开关阀位移在 1.5ms 稳定，液控单向阀位移在 4.5ms 稳定，P 口至 A 口流量、T 口流量、电液控制阀流量、A 口流入流量均在 4.5ms 稳定。PWM 为低电平，高速开关阀阀芯位移在 1.5ms 稳定，液控单向阀位移在 3.5ms 时稳定，同时 P 口至 A 口流量、电液控制阀流量、A 口流入流量在 3.5ms 稳定。高速开关阀响应时间 1.5ms，液控单向阀响应时间 4.5ms，高速开关阀和液控单向阀总的响应时间为 4.5ms，根据擦窗机的电路控制系统频率为 10Hz，周期为 100ms，液压阀的响应时间应小于 100ms，满足擦窗机的控制调平条件。

3.2.5　数字逻辑插装式水轮机调速器及其应用

以高速开关阀、逻辑插装阀组件为基础的数字式调速器，解决了困扰水电厂的调速器拒动、发卡、漏油、耗油量大等问题。数字式调速器还具有显著的节能、降耗、增寿、环保等特点，为水电厂减人增效提供了技术保证措施。

(1) 逻辑插装阀

就水轮机调速器行业而言，目前在油泵组合阀、分段关闭阀、折向器液压控制系统、轮叶/导叶位置随动系统中逻辑插装阀得到了一定的应用，并取得令人满意的效果。逻辑插装阀在欧洲最初叫"流体逻辑元件""液压逻辑阀"，后根据 DIN24342 统一称"二通插装阀"，即 CV 阀（Cartridge Valves）。国外一些知名厂商又在逻辑插装阀的基础上派生并推出了比例插装阀，为设计选型增加了许多选择余地。

对于油压装置、水轮机调速器液压控制部分而言，其基本职能可以概括为压力调节、流量调节、方向与位置控制，由此就会有压力阀、流量/方向阀（如"主配"），传统液压控制技术的基本组合是"四通滑阀"（如"主配"）加双向可控执行器（接力器）。主配系具有多台肩圆柱滑阀阀芯和多沉割槽铸造或锻造阀体的配磨对称结构，为非标准大通径阀（特殊形式的大流量-机液操纵比例/伺服阀）。由于采用间隙密封且轴向结构尺寸大，其抗油污能力、换向可靠性受到局限，此外，换向时间泄漏量、换向冲击、动态响应等方面也有诸多不足。从液压阻尼控制工程的观点看，它是一种刚性牵连的"四臂液阻"构成一个"液压全桥"，它简单通用，应用历史悠久。它无法进行"单臂控制"，"可控性"受到局限，难以实现多形式、广范围和灵活多变的集成化，这显然难以满足现代水轮机调速器对液压技术日益增高的要求。本行业中也出现了要求变革调速器几十年来一成不变的传统液压模式的呼声。

德国 Back 教授和我国学者路甬祥等人的研究表明，传统液压控制基本组合可进一步分割为由两个可控液阻和一个"受控腔"组合的"液压半桥"（见图 3-45）。大部分的液压控制系统及回路都可含有若干个这种组合。这一新概念使液压控制系统的组合机理发生了根本变化，对传统液压控制技术的变革起了很大推动作用。逻辑插装阀作为"单个控制液阻"的出现，极大地丰富和发展了液压控制技术。

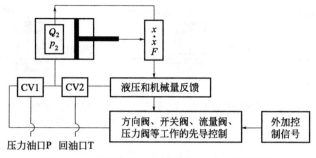

图 3-45 采用逻辑插装阀控制一个"受控腔"

（2）逻辑插装技术的特征及组合机理

逻辑插装技术的基本特征可归纳为：先导控制、阀座主级、插装式连接。同"四通滑阀"相比，它采用微型结构的先导控制，可以不受限制地接受各种形式的开关、模拟和数字信号控制，并进行包括机械、液压参量的反馈和比较，在同一主级上复合压力、流量及方向诸多功能，并和开关阀、比例阀、数字阀兼容。若先导信号是连续或按比例调节，阀座主级就可实现伺服阀/比例阀的控制功能，具有极佳的"可控性"与灵活性。阀座结构上克服了滑阀工艺性差及径向间隙泄漏的缺点，其阀座主级系"线密封"和"零遮盖"，加之轴向结构尺寸短、阀芯质量小，这为提高动态品质、实现多形式大范围、灵活多变的集成化提供了可能。

逻辑插装阀从原理上讲，是一种"单个控制液阻"。该液阻通过先导控制可以实现各种不同的控制功能。同时由于先导控制具有容易复合的特点，因此一个主级单元可以具有多种功能。从控制方式看，插装阀单元有利于采用逻辑控制、比例控制、数字控制等复杂的控制形式，可称为"软控制"。由此可见，"多功能""软控制"是逻辑插装阀的一个突出特点。

逻辑插装阀的主要优点包括：适于高压、大流量；适用于各种工作介质，包括高水基甚至纯水液压系统；结构紧凑，适于集成化、组合化；可实现无泄漏控制；具有大流量、低液阻特性，系统效率高，既具有快速的开启与关闭特性，又可对开、关特性进行控制；流量控制特性好；抗油污能力强、性能可靠、寿命长。

（3）逻辑插装式调速器的关键技术

由逻辑插装阀组成水轮机调速器液压系统与采用主配等传统液压元件组成系统的基本原则是一致的，但由于逻辑插装阀本身的多机能和组合灵活的特点，设计过程较传统系统要复杂一些。

① 主阀单元的工作特性　一般来说，插件的工作状态由作用在阀芯上的合力大小和方向决定。当合力大于零，阀芯关闭；当合力小于零，阀芯开启；当合力等于零，阀芯停留于某一平衡位置。应当指出，其阀芯实际的受力状态、开关过程远比有关资料的分析复杂得多。不过 A、B、K 三腔的压力关系仍是起主导作用的，由于工作腔 A/B 的压力是由工作负载条件决定的，不能任意改变，所以一般只能通过对控制腔 K 压力的改变来实现对逻辑插装阀的控制。

应当指出，控制腔 K 压力必须始终大于工作腔 A 或 B 中的任何一个压力，才能确保逻辑插装阀在调节过程结束时可靠关闭，如图 3-46 所示。

② 先导控制供油　先导控制供油可分为内供、外供、内外联合供油。控制油引自主阀内部，称内供，这种方式主阀关闭缓慢，特殊情况下影响到主阀关闭的可靠性，甚至有反向

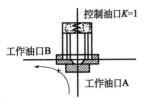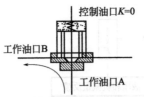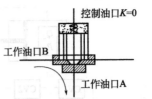

控制油口K=1时的工作状态
("工作油口A"与"工作油口B"截止)

控制油口通回油(K=0)时的工作状态
("工作油口A"与"工作油口B"导通)
($p_A>p_B$)

控制油口通回油(K=0)时的工作状态
("工作油口A"与"工作油口B"导通)
($p_B>p_A$)

图 3-46　主阀单元动作状态示意

开启的可能性，这对于大通径插件来说更为明显。对调速器液压随动系统而言，要求逻辑插装阀的开启/关闭动作高度可靠与快捷，显然，应尽可能采用外供或内外联合供油，特殊情况下，也可考虑设置小型蓄能器，以保证先导控制油的工作压力尽可能地稳定可靠。

③ **主控回路**　根据调速系统的初步设计以及主机对调节保证、过渡过程的要求，确定主控回路的构成以及各逻辑插装阀单元的规格、结构形式、面积比等参数。

逻辑插装阀单元的规格不同，对先导回路及先导阀的最大通流能力的要求也不尽相同。

起调节作用的先导阀的选用可以有比例阀、比例伺服阀、高速开关阀或其他类型的数字阀等供选择；不起调节作用的辅助性先导阀，如紧急停机阀，则可直接采用普通标准电磁球阀或电磁滑阀。

目前主要选用高速开关阀（响应时间约 3ms）作为调节用的先导阀，它具有抗油污能力强、重复性好、工作稳定、功耗低、可直接与计算机连接等优点，只需控制高速开关阀的脉冲频率或数量，就可实现对插装阀控制腔压力/流量的连续控制。这是一种很有前途的数字阀，其数字化特征简化了微机调节器系统，无须 D/A 转换，使控制简单化、可靠性提高。

普通电磁铁驱动的各类一般用途的电磁换向阀，虽然也具有开关特征，但其响应太慢，常在数十毫秒到上百毫秒之间，无法实现对压力/流量的连续平稳控制，因此普通电磁换向阀是不能用作数字阀的。

此外，必须高度重视压力干扰问题。由于逻辑插装阀实质上是一种压力控制型元件，所以在用于调速器液压控制回路时必须经过严格计算，了解接力器位置随动控制过程中每个局部油路的压力变化情况，注意逻辑插装元件压力变化情况、阀的开关速度，注意分析接力器换向过程及小波动过渡过程压力变化的影响，充分重视先导油路中单向阀、梭阀的作用及其功能的巧妙应用。

如果只是简单照搬某些应用场合的系统图，而未作必要细致的分析计算，则可能影响接力器的运动状态，导致局部误动或动作失调，严重时将导致系统瘫痪。

（4）逻辑插装式调速器的应用与特点

运用数字逻辑插装式调速器取代电液转换环节，解决了某水电站 7 台 220MW 机组长期存在的接力器难以稳定的问题。

逻辑插装式调速器，已获得越来越多用户的信任，目前产品系列已涵盖了混流、轴流、冲击、贯流等机型。

高速开关阀技术与逻辑插装技术相结合既是现代液压的前沿方向，又具有广泛的工程应用前景。大量现场应用实例表明，该技术在调速器中的成功应用，使调速器具有许多独特优点。

① 利用高速开关阀与插装阀的优化组合，取消了传统的主配压阀、电液转换器等问题

较多部件，从根本上消除了调速器阀件工作不可靠的机理（如拒动、发卡、零位漂移等）。

② 由于采用标准化程度高的组件，元器件的互换性好，密封可靠，无任何连接杆件、柜内管路，无泄漏现象，环保、节能作用十分显著。

③ 系统的调节与控制不是建立在阀的"中间位置"基础上的，运行稳定，调节品质高，维修工作量极小，调整方便。

④ 速动性好，高速开关阀动作时间约 3ms，调节迅速可靠，对发挥大型机组在电力系统中的调节作用十分有利。

⑤ 由于高速开关阀与插装阀的密封性能好，与其他产品相比，油压装置油泵动作次数明显减少，启动间隔比目前其他最好的调速器长 20 倍以上，具有十分显著的节能、降耗、增寿等特点。

⑥ 设备紧凑，可根据现场灵活设计布置，现场安装调试十分便捷。

(5) 典型试验曲线

图 3-47～图 3-51 给出的是几个典型的现场试验结果曲线，从中可以看出，不但调节过程性能指标完全满足有关规程要求，其动态调节时的总体过渡过程趋势也是令人满意的。

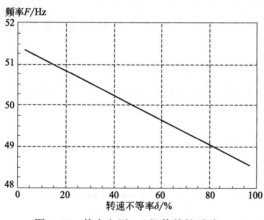

图 3-47　某水电厂 3♯ 机静特性试验

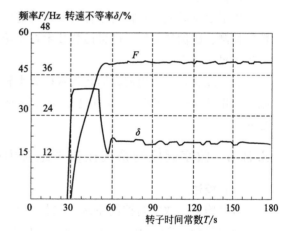

图 3-48　某水电厂 1♯ 机开机过程试验

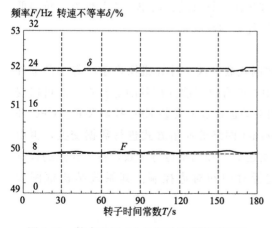

图 3-49　某水电厂 3♯ 机自动空载摆动试验

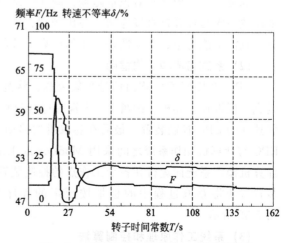

图 3-50　某水电厂 3♯ 机甩 100% 负荷试验

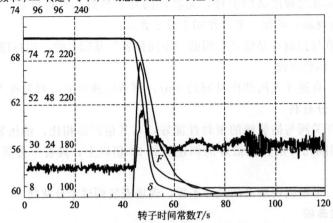

图 3-51 某水电厂 2#机甩 100％负荷试验

(6) 小结

数字逻辑插装技术特别适合与现代先进的电子技术相结合，实现逻辑控制、随动控制、数字控制、比例控制等。逻辑插装技术在水轮机调速器中的应用与普及将对促进调速器的技术进步提供动力。

更合理有效地采用逻辑插装技术构成水轮机调速器液压系统，还涉及大量深入细致的问题。采用数字逻辑插装技术也是水轮机调速器液压系统与现代液压技术接轨的快捷方式之一。

3.2.6 数字阀控制系统在板带跑偏中的应用

(1) 概述

板带跑偏的数字阀控制系统，包括中心位置控制（Center Position Control，CPC）和边缘位置控制（Edge Position Control，EPC）两种。它们都是用计算机的数字信息直接控制液压阀，即数字阀来控制板带跑偏的。

脉宽调制式数字阀对板带跑偏控制在一定范围内取代伺服阀的模拟控制。这是由于系统采用数字阀与计算机直接连接，与比例阀、伺服阀相比，具有结构简单、工艺性好、价格低廉、抗污染能力强、重复性好、工作可靠、节能等优点的缘故。

(2) 系统组成和结构框图

CPC 和 EPC 系统均由信号采集装置、脉宽调制式数字阀、计算机操作系统等主要部件组成。板带在开卷机、圆盘剪、S 辊等运行过程中，所有执行油缸控制的运行点，都可以安装独立的 CPC 控制装置，最后在卷取机的移动油缸的运行点上安装 EPC 控制装置。CPC 和 EPC 与计算机操作系统之间采用 Modbus 或 Ethernet 网络等通信方式进行数据交换，再由计算机操作系统向运行在各个工作点的控制装置发送命令和调整运行参数，各工作点的控制装置自动将卷取过程中的板带按预定的程序进行对中和对边控制。其系统结构框图如图 3-52 所示。

(3) 系统工作原理和控制算法

① CPC 系统　CPC 系统原理方框图如图 3-53 所示。采用光电检测装置测量行进板带的

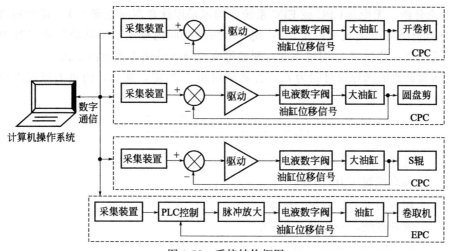

图 3-52　系统结构框图

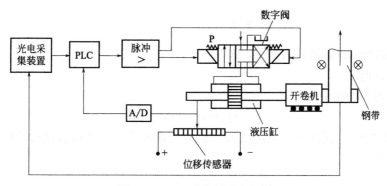

图 3-53　CPC 系统原理方框图

两个边缘的位置值，板带两边位置差值输入到电控柜，经电控系统运算后，发出信号，控制开卷机的运动，使板带自动回到设定的中位，达到自动对中的目的。

　②　EPC 系统　EPC 系统的工作原理是将板带横向偏移量由光电信号采集装置检测后，输送到微机（PLC），经光电耦合器放大，输送给电液数字阀，由数字阀控制液压缸带动卷取机运动，其运动量经位移传感器检测并经 A/D 转换后，反馈给 PLC 综合（运算），形成闭环电液数字控制，卷筒自动跟踪板带的跑偏，实现整卷钢卷边部自动卷齐。其系统原理框图如图 3-54 所示。

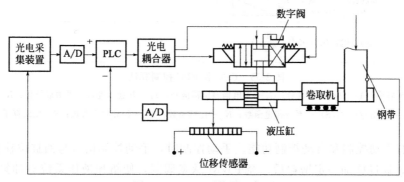

图 3-54　EPC 系统原理框图

③ 理论分析　无论是 CPC 或 EPC 系统，均可采用脉宽调制原理工作。即通过改变导通时间 t_p 与调制周期 T 之比（占空比），使一个周期时间内输出的平均值与相应时刻采样得到的信号成比例。若周期 T 固定不变，则通过改变导通时间来改变占空比。

设被脉宽调制的阀导通时间为 t_p，若调制周期 T 给定，那么，由进油口进入阀腔内的平均流量为：

$$\overline{Q}_S = \frac{t_p}{T} C_d A_s \sqrt{\frac{2}{\rho}(p_s - \overline{p}_L)} \tag{3-32}$$

式中　p_s——进油口压力，MPa；

$\overline{p}_L$——平均控制压力，MPa；

A_s——阀的最大开口面积，m^2；

C_d——流量系数，一般取 $0.6 \sim 0.7$；

ρ——油的密度，可为 $0.86 \times 10^3 \, kg/m^3$。

而由阀腔内流出到回油口的平均流量为：

$$\overline{Q}_S = \left(1 - \frac{t_p}{T}\right) C_d A \sqrt{\frac{2}{\rho}\overline{p}_L} \tag{3-33}$$

式中　A——阀回油口通油最大面积，m^2；

其他符号同前。

则出油口的平均流量为：

$$\overline{Q}_D = \overline{Q}_S - \overline{Q}_D \tag{3-34}$$

若 CPC 和 EPC 采用两个相同的二位三通电磁球阀控制，则可直接按式（3-32）计算进入执行元件的平均流量。

若令 $\tau = \dfrac{t_p}{T}$　$k = C_d A_s \sqrt{\dfrac{2}{\rho}(p_s - \overline{p}_L)}$，则 $\overline{Q} = k\tau$ $\tag{3-35}$

式（3-35）为执行元件运行的平均流量。显然，改变占空比，即能控制液压缸的平均速度，达到纠偏控制之目的。

④ CPC 和 EPC 控制算法　CPC 和 EPC 控制采用 PI（比例、积分）算法，如图 3-55 所示。

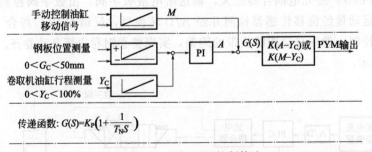

图 3-55　CPC 和 EPC 控制算法

M—手动控制信号；A—自动控制信号；G_C—光电偏差位移信号；Y_C—开卷（卷取）机油缸行程；K—综合放大系数（增益）；$G(S)$—系统传递函数；K_p—比例系数；T_N—积分时间常数；S—拉氏算子

系统具有手动控制和自动控制功能。手动控制时，手动控制信号与油缸位移信号的偏差 $K(M - Y_C)$，通过施加一定增益后，经 PWM 脉宽调制，使机械液压系统对油缸进行调节，

最终使 $K(M-Y_C)=0$。自动控制时，根据对被调节信号（钢板）G_C 测量，当检测到跑偏量与油缸之间的偏差，进行 PI 调节，得到偏差信号 A，经自动控制信号与油缸位移信号的偏差 $K(A-Y_C)$，再通过施加一定增益 K 后，再经 PWM 脉宽调制，使机械液压系统对油缸进行调节，最终使 $K(A-Y_C)=C$。

3.2.7 数控剪板机带钢纠偏系统

某数控剪板机带钢纠偏系统采用两个高速开关阀组成的中位机能为 Y 型的三位四通换向阀，用它组成阀控缸位置控制系统。

(1) 数控剪板机带钢纠偏液压系统

将液压系统设计成集中配置型（液压站），将系统的执行器（液压缸）安放在纠偏装置上，而将液压泵及其驱动电动机、辅助元件等独立安装在纠偏装置之外，即集中设置所谓液压站。其中液压站设置在纠偏装置旁侧，作为执行器的液压缸置于纠偏装置侧方，液压站通过高压橡胶管将液压油传递至液压缸，从而驱动活塞杆进行纠偏。

① 数控剪板机带钢纠偏液压回路　液压系统原理如图 3-56 所示。在工作时液压缸的移动通过高速开关阀来实现，液压缸输出压力的大小由插装溢流阀调节，溢流阀的调节压力为 10MPa。

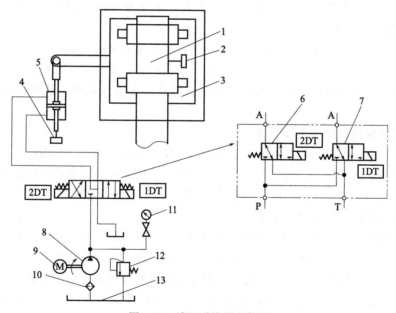

图 3-56　液压系统原理简图

1—数控剪板机带钢；2,4—位移传感器；3—纠偏装置；5—对称液压缸；6,7—高速开关阀；
8—液压泵；9—电动机；10—过滤器；11—压力表；12—插装溢流阀；13—油箱

② 数控剪板机带钢纠偏泵站　泵站中油箱的作用有存储油液、散发油液热量、溢出空气、分离水分、沉淀杂质和安装元件。油箱采用开式油箱，为防止灰尘进入油箱内采用了空气过滤器与大气相通，同时空气过滤器也作为注油器使用，油箱顶上设置了 QUQ1-10×1.0 空气滤清器。因为油箱顶部安装液压泵组，为避免产生振动，油箱顶板的厚度设计为侧板厚度的 2.5 倍，为 10mm，并且液压泵组与箱顶之间设置了隔振垫。

油箱箱顶与箱壁之间为不可拆连接，为了便于用手清理油箱所有内表面，在油箱的前后箱壁上各设置了一个清洗孔，并且清洗孔的法兰盖板可以由一个人完成拆装，可以方便地清洗油箱。

在油箱的侧壁上设有 YWZ-200T 液位计，可以方便地观察油液的容量，同时液位计附带温度计的结构，可以观察油温的情况。油箱的箱底设计成倾斜的，在最低点处设有放油塞（M22×1.5）方便油箱清洗和油液更换，为此，箱底朝向放油塞倾斜，倾斜坡度取 1∶25，这样可以促使沉淀物（油泥或水）聚集到油箱中的最低点。为了便于放油和搬运，把油箱架起来，油箱箱底离地面高度 120mm。油箱设有支脚，支脚单独制作后焊接在箱底边缘上，支脚有足够的面积，可以用垫片或楔铁调平。

为延长油液在油箱中逗留的时间，促使更多的油液参与在系统中循环，从而更好地发挥油箱的散热、沉淀等功能，设置了内部隔板，隔板把系统回油区与吸油区隔开，使油液在油箱内沿着油箱壁环流，便于油液热量的散发，并且隔板的高度不低于液面高度的 2/3；隔板下部开有缺口，以使吸油侧的沉淀物经此缺口至回油侧，并经放油口排出。油箱尺寸：长 750mm，宽 550mm，高 395mm。

③ 数控剪板机带钢纠偏的液压缸　从现有的量程为 $-40 \sim +40$mm 的位移传感器，以及溢流阀最大 10MPa 的溢流压力考虑，液压缸输出压力在溢流阀最大溢流压力的情况下输出压力要小于等于 2tf（1tf＝9806.65N），并且不需要太大的行程。根据 $F = pA$，其中 F 为力，单位为 N；p 为压强，单位为 Pa；A 为面积，单位为 mm^2；计算得 $D = 40$mm，$d = 22$mm。液压缸的行程取 10cm。

液压缸为双作用对称液压缸。液压缸的安装方式采用头部法兰型，此种安装方式使安装螺钉受拉力较大。活塞杆为实心杆，端部采用外螺纹结构，便于安装位移传感器。液压缸置于纠偏装置侧方，液压站通过高压橡胶管将液压油传递至液压缸中，从而驱动活塞杆进行纠偏。

（2）数控剪板机带钢阀控缸试验

针对数控剪板机带钢纠偏装置进行试验，以检验系统的实用性，利用阀控缸系统对普通电磁换向阀和高速开关阀的精确位置控制进行对比试验，以找到精确位置控制的方法。

① 数据采集卡性能的测定　向数据采集卡的模拟量输出通道输出正弦波信号，从模拟量输入通道对输出信号进行数据采集。

② 确定系统的采样周期　从控制性能来考虑，采样周期 T 应尽可能地短，但采样频率越高，计算机的运算速度要求越快，存储容量要求也就越大，计算机的工作时间和工作量也随之增加。另外，采样频率高到一定程度，对控制系统性能的改善就不显著了。但是如果计算机的运算速度以及 D/A、A/D 的转换速度一定，采样周期增大，就可以允许计算机计算更复杂的算法。从这个角度上来看，采样周期应取得大些。但过大的采样周期又会使控制系统的性能降低。因此，选取一个合适的采样周期对控制系统的性能至关重要。

③ 控制系统信号滤波实验　在实际控制过程中，存在很多外界干扰，这种干扰如果不滤除或减弱，无论是系统采集信号或输出控制信号都有可能造成信号失真，使系统的控制性能变坏甚至无法控制，因此在该系统实现压下力控制之前先要完成系统的信号滤波实验。

④ 普通和高速电磁换向阀控制实验　普通电磁换向阀响应时间长，很难得到精确的位置控制，实验采用高速开关阀的 PWM 控制，能到精确的位置控制方法。

调试和实验表明：系统实现了以位置差为参变量的 PWM 占空比调节比例定位控制，控制周期为20ms，控制精度可达0.1mm，达到了预期的设计目标，并且系统结构简化、控制方便、重复性好。

3.3 高速开关阀控制的数字变量泵

数字控制的液压泵是液压传动与控制系统的核心动力元件，它可以通过接收计算机发出的数字信号，快速地调整系统的输出压力、流量等参数，实现对系统的各种复杂控制，并具有一定的故障预测、自动补偿功能。

3.3.1 高速开关阀控制的变量叶片泵

数字化是现代液压技术的重要发展趋势之一，将数字化控制应用于叶片泵，有助于提高该液压元件控制方法的灵活性，实现开/闭环控制，提高调节精度。同时，能提高液压系统效率，降低噪声，减少能耗，能逐渐满足系统响应速度和自动化程度对系统提出的更高要求。

(1) 系统概况

图 3-57 所示为变量叶片泵变量控制系统原理框图。变量叶片泵数字系统的控制模块主要由微机控制与采集系统、位移传感器、流量传感器、压力传感器、放大器、高速开关阀、变量柱塞、变量泵等元件组成。系统采用计算机进行远程控制或者集成微处理器（单片机、模糊芯片等）进行机电一体化控制。微机控制与采集系统用来接收流量、压力、位移传感器采集的反馈信号，将反馈信号与指令信号进行比较，通过智能控制算法处理后输出信号，经过功率放大器放大后驱动高速开关阀动作，从而控制变量柱塞活塞杆的位置调节变量叶片泵的偏心距，改变变量泵的排量。

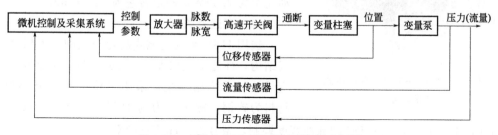

图 3-57　变量叶片泵变量控制系统原理框图

图 3-58 为变量叶片泵变量控制系统原理图，图中有两条油路，一条为主油路，一条为控制油路。油液从油箱经过过滤器 3 进入变量叶片泵 2，变量叶片泵输出的油液经过单向阀10 输入到液压系统中，为主油路。其中溢流阀 1 起到过压保护的作用，流量计 11 用来测量输出流量的大小。弹簧式蓄能器 9 用来储存油液压力能。当高速开关阀的电磁铁未通电时，从变量叶片泵输出的油液从旁路经过高速开关阀 6 进入变量控制活塞缸 5，从而使变量控制活塞缸 5 的推杆向左运动改变叶片泵的偏心距；当高速开关阀的电磁铁通电时，高速开关阀的进油口不同，控制油口与出油口相通，变量控制活塞缸的推杆在复位弹簧的作用下向右运动，并推动油液进入高速开关阀的控制油口，油液从高速开关阀的出油口流出，最后流回油箱，为控制油路。使用带有连接块的限压式变量叶片泵可以集成电磁式高速开关阀、位置传感器、压力传感器等元器件，如图 3-58 中虚线部分所示。

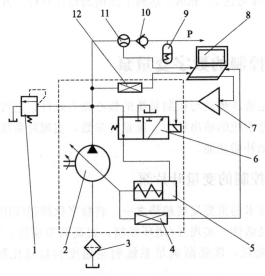

图 3-58　变量叶片泵变量控制系统原理图

1—溢流阀；2—变量叶片泵；3—过滤器；4—位移传感器；5—变量控制活塞缸；6—二位三通高速开关阀；
7—PWM 功率放大器；8—微机控制与采集系统；9—弹簧式蓄能器；10—单向阀；11—流量计；12—压力传感器

图 3-59　YBX 系列外反馈限压式
变量叶片泵

(2) 限压式变量叶片泵

此处选用 YBX 系列外反馈限压式变量叶片泵，其外观如图 3-59 所示。具体选用 YBX-B25D 型叶片泵，排量范围为 1～25mL/r，压力调节范围 4.0～10.0MPa，转速范围为 600～1800r/min，电动机驱动功率为 7.5kW，额定转速为 1450r/min。

(3) 高速开关阀

选用 HSV 系列电磁式高速开关阀，为螺纹插装式结构，性能参数如表 3-6 所示。为了与变量叶片泵变量控制系统相匹配，采用二位三通常开型结构，材料为碳钢，额定压力为 10MPa，额定流量为 2～9L/min，工作方式为 24V DC 的脉冲宽度调制，型号为：HSV-310X7。

3.3.2　压力流量双反馈的电控变量泵

(1) 系统组成及技术特点

电控变量泵其机械结构主体为轴向柱塞泵。电控变量泵是基于 PWM 控制的高速开关阀控轴向柱塞泵。该电控变量泵系统由轴向柱塞泵体，一个脉宽调制 PWM 控制的高速开关阀，一个角度传感器，一个压力传感器及一个电液控制器组成。电液控制器是基于 ARM 的嵌入式控制器。

高速开关阀通过 PWM 信号进行控制，ARM 控制器输出的是一定的频率且占空比可变的 PWM 方波，由于在一个周期内占空比是可调的，导致高速开关阀的开启和关闭时间是变化的，进而等效于高速开关阀的输出流量也是变化可控的。ARM 控制器控制高速开关阀的流量，进而控制变量油缸的活塞的位移。变量油缸的活塞杆是连接于变量泵的斜盘上，通过活塞杆来推动斜盘转动，通过这一系列的转化，最终达到控制变量泵斜盘转角的变化。电控变量泵采用的压力传感器，直接检测回位变量缸的压力，变量泵的回位变量缸的压力反映的就是泵出口压力。角度传感器检测斜盘的转角，通过前面的推导可以知道斜盘转角和排量的关系，则转角和流量的近似线性关系也可得到。两路传感器的信号传递给嵌入式控制器，嵌入式控制器根据所设定的目标值，进行比较完成 PID 控制算法，最终输出 PWM 方波信号控制高速开关阀，形成一个完整的闭环控制系统，如图 3-60 所示电控变量泵的控制框图。

表 3-6　HSV 电磁式高速开关阀性能参数

安装方式	螺纹插装式
结构	二通常开、二通常闭、三通常开、三通常闭
额定压力/MPa	2、5、7、10、14、20
流量/(L/min)	2～9(额定压力下)
内泄漏	0
电压/V DC	12、24
工作方式	连续通电、脉冲宽度调制、频率调制、脉宽-频率混合调制
脉宽范围 τ/%	20～80
最大功率/平均功率/W	10～50/3～15
脉冲调制响应时间/ms	常闭型:开启≤3.5,关闭≤2.5;常开型:开放≤2.5,关闭≤3.5
连续通电响应时间/ms	常闭型:开放≤6.0,关闭≤4;常开型:开放≤4.5,关闭≤6.0
重复精度/ms	±0.05
温度范围/℃	-40～+135
寿命	设计寿命不小于 1×10^9 次;耐久性试验已超过 2×10^9 次

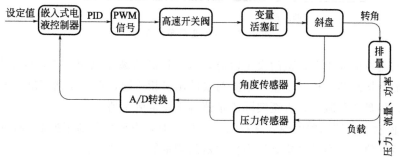

图 3-60　电控变量泵的控制框图

(2) 三种控制模式

图 3-61 所示为电控变量泵原理图，电控变量泵的控制模式分为三种：流量控制、压力控制、功率控制。三种模式集成在一起，使得电控变量泵相比于普通液压泵优势十分明显。

① 流量控制　当控制器的模式选择为流量控制时，电液控制器根据 PC 端的上位机实时设定的流量目标值，与实时采集到角度传感器的角度值，通过内部一定线性关系计算得到的流量值进行比较。

当实际的流量值小于上位机的设定值时，电液控制器通过闭环的算法计算，增大输出的PWM 信号的占空比，从而影响了进入变量活塞缸的流量。轴向柱塞泵的斜盘两端分别连接回位活塞缸和变量活塞缸，回位活塞缸内有置有复位弹簧，而变量活塞缸的受力面积大于回位活塞缸的活塞面积，当 PWM 信号的占空比增大时，高速开关阀的平均阀芯右移，使得变量活塞缸与油箱连接在一起，在回位活塞缸的作用下，斜盘转角增大，泵的实际输出流量增大，直至实际流量值等于设定流量值。

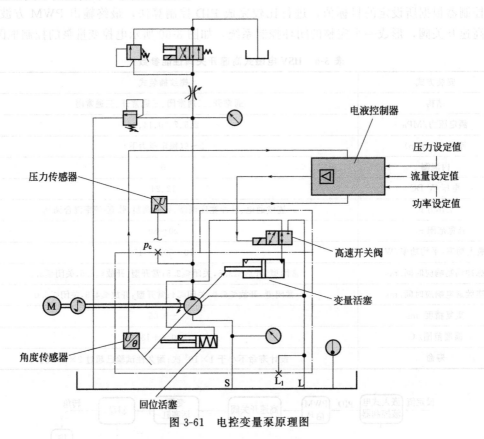

图 3-61　电控变量泵原理图

当实际的流量值大于上位机的设定值时，电液控制器减小输出的 PWM 信号的占空比，高速开关阀的平均阀芯左移，变量活塞缸与泵的出口相连通，在变量活塞缸和回位活塞缸的共同作用下，斜盘转角减小，直至实际流量值等于设定流量值。

② 压力控制　当控制器的模式选择为压力控制时，电液控制器根据 PC 端的上位机实时设定的压力目标值，与实时采集到压力传感器的测量值进行比较。

当实际的压力值小于上位机的设定值时，电液控制器增大输出的 PWM 信号的占空比，高速开关阀的平均阀芯右移，使得变量活塞缸与油箱连接在一起，在回位活塞缸的作用下，斜盘转角增大，泵的输出流量增大，进而使得泵的出口压力增大。

当实际的压力值大于上位机的设定值时，电液控制器减小输出的 PWM 信号的占空比，高速开关阀的平均阀芯左移，变量活塞缸与泵的出口相连通，在变量活塞缸和回位活塞缸的共同作用下，斜盘转角减小，泵的输出流量减小，进而使得泵的出口压力减小，直至实际压力值等于设定压力值。

③ 泵功率控制　当控制器的模式选择为功率控制时，电液控制器根据 PC 端的上位机实时设定的压力目标值，与实时采集到压力传感器的压力值，采集到的角度传感器的角度值，两者根据一定关系计算得到泵体的实际功率值进行比较。

当实际的功率值小于上位机的设定值时，电液控制器增大输出的 PWM 信号的占空比，高速开关阀的平均阀芯右移，使得变量活塞缸与油箱连接在一起，在回位活塞缸的作用下，斜盘转角增大，泵的输出流量增大，进而使得泵的输出功率增大。

当实际的功率值大于上位机的设定值时，电液控制器减小输出的 PWM 信号的占空比，高速开关阀的平均阀芯左移，变量活塞缸与泵的出口相连通，在变量活塞缸和回位活塞缸的共同作用下，斜盘转角减小，泵的输出流量减小，进而使得泵的输出功率减小，直至实际功率值等于设定功率值。

3.3.3 变频调速与高速开关阀复合控制的数字变量泵

(1) 数字变量泵的特点及组成

数字变量泵采用变频调速与高速开关阀复合控制。变频调速系统效率较高，通过调节电动机转速，实现系统输出流量的控制，但电动机制动转速慢，动态性能差，且无法实现系统的零流量输出；高速开关阀控制系统，动态性能优异，流量调节范围宽，但功率损失大。复合控的方式既可实现高效率，又能实现较好的动态性能。

泵输出流量受外负载的影响较大，采用简单的开环控制回路难以精确控制输出流量。为此，采用闭环控制回路，即用流量传感器采集流量信号，反馈给控制器，与给定输入值进行比较，再通过控制器改变电动机的输入转速和高速开关阀的输入信号，调节数字变量泵的输出流量，最终达到精确控制的目的。

图 3-62 所示为数字变量泵系统框图，该数字变量泵的复合控制是在变转速控制的基础上增加高速开关阀控插装阀的流量控制，通过改变异步电动机的输入转速与高速开关阀的输入信号，实现两种数字变量方式的有机结合。

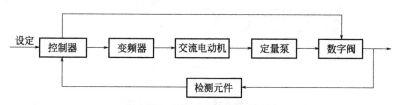

图 3-62 数字变量泵系统框图

变量泵采用二位三通高速开关阀控插装阀作为阀控元件。二位三通高速电磁式开关阀控插装阀的控制性能要明显优于二位二通高速电磁式开关阀控插装阀的控制性能，可实现系统输出流量的全范围控制，满足数字变量泵的控制要求。图 3-63 为 HSV 系列二位三通高速电磁式开关阀控插装阀的结构原理图。二位三通高速电磁式开关阀的进油口连接插装阀的进油口、控制油口连接插装阀的控制腔、回油口连接油箱。当高速电磁式开关阀断电时，高速电磁式开关阀的控制油口与回油口连通，控制腔的油液通过高速电磁式开关阀回流至油箱，由于控制腔的油压 p_2 下降，在压差的作用下，插装阀阀芯打开。当高速电磁式开关阀通电时，高速电磁式开关阀的进油口与控制油口连通，插装阀控制腔的油压 p_2 与插装阀进油口的油压 p_s 相等，此时插装阀阀芯关闭。

考虑到液压泵易产生流量脉动，而蓄能器可以吸收液压系统中的流量脉动，并对脉动能量给予吸收和再利用，因此数字变量泵设置了一个蓄能器用于吸收系统的流量脉动，使系统的输出流量更为平缓。

为了防止油液脉动，反冲定量泵，导致油泵损坏，在定量泵出口处加设一个单向阀。

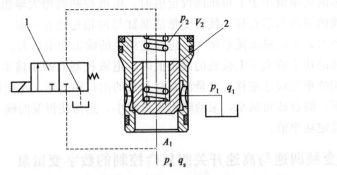

图 3-63　HSV 系列二位三通高速电磁式开关阀控插装阀结构原理

1—二位二通高速电磁式开关阀；2—插装阀

数字变量泵工作原理如图 3-64 所示，包括电动机、定量泵、高速开关阀、插装阀、蓄能器、单向阀、流量传感器等元件。

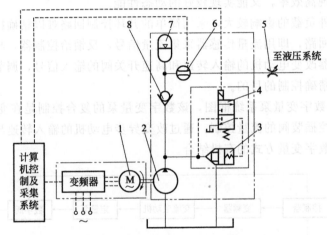

图 3-64　数字变量泵工作原理图

1—电动机；2—定量泵；3—插装阀；4—二位三通高速开关阀；5—溢流阀；

6—流量传感器；7—蓄能器；8—单向阀

(2) 三种数字变量功能

数字变量泵可分别实现变频控制、高速开关阀控制及变频调速与高速开关阀复合控制三种数字变量功能。

① 变频控制　当高速开关阀通电时，插装阀阀芯关闭，系统处于变频调速恒流控制阶段。三相电源接入变频器的输入侧，计算机控制变频器的输出频率，使电动机以一定转速带动定量泵旋转，定量泵输出一定流量的压力油，经单向阀进入系统中，蓄能器开始储能，吸收系统的流量波动，同时油路中的流量信号通过流量传感器实时传回采集系统，由计算机控制，实现系统输出流量的恒定。

系统开始工作时，由于系统的流量没有建立，此时，流量传感器检测到的流量信号小于系统的流量指令信号，计算机通过推演和运算处理，控制电动机的输出转速，使电动机在额定转速下工作。

输出流量超过系统流量指令值时，流量传感器反馈给采集系统，通过计算机的处理，使电动机的转速迅速下降，仅输出能维持系统所需的转速，实现系统流量的恒定输出。

② 高速开关阀控制　当电动机以额定转速运行时，系统处于高速开关阀控恒流控制阶段。工作时，计算机控制高速开关阀通断电时间，通过插装阀开启状态实现系统输出流量的变化。

当二位三通高速开关阀通电时，插装阀阀芯处于关闭状态，此时定量泵全部油液经单向阀进入系统中，同时蓄能器储能，吸收系统的流量波动。

当二位三通高速开关阀断电时，插装阀阀芯处于打开状态，由于蓄能器及单向阀作用，定量泵输出油液经插装阀直接流回油箱，定量泵停止为系统供油，同时蓄能器释能，充当临时泵站，因单向阀作用，仅对供给系统提供流量，而不会产生倒流现象。高速开关阀控系统的输出流量，可通过计算机控制高速开关阀的通断电时间，从零到定量泵的额定流量之间任意控制，同时接收流量传感器的反馈信号实现系统闭环控制，提高系统控制精度，输出恒定的流量。

③ 变频调速与高速开关阀复合控制　当电动机转速与高速开关阀输入脉冲信号实时变化时，系统处于复合控制阶段。

工作时，计算机根据系统的指令信号控制电动机的转速及高速开关阀的输入脉冲信号，实现系统输出流量的恒定。

当系统所需流量增加时，计算机控制变频器输入信号使电动机在所需转速下运行，同时高速开关阀通电，插装阀阀芯闭合。

当系统所需流量减少时，计算机接收流量传感器的反馈信号，通过推演和运算处理，降低电动机的转速，同时减少高速开关阀的通电时间，使插装阀卸油流量增加。

当系统所需流量低于定量泵最低稳定转速下的输出流量时，计算机控制变频器输入信号使电动机在最小稳定转速下运行，同时，计算机接收流量传感器的反馈信号，通过推演和运算处理，实时控制高速开关阀的通断电时间，调节插装阀阀芯的开口大小，实现快速响应，达到恒流控制的目的。

3.4　高速开关阀控制的数字液压缸

随着液压技术的不断发展，数字液压缸已经获得了广泛的应用。有一种新型数字液压缸将高速电磁开关阀集成模块、油缸及反馈机构集于一体，从而达到精确控制的目的。

3.4.1　数字液压缸的原理与应用

(1) 控制理论

机电液集成式阀控液压缸新型控制系统原理如图 3-65 所示。

当此机电液集成系统工作时，通过控制器控制高速电磁开关阀集成模块使液压缸活塞复位，控制器的存取器清零。复位后，使高速电磁开关阀模块都处于截止状态，在控制器作用下使数字缸活塞杆伸出缸体时，图 3-65 所示的高速电磁开关阀模块接收控制器发来的一定调制率的 PWM 信号后，高速电磁开关阀集成模块 1 进行流量的输出，而高速电磁开关阀集成模块 1 通过传感器 4（磁致伸缩位移传感器）对活塞的位移和速度进行检测并在控制器的作用下，接收控制器发出的不同调制率的 PWM 信号，来控制高速电磁开关阀集成模块的液流油量，从而对活塞的位移和速度进行精确的控制和调节，此时液压缸中的高压油经高速电

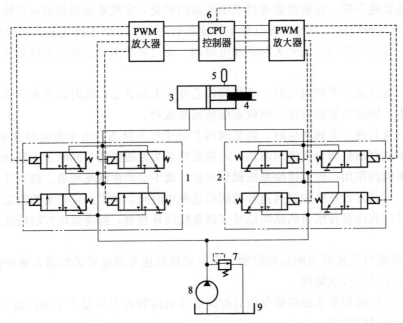

图 3-65 机电液集成式阀控液压缸新型控制系统原理

1,2—高速电磁开关阀集成模块；3—液压缸；4—磁致伸缩位移传感器；5—蓄能器；
6—控制器；7—控制阀；8—液压泵；9—油箱

磁开关阀集成模块 1 的推动流回高速电磁开关阀集成模块 2 的油箱；与此相反，当活塞杆返回时，同样在控制器的作用下，通过控制液压油的流量，活塞杆以适当的速度返回，此时液压缸中的高压油经高速电磁开关阀集成模块 2 的推动流回高速电磁开关阀集成模块 1 的油箱。

如图 3-65 所示，活塞运行的同时，嵌在活塞杆里的磁致伸缩位移传感器和缸外的微处理器将活塞的位移和运行速度的信号传给控制器，再在控制器的作用下向高速电磁开关阀模块发送一定调制率的 PWM 信号，从而使活塞杆按工作要求的运行速度及一定的流量运行，并在指定位置变速或停止运行以及增减流量。开关阀模块上的每个阀都具有不同通径，流量范围可以设置为 0.5～8L/min，不同通径的多个组合，可实现多种阶梯流量，再通过控制器对高速电磁开关阀模块给出相应的高频振动 PWM 信号能实现快速进给，在控制器的作用下还可实现差动运行，精确控制"滴油"通过，从而达到控制数字液压缸精确运行的目的。

控制系统框图如图 3-66 所示。

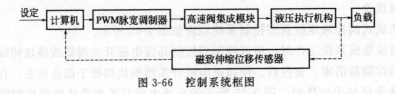

图 3-66 控制系统框图

(2) 控制方法

磁致伸缩位移传感器具有精度高、稳定性好、长距离测量等特点。其原理为：控制电路对波导管施加电流激励脉冲，当电流沿波导管传播时，伴随产生一个围绕波导管的环形磁场，与此同时一个非接触的位置磁铁沿着波导管自由滑动，并且产生一个平行于波导管的磁场，根据磁致伸缩效应，在两磁场相遇处会产生机械扭转波，该波以固定速度分别向波导管两端传播，只要测量出传播时间即知道位置磁铁的距离。磁致伸缩测量装置如图 3-67 所示，工作波形如图 3-68 所示。

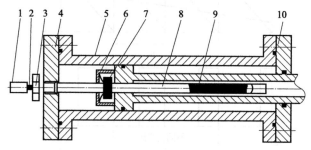

图 3-67　磁致伸缩测量装置

1—传感器电子头；2,9—传感器波导管；3—密封螺母；4—端盖；5—缸体；6—位置磁铁保护套；
7—位置磁铁；8—波导杆外管；10—密封圈

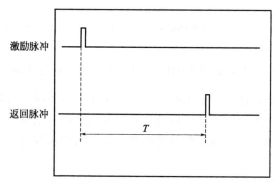

图 3-68　工作波形图

假设高速开关阀为一理想开关阀，并且高速开关阀能瞬时对脉冲的上升和下降作出反应，则单个高速开关阀的瞬时流量可表示为：

$$Q = C_d w x_m \sqrt{\frac{2}{\rho}(p_p - p_1)}$$
$$0 < t < t_p$$

式中，Q 为油口流量；C_d 为流量系数；w 为单个高速开关阀的面积梯度；ρ 为油的密度；$p_p - p_1$ 为阀口的前后压差；x_m 为阀芯最大开口量。

有效脉宽 t_p 对采样周期 T 的比值称为脉宽占空比，即：脉宽占空比＝t_p/T。脉宽调制信号及流量控制输出波形如图 3-69 所示。

例如，用于控制高速电磁开关阀模块的流量时，则其对应的输出流量为：

$$q = \frac{t_p}{T} \sum_{0}^{n} Q_n$$
$$(n = 1、2、3、\cdots\cdots)$$

式中，t_p 为有效脉宽；T 为采样周期；Q_n 为高速电磁开关阀模块中包含的单个高速电磁开关阀的流量；n 为高速电磁开关阀模块中包含的单个高速电磁开关阀的个数。

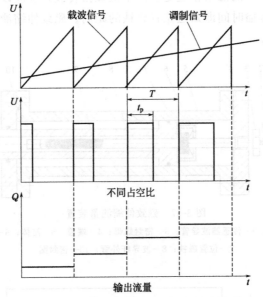

图 3-69　脉宽调制信号及流量控制输出波形图

式中，$\sum_{0}^{n} Q_n$ 就代表高速电磁开关阀模块的流量，由于高速电磁开关阀模块中包含多个高速电磁开关阀，而每个高速电磁开关阀的流量大小又不尽相同，所以经过它们间的开关闭合及不同组合的控制，再配合以不同的调制信号，可以合成任意瞬时流量，因此能够跟踪任意给定的流量曲线，从而达到对流量的曲线调节及流速的变速控制，满足任意流量和流速的要求。

(3) 新型数字液压缸的应用

与传统液压系统相比较数字液压缸的优点很明显，随着微机技术、传感技术和制造技术的高速发展，数字液压缸的广泛应用是未来液压系统的发展方向，数字液压在国内外的研发和应用中已初见成效，在航空、军事、机床和工程机械都有使用范例。举例如下：

a. 连铸机结晶器液面控制精度超过国际先进水平；

b. 用于水轮机调速获得完全成功；

c. 钢材无齿锯多工位速度控制和位置控制方面，用户原采用进口比例阀和传感器实现锯机的多段速度控制和位置控制，由于负载惯性大（10t），运行不平稳，性能不理想。后采用数字缸代替国外比例技术，调试成功，其水平远远超过比例技术。

d. 陆地机动洲际导弹装弹机构的液压同步举升和移动控制方面，采用的是超高精度数字缸，实现了极高精度的同步举升和微调，已经稳定应用。

e. 反舰导弹装弹机构六轴的控制；

f. 双火箭发动机多点位置控制和高精度同步控制实验装置等。

新型控制方法的数字液压缸可应用的领域：

a. 任意数量的多缸同步系统如舞台升降和造型控制；

b. 高精度速度控制系统；

c. 高精度位置控制系统如各种大型液压机床；

d. 连铸轻压系统；

e.长行程大型水利闸门同步升降系统如三峡电站闸门提升；

f.海洋深井取样数字驱动装置；

g.汽轮机、水轮机调速系统；

h.各种武器装备和自动控制系统等。

因此，应用数字液压缸技术将对促进我国工业自动化全面的技术进步、提升我国传统产业的整体水平产生巨大的推动作用和深远的影响。

传统的液压控制技术是靠精确控制液压阀口的流量，来实现目标控制，很难实现多油缸高精度速度同步和多点位置控制。本项目主要应用机电液一体化技术，集成多系统于一身，简化应用配置，加快伺服响应，实现大功率动作的快速精确执行。数字液压缸技术与配套的智能型可编程数字控制器配合，可以简单、准确地完成多油缸的方向控制、速度控制和位置控制，从而大大提高了工业控制领域的控制精度。

由此得到以下结论：

a.所用控制方法可以实现单缸多段调速、多点定位、多缸进行差补运动，完成曲线轨迹运动。

b.控制系统简单。一台微机或可编程逻辑控制器就可以完成单缸或多缸的多点、多速控制，也可完成多缸的同步、插补运动。操作简单、实用性好。

c.液压系统高度简化，只需液压泵、高速阀模块组成的液压源就可接管使用，无需任何其他繁杂液压元件。也省略了很多阀件的安装集成块，更无需行程开关、继电器等电气元件，降低了使用维修成本。

d.高分辨率运动控制精度。可实现大型机械装备微米级的运动控制，且响应迅速。

e.运动特性完全数字化。速度、行程与电脉冲有直接的对应关系，只要控制好电脉冲，自动化系统就能实现控制要求。

3.4.2 内循环数字液压缸

内循环数字液压缸为一体化的液压系统。这种数字液压缸通过独特的设计，将动力元件、执行元件、控制元件的功能进行有机的集成，解决了液压系统由于液压元件众多、管道长致使压力损失、泄漏损失，导致液压系统效率较低的问题。

(1) 控制概况

内循环数字液压缸（如图 3-70 所示）把传统液压系统需要的方向阀、流量阀、单向阀、溢流阀等多种液压元件有机地融合在一个柱塞里。液压缸活塞上均匀分布 10 个柱塞，5 个柱塞使液压缸向左运动做功（A 组），5 个柱塞使液压缸向右运动做功（B 组）。A、B 两组柱塞交替反向放置，利用柱塞与活塞的面积比实现力的放大，通过柱塞的运动实现 1 腔、2 腔的液体体积等量变换，构成一个等行程等速双作用缸。液压缸以电磁铁为动力元件，将电磁铁放入小柱塞内，当电磁铁通电做功时，液压油通过小柱塞从液压缸的一腔流入另一腔，从而带动液压缸做功。液压缸的工作速度通过控制电磁铁的通电频率来控制。

整个液压系统无须额外的液压泵和液压循环管路，液压油在做功时流程短，使液体因流动时的黏性摩擦所产生的沿程压力损失减少很多；液压系统结构简单，使液压油流经管道的弯头、管接头、突变截面以及阀口等局部装置的次数很少，使液压缸在做功过程中的局部压力损失也很少。在控制上通过 DSP 控制电磁铁的通断电来控制液压缸的运动。由于在液压缸内有两组方向相反的小柱塞，通过控制柱塞工作组，便能控制液压缸的工作方向，也省去了方向阀。

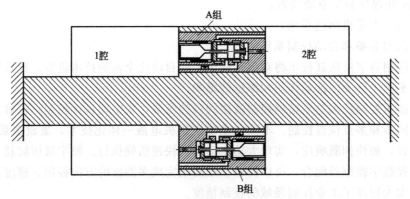

图 3-70　内循环数字液压缸的结构

(2) 柱塞

如图 3-71 所示，在脉冲电流的控制下电磁铁推动活塞向左运动，3 腔体积变小，4 腔体积变大。3 腔里的液压油通过单向阀被排到 2 腔，推动液压缸向左运动，在结构设计时保证 3 腔和 4 腔的体积同步变化，1 腔的液压油便可在电磁铁做功的时候暂时存于 4 腔中，防止因液压油压缩而出现困油现象。做功完成后，在电磁铁弹簧力的作用下，活塞右移，4 腔的油通过 1 腔、单向阀被吸回 3 腔，完成吸油过程。

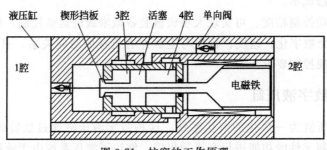

图 3-71　柱塞的工作原理

楔形挡板的作用为当 A 组柱塞工作时保证液压缸 1 腔与 2 腔不能通过 B 组柱塞相通。如果没有此挡板，当 A 组柱塞把液压油排到 2 腔后，2 腔的压力增大，液压油通过 B 组的单向阀、3 腔、排油管被压回液压缸 1 腔，液压缸不动作。

(3) 液压缸动力元件

此内循环数字液压缸系统以电磁铁为动力元件，电磁铁选用众恒电器的 ZHT2551L/S 型号。电磁铁推力曲线如图 3-72 所示。

由于电磁铁做功是在液压缸到达极限点位置后立即停止供电，所以电磁铁每次通电时间大概为几十毫米，这个值远远小于厂家提供的单次最长工作时间，电磁铁通电的实际比例可稍微大于提供的比例。为使液压缸有更快的速度，先假定选用通电时间比为

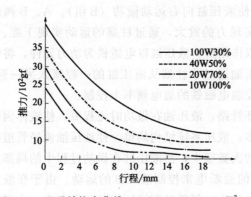

图 3-72　电磁铁推力曲线（1gf＝9.80665×10⁻³N）

30％的曲线。

若使液压缸工作效率高，就应使电磁铁每动作一次对油液做功最大。设图 3-69 中的活塞面积为 S，负载在活塞上产生的压强为 p，电磁铁做功位移为 x。电磁铁运行时克服柱塞表面油液压力 $F=pS$，做功 $W=Fx$（忽略动态效应），并且要使柱塞运动则有 $F \geqslant f_{\min}$，$f_{\min}$ 为电磁铁曲线上的最小力，极限情况 $W=f_{\min}x$。显然有用功 W 对应横纵坐标（行程）与电磁铁推力曲线形成的矩形区域面积。通过计算矩形区域所对应的格子数量，可得到 W 的最大值。x 与 W 的关系如表 3-7 所示。

表 3-7　x 与 W 的关系

x	1	2	3	4	5	6	7	8	9	10
W	7	12	16	20	22.5	24	25.2	25	26	25

$x > 10$ 后由于位移太大不予考虑，由表 3-7 可得当 $x=9$ 时，W 值最大。但 x 越大，电磁铁做功一次所用的时间也就越长，综合考虑各种因素暂取 $x=6$。

（4）内循环数字液压缸的控制方式

对液压缸采用位置控制，在液压缸外安装一高精度位移传感器，实时检测液压缸位移。根据传感器输出的位置信号为脉冲波形提供转换依据。

利用 DSP 事件管理器的 PWM 脉宽调制输出产生五路波形分别控制 5 个电磁铁的通断电，每路波形的有效波形及其周期的值就决定了各柱塞之间能否有条不紊地依次工作，其值由时间或位置决定。

3.4.3　四腔室数字液压缸

四腔室液压缸通过连接数字开关阀构成的 DFCU（Digital Flow Control Unit）阀块来实现控制。可得到 N^m 种输出力，其中 N 为系统的压力级个数，m 为液压缸工作腔的个数，即四腔室液压缸在系统提供 3 个压力级别情况下可输出 81 种力。

（1）四腔室液压缸结构

图 3-73 为四腔室液压缸原理的简图。该液压缸由 1 个大的单作用活塞缸和 1 个小的单作用活塞缸组合而成。大的单作用活塞缸的活塞杆做成空心的，兼做小的单作用活塞缸的缸筒，小的单作用活塞缸的活塞杆固定在大的单作用活塞缸的底盖上，因此小的单作用活塞缸的活塞杆固定不动，缸筒进行运动。这样，该液压缸被分为 q_A、q_B、q_C、q_D4 个腔室，其中 q_A、q_C 腔室通高压油时，在油压的作用下液压缸产生向上的作用力使活塞杆伸出，q_B、q_D 腔室通高压油时，在油压的作用下液压缸产生向下的作用力使活塞杆缩回。

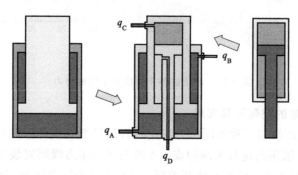

图 3-73　四腔室液压缸原理简图

四腔室液压缸的结构形式如图 3-74 所示。液压缸应用在液压挖掘机的动臂上，因此采用耳环安装方式，小活塞缸的活塞杆用螺母固定在大活塞缸的后端盖上。缸筒与前后端盖用法兰连接，前端盖与前缸盖用法兰连接，后端盖与后缸盖用法兰连接，因此需要较长的螺栓固定。

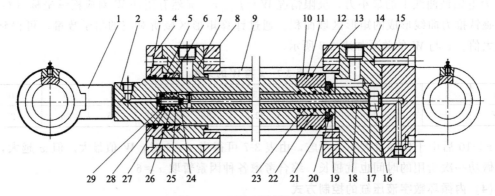

图 3-74　四腔室液压缸结构

1—耳环；2—大活塞杆；3—单唇形防尘圈；4—前缸盖；5,22—斯特封；6,10,23,25—导向环；7—前端盖；8,13—法兰；9—缸筒；11—大活塞；12,26—格莱圈；14—后端盖；15—后缸盖；16—螺母；17—垫片；18—小活塞杆；19—弹性挡圈；20—卡键帽；21—卡键；24—螺塞；27—小活塞；28—锁紧垫片；29—锁紧螺母

(2) 四腔室液压缸控制模式

这台液压缸包含 4 个不同面积的腔室，其面积的相对比值是 $27:9:3:1$。2 个腔室使液压缸活塞杆伸出，2 个腔室使液压缸活塞杆缩回，依靠 3 种不同压力在液压缸 4 个腔室中变化下可以获得 $3^4 = 81$ 种不同的输出力。

各控制模式编码的输出力从大到小依次分布如图 3-75 所示，可以看出四腔室液压缸的输出力基本上呈阶梯式输出，其波动较小。因此可以看出四腔室液压缸在变负载工况下，可使输出力与负载相适应减小能量损失，减小震动。

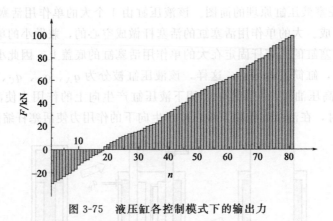

图 3-75　液压缸各控制模式下的输出力

(3) 四腔室液压缸的控制及其应用

图 3-76 为连接液压缸与三种不同压力管线的 DFCU 数字流体控制单元。此 DFCU 数字流体控制单元由 27 个液压高速开关阀构成，A 腔与各个压力级间安装 4 个液压高速开关阀，B 腔与各个压力级间安装 2 个液压高速开关阀，C 腔与各个压力级间安装 2 个液压高速开关

阀，D 腔与各个压力级间安装 1 个液压高速开关阀。安装不同规格的阀来实现流量控制，以减小能量损失。由它们来决定各腔室与各压力管线的连接与否。液压高速开关阀通过 PWM 信号控制，使阀芯打开与截止的时间比例不同（即占空比不同）来调节流量。利用接受或产生数字信号的计算机控制，不仅提高了控制的精度和稳定性，而且明显地降低了成本。

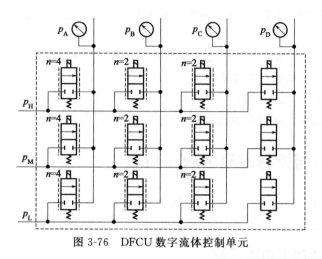

图 3-76　DFCU 数字流体控制单元

图 3-77 为四腔室液压缸液压控制系统简图（其中 H 代表高压，M 代表中压，L 代表低压），改变工作腔的压力即可产生不同的压力组合，从而使液压缸输出不同的力。

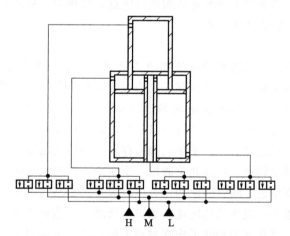

图 3-77　四腔室液压缸液压控制系统简图

一般情况下，在液压缸的速度和对外作用力变化时，需要调节供油压力和供油量或设计较为复杂的速度变换液压回路和负载变换液压回路，这样存在如下问题：增加设备成本；增加设备重量；增加液压系统的故障点；浪费液压能源；增加操作维护的难度；速度和负载变换稳定性差。

多腔室液压缸联合数字控制流体单元 DFCU 阀块，在变负载的工况下得到应用。在海洋动力产业上，利用波浪能转换为动力能再转换为电能，应用多腔室液压缸可实现高效率的波浪能吸收；在石油工业中的抽油机上，由于抽油杆的上升和下降过程中提升重量的不同，负载力不断变化；在液压挖掘机动臂系统中，由于提升角度的不断变化，负载力也在不断地变化。此液压缸也适用各种存在先小力输出后大力输出的液压系统，如机床液压系统、推土机液压系统、铲运机液压系统等。还有在一些特殊的场合，例如升降舞台是大剧院配套设备，为给演员提供更好的艺术平台，给观众带来更好的视觉效果，有其特殊要求：必须保证动作平稳，因舞台承载人数不定、限载重量不定、场景需求不定，另外承载舞台的液压缸随着起升和下落过程中叉架角度的不断变化，其负载力也在不断变化，所以液压系统必须严格控制载荷变化对速度产生的干扰，而且从使用要求上，必须确保机械无冲击地平滑稳定运行。

(4) 小结

该液压缸具有 4 个腔室，活塞杆做成空腔兼作可移动缸体，通过改变工作腔室的组合以实现不同的受压面积，从而在系统提供的压力下产生不同的输出力，以适应变负载工况下的特殊要求。四腔室液压缸的应用不但可以提高效率，还可以节省空间和能源，使设备工作运行平稳，与使用比例阀控制伺服油缸的系统相比，降低了成本。

3.5 高速开关阀控制的数字液压马达

液压马达具有负载刚度高、功率/质量比大、响应快和性价比高等特点，被广泛用于冶金、机床、船舶等工程机械领域。

3.5.1 液压马达数字调速系统

为使调速系统的动态响应快，同时避免溢流损失，一种液压调速系统采用高速开关阀控制插装阀，调速机构结合高速开关阀和插装阀各自优点，实现液压系统的大流量高频换向，具有响应快、效率高和维护方便等特点。

(1) 液压回路

基于高速开关阀的液压马达调速系统如图 3-78 所示。控制器发送脉冲电压作为控制信号，直接输出给高速开关阀，再以高速开关阀为先导阀控制插装阀。当高速开关阀通电时，插装阀阀芯处于关闭状态，油泵输出的流量通过单向阀，再驱动液压马达，此时蓄能器蓄能。当高速开关阀断电时，插装阀阀芯处于打开状态，定量泵输出流量经过插装阀直接回到油箱，则定量泵停止向马达供油，由于单向阀的存在，马达进油端的流量不会倒流，并由蓄能器提供流量使马达继续转动。高速开关阀按一定频率，合理地分配占空比使阀体不停地打开与闭合，改变分流支路通、断时间比例，就可以改变供给马达流量的大小，实现调速。当通过旁路卸荷的流量越多，液压马达转速就越慢，反之，马达转速就越快。整个系统供油形式从动态看是脉动的，因此蓄能器除了作临时动力外，另一个作用就是削弱压力脉动。

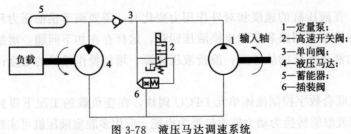

图 3-78　液压马达调速系统

1—定量泵；
2—高速开关阀；
3—单向阀；
4—液压马达；
5—蓄能器；
6—插装阀

(2) 系统主要元件数学模型

① 高速开关阀的流量控制特性。高速开关阀是用数字量控制的开关阀，与伺服阀和比

例阀相比，它具有工作稳定可靠、功耗小、重复性好、抗污染能力强和价格低廉等优点。由于开关阀电磁铁的响应能力及阀芯运动时间的影响，实际阀芯位移和脉冲信号之间存在一定的滞后。因此高速开关阀信号占空比一般控制在 $0.2 \sim 0.8$ 线性区间范围内。

② 高速开关阀控插装阀的数学模型。

高速开关阀流量在 $10L/min$ 以下，要获得高压大流量的开关阀，通常需要以小流量高速开关阀作为先导控制一个插装阀得到。由于高速开关阀和插装阀都工作在全开或全关的状态，功率损失小，效率高。整个系统采用脉冲流量供油方式，当高速开关阀工作频率很高时，负载压力一般不会出现不稳定振荡情况。

假设高速开关阀在占空比线性工作范围内能够完全跟踪 PWM 控制信号，忽略阀芯动作滞后时间，则插装阀的流量方程：

$$q_1 = (1 - D(t))C_{d1}A_0\sqrt{\frac{2}{\rho}p_s}$$

式中，q_1 为插装阀出口流量 L；$D(t)$ 为插装阀脉宽调制信号函数；C_{d1} 为插装阀的流量系数；A_0 为插装阀阀口的节流面积，mm^2；ρ 为油液密度，取 $0.85 \times 10^3 kg/m^3$；p_s 为插装阀进口压力，MPa。

高速开关阀占空比 $0 \leqslant u(t) \leqslant 1$，则插装阀 $D(t)$ 脉宽调制信号函数可表示为：

$$D(t) = \begin{cases} 1 & u(t) < \dfrac{t - nT}{T} \\ 0 & u(t) < \dfrac{t - nT}{T} \end{cases} \quad n = 0、1、2、3、\cdots$$

式中，T 为高速开关阀脉宽调制信号周期。

(3) 仿真分析

为验证液压马达数字调速系统的可行性，通过 AMESim 软件建立液压元件模型并对系统进行相关分析。

该系统采用开环控制仿真，其主要参数为：高速开关阀阀芯最大位移 3mm，进油口直径 2mm，球阀直径 3mm，阀芯质量 1g；插装阀阀芯最大位移 2mm，进油口直径 14mm，控制腔直径 16mm，阀芯质量 15g；泵排量为 50mL/r，转速 1500r/min；马达排量 50mL/r。PWM 控制信号频率分别为 20Hz、10Hz，蓄能器初始压力为 2MPa 时，仿真结果如图 3-79。

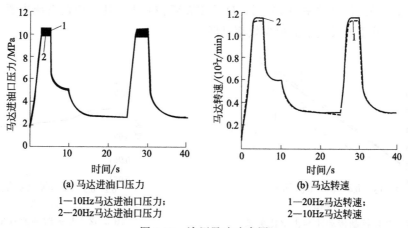

(a) 马达进油口压力
1—10Hz马达进油口压力；
2—20Hz马达进油口压力

(b) 马达转速
1—20Hz马达转速；
2—10Hz马达转速

图 3-79　液压马达响应图

由图 3-79 可知：在相同蓄能器预压力的条件下，PWM 控制信号频率对液压马达工作影响较小；在高频控制信号下，液压马达工作压力脉动更小。在一定频率下，占空比越大，插装阀泄油量就越少，马达进油量越多，因而转速越快，反之马达转速越慢。在 PWM 有效占空比内，马达调速范围较宽。

通过仿真分析，高速开关阀控插装阀调速液压系统的快速性较好，能够满足工程调速控制要求，同时系统的稳定性好。

影响调速系统速比变化特性的主要为吸振蓄能器，蓄能器初始压力与体积是影响速比变化特性的关键，且主要针对升降速比影响较大。如图 3-80 所示：体积越大，升降速比越缓慢；增加泵、马达排量会提高系统速比控制精度。

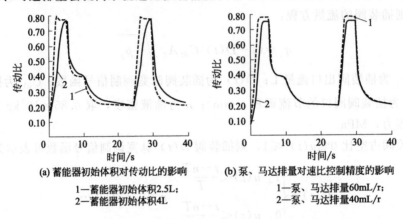

(a) 蓄能器初始体积对传动比的影响
1—蓄能器初始体积2.5L；
2—蓄能器初始体积4L

(b) 泵、马达排量对速比控制精度的影响
1—泵、马达排量60mL/r；
2—泵、马达排量40mL/r

图 3-80　调速系统速比变化特性曲线

由图 3-81 可知：高速开关阀开环控制调速的精度高，在 0.2～0.8 占空比调节范围内，线性度高，误差较小，系统刚度大；而伺服阀开环调节由于溢流损失大，刚度相对较小，速度与占空比呈非线性关系。

理论上只要高速开关阀和单向阀动态性能接近于理想的高速开关阀和插装阀，数字调速的压力变换效率可达 100%，即输出功率等于输入功率，因此高速开关阀溢流损失小，效率高。效率计算公式：

$$\eta = W_出 / W_入 = T_{马达} \, n_{马达} / (T_泵 \, D n_泵)$$

其中，泵、马达仿真效率为 100%，D 为 PWM 控制占空比。因此系统主要为开关阀节流损失，各占空比下开关阀节流损失效率见图 3-82。

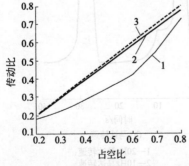

图 3-81　开环控制传动比与占空比关系
1—伺服阀；2—高速开关阀；3—目标传动比

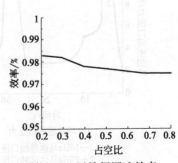

图 3-82　开关阀调速效率

通过仿真计算可得开关阀调速系统节流损失只有 2%左右，因此系统效率高。数字调速系统的损耗主要有动态损耗和瞬态损耗。

动态损耗是由于高速开关阀上的节流损耗、液容上的附加液阻和附加液感以及液感上的附加液容引起的损耗。改进措施：进一步提高阀通油能力，降低液感。

瞬态损耗则是由于高速开关阀的启闭时间、液压马达的困油和管路内液压油的弹性等引起的损耗。改进措施：提高高速开关阀、液压泵、马达的频响。

3.5.2 基于 PWM 高速开关阀控制的旋转平台

(1) 高速线材生产线旋转平台

旋转平台是高速线材生产中线卷的收集装置之一。高速线材经风冷线冷却后的松散的线卷，通过辊道输送到收集区。再通过鼻锥、芯杆、提升平台、旋转平台、倾翻装置、运卷小车等一系列装置，送到 C 型钩上运走。旋转平台处于收集区域中部，它前承提升平台，后接倾翻装置。其动作的快捷性和准确性影响到整个收集区的动作节奏和时间，是整个收集区的关键设备。旋转平台的功能是接收由提升平台送下来的收有线卷的芯杆（线卷呈盘状落到芯杆上），并旋转 180°，将芯杆送到倾翻装置上。同时旋转平台另一端无线卷的空芯杆也旋转 180°，送到提升平台上，由提升平台顶起来再去接收线卷。根据工艺要求，旋转平台最快要在 10s 内完成一个 0°～180°或者 180°～0°的旋转动作。

由于高速线材生产工况条件恶劣，振动大、温度高、污染严重，而传统的电液伺服系统结构复杂、造价高、抗污染能力差，为此，用高速开关阀替代传统电液伺服阀来满足高速线材生产的要求。

(2) PWM 高速开关阀控制的旋转平台液压系统

为了便于实现控制的自动化，整个收集区的大多数设备都是采用液压传动和控制。考虑到投资及现场维修的具体情况，将整个收集区设备的液压动力源集中到一个液压站内，包括旋转平台的液压动力源。高速线材收集区域设备液压动力源的压力要求在冶金设备的液压系统中属中等压力等级，一般压力范围 7～21MPa。大多数情况下选 13～14MPa，选取系统压力 $p_0 = 13$MPa。考虑到管道泄漏及其他因素，取旋转平台液压马达局部系统的工作压力为 $p_s = 11$MPa。

图 3-83 是旋转平台液压系统原理图（不包括液压动力源部分）。

从图 3-83 可知，当高速开关阀 1a 通电处于 PWM 控制状态，系统压力油通过高速开关阀进入液动换向阀左腔。高速开关阀 1b 不通电，液动换向阀右腔不通系统压力油。压力油经高压管路滤油器 5 到达液动换向阀 8，压力油通过 A 口进入液压马达 6，使液压马达带动旋转平台顺时针旋转。反之，当高速开关阀 1b 通电处于 PWM 控制状态，系统压力油通过高速开关阀进入液动换向阀右腔。高速开关阀 1a 不通电，液动换向阀左腔不通系统压力油，压力油经高压管路滤油器 5 到达液动换向阀 8，压力油通过 B 口进入液压马达，使液压马达带动旋转平台逆时针旋转。为了防止旋转平台由于机械卡死而造成液压系统的损坏及发生其他事故，在液压马达前面设置了两个溢流阀 2，设定压力 11MPa，起过载保护作用。由于旋转平台的惯性较大，当旋转平台到位后，为防止它的晃动，减速机带有一个液压制动装置 7，由电磁换向阀 3 来控制进入液压制动装置的液压油的通断。3DT 得电时，液压油通，摩擦片松开，减速机可转动；3DT 失电时，液压油断，摩擦片抱紧花键轴，减速机不可转动。通过减压阀 4 来设定进入液压制动装置的油压，设定压力 2MPa。高压管路滤油器 5 设置的

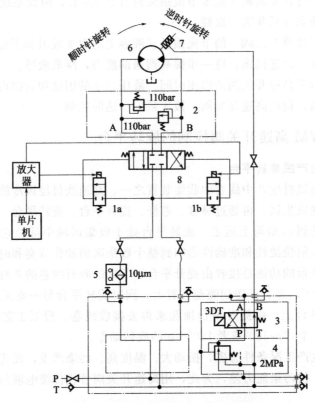

图 3-83 高速开关阀控液压系统原理

1—高速开关阀；2—溢流阀；3—电磁换向阀；4—减压阀；5—滤油器；
6—液压马达；7—制动装置；8—液动换向阀

目的是保证进入比例阀的压力油的清洁度，防止因油液的不清洁而影响比例阀的工作性能，确保比例阀正常工作。设置的过滤精度为 $10\mu m$。为了防止滤芯堵塞时压差过大而致滤芯损坏，装有一个压差报警开关。

(3) 结论

① 旋转平台作顺时针 $0°\sim180°$ 和逆时针 $180°\sim0°$ 旋转。速度的控制是通过控制液动换向阀的开口量的流量的大小。

② 通过反馈及电控系统，液压元件确保执行部件的定位误差 $\leqslant0.25°$。

③ 高速开关阀在旋转平台回转定位液压系统中能达到良好的效果，使得线卷的收集得到提高。由于高速开关阀具有对油质要求与一般工业阀相同、价格低、阀内压力损失较低、效率高、性能可满足大部分工业阀要求等许多优点，因此它是一种很适合与旋转平台配套使用的新型电液转换元件，应用前景广阔。

3.6 高速开关式数字液压阀及其阀控系统发展和展望

3.6.1 高速开关式数字液压阀的发展历程

数字阀的出现是液压阀技术发展的最典型代表，其极大提高了控制的灵活性，它直接与计算机连接，无需 D/A 转换元件，机械加工相对容易，成本低、功耗小，且对油液不敏感。

（1）数字阀

从数字液压阀的发展历程可以将数字阀的研究分为两个方向：增量式数字阀与高速开关式数字阀。增量式数字阀将步进电动机与液压阀相结合，脉冲信号通过驱动器使步进电动机动作，步进电动机输出与脉冲数成正比的步距角，再转换成液压阀阀芯的位移。20 世纪末是增量式数字阀发展的黄金时期，以日本东京计器公司生产的数字调速阀为代表，国内外很多科研机构与工业界都相继推出了增量式数字阀产品。然而，受制于步进电动机低频、失步的局限性，增量式数字阀并非目前研究的热点。

高速开关式数字阀一直在全开或者全闭的工作状态下，因此压力损失较小、能耗低、对油液污染不敏感。相对于传统伺服比例阀，高速开关阀能直接将 ON/OFF 数字信号转化成流量信号，使得数字信号直接与液压系统结合。近些年来，高速开关式数字阀一直是行业研究热点，主要集中在电-机械执行器、高速开关阀阀体结构优化及创新、高速开关阀并联阀岛以及高速开关阀新应用等方面。

（2）高速开关电-机械执行器

20 世纪中期开始，对于高速开关电磁铁的研究就一直是高速开关阀研究的重点。英国LUCAS 公司，美国福特公司，日本 Diesel Kiki 公司，加拿大多伦多大学等对传统 E 型电磁铁进行改进，提高了电磁力与响应速度。浙江大学研发了一种并联电磁铁线圈提高电磁力。试验显示电磁铁的开关转换时间与延迟都得到了明显的缩短。芬兰 Aalto 工程大学（Aalto University School of Engineering）研究了 5 种软磁材料用于电磁铁线圈的效果以及不同的匝数及尺寸对驱动力的影响。奥地利林茨大学（Johannes Kepler University Linz）对因加工误差、摩擦力和装配倾斜造成的电磁铁性能差异进行了详细的分析。

超磁滞伸缩材料与压电晶体材料的应用为高速开关阀的研发提供了新的思路。瑞典用超磁致伸缩材料开发了一款高速燃料喷射阀。通过控制驱动线圈的电流，使超磁滞伸缩棒产生伸缩位移，直接驱动使阀口开启或关闭，达到控制燃料液体流动的目的。这种结构省去了机械部件的连接，实现燃料和排气系统快速、精确的无级控制。超磁致伸缩材料对温度敏感，应用时需要设计相应的热抑制装置和热补偿装置。中国航天科技集团公司利用 PZT 材料锆钛酸铅二元系压电陶瓷的逆压电效应，研发了一款由 PZT 压电材料制作的超高速开关阀，如图 3-84 所示。该阀在额定压力 10MPa 下流量为8L/min，打开关闭时间均小于 1.7ms。压电材料脆性大，成本高，输出位移小，容易受温度影响，因此其运

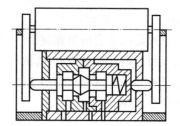

图 3-84　PZT 超高速开关阀结构示意图

用受到限制。浙江大学欧阳小平等与南京工程学院许有熊等就压电高速开关阀大流量输出和疲劳强度问题设计了新的结构，并进行了仿真与实验分析。

美国 Purdue 大学研制了一种创新型的高速开关阀电-机械执行器 ECA（Energy coupling actuator），如图 3-85 所示。其包括一个持续运动的转盘和一个压电晶体耦合装置。转盘一直在顺时针运动，通过左右两个耦合机构分时耦合控制主阀芯的启闭。试验表明 5ms内达到 2mm 的输出行程。

（3）高速开关阀阀体结构优化与创新

高速开关阀常用的阀芯结构为球阀式和锥阀式。浙江大学周盛研究了不同阀芯阀体结构

液动力的影响及补偿方法。通过对阀口射流流场进行试验研究，对流场内气穴现象及压力分布进行了观测和测量。美国 BKM 公司与贵州红林机械有限公司合作研发生产了一种螺纹插装式的高速开关阀（HSV），使用球阀结构，通过液压力实现衔铁的复位，避免弹簧复位时由于疲劳带来复位失效的影响。推杆与分离销可以调节球阀开度，且具有自动对中功能。该阀采用脉宽调制信号（占空比为 20%～80%）控制，压力最高可达 20MPa，流量为 2～9L/min，启闭时间≤3.5ms。该高速开关阀代表了国内产业化高速开关阀的先进水平，如图 3-86 所示。

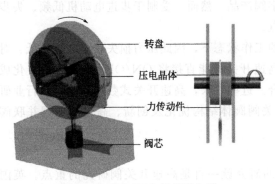
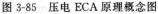

图 3-85　压电 ECA 原理概念图

图 3-86　红林 HSV 高速开关阀

美国 Caterpillar 公司研发了一款锥阀式高速开关阀，如图 3-87 所示。该阀的阀芯设计为中空结构，降低了运动质量，提高了响应速度与加速度。其将复位弹簧从衔铁位置移动至阀芯中间部位，使得阀芯在尾部受到电磁力，中间部位受到弹簧回复力，在运动过程中更加稳定。但是此设计使得阀芯前后座有较高的同轴度要求，初始气隙与阀芯行程调节较难，加工难度高，制造成本大。该阀开启、关闭时间为 1ms 左右，目前已经在电控燃油喷射系统中得到运用。美国 Sturman Industries 公司开发了基于数字阀的电喷系统，其系统所用高速开关阀最小响应时间可达 0.15ms。

除了采用传统结构的高速开关阀，新型的数字阀结构也是研究的重点。明尼苏达大学（University of Minnesota）设计了一种通过 PWM 信号控制的高速开关转阀，如图 3-88 所示。该阀的阀芯表面呈螺旋形，PWM 信号与阀芯的转速成比例。传统直线运动阀芯运动需要克服阀芯惯性而造成电-机械转换器功率较大，而该阀的驱动功率与阀芯行程无关。从试验结果可知，在试验压力小于 10MPa 的情况下，该阀流量可以达到 40L/min，频响 100Hz，驱动功率 30W。

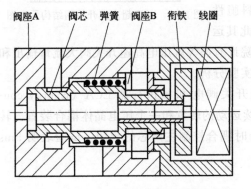

图 3-87　Caterpillar 公司的锥阀式高速开关阀

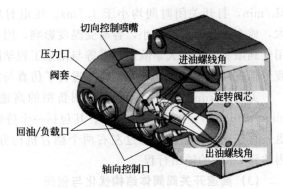

图 3-88　高速开关转阀

（4）高速开关阀并联阀岛

由于阀芯质量、液动力和频响之间的相互制约关系，单独的高速开关阀都面临着压力低、流量小的限制，在挖掘机、起重机工程机械上应用还具有一定的局限性。为解决在大流量场合情况下的应用问题，国外研究机构提出了使用多个高速开关阀并联控制流量的数字阀岛结构。

坦佩雷理工大学（Tampere University of Technology）研究的 SMISMO 系统。采用 4×5 个螺纹插装式开关阀控制一个执行器，使油路 P-A、P-B、A-T、B-T 处于完全可控状态，每个油路包含 5 个高速开关阀，每个高速开关阀后有大小不同的节流孔，如图 3-89 所示。通过控制高速开关阀启闭的逻辑组合，实现对流量的控制。通过仿真和实验研究，采用 SMISMO 的液压系统更加节能。

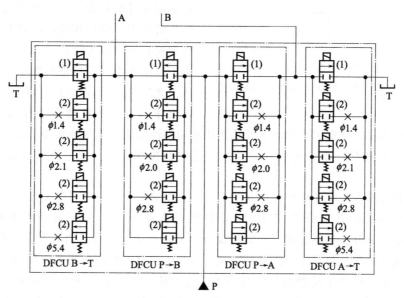

图 3-89　SMISMO 系统原理图

由此发展的 DVS（Digital hydraulic Valve System）将数个高速开关阀集成标准接口的阀岛，如图 3-90 所示。其采用层合板技术，把数百层 2mm 厚的钢板电镀后热处理熔合，解决了高速开关阀与标准液压阀接口匹配的问题。已经成功地在一个阀岛上最高集成 64 个高速开关阀。关于数字并联阀岛，最新的研究进展关注在数字阀系统的容错及系统中单阀的故障对系统性能的影响。

（5）高速开关阀应用新领域

高速开关阀的快速性和灵活性使得其迅速应用在工业领域。目前在汽车燃油发动机喷射、ABS 刹车系统、车身悬架控制以及电网的切断中，高速开关阀都有着广泛的应用。维也纳技术大学（Vienna University of Technology）将高速开关阀应用于汽车的阻尼器中，分析了采用并联和串联方案的区别。并且通过实验与传统阻尼器的性能进行对比，比较结果说明了数字阀应用的优点。

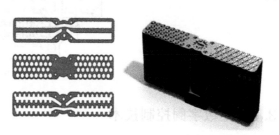

图 3-90　数字阀层板与集成阀岛

英国巴斯大学（University of Bath）利用流体的可压缩性以及管路的感抗效应建立了 SID（Switched Inertance Device）以及 SIHS 系统。其最主要的元件为二位三通高速开关阀和一细长管路，如图 3-91 所示。SIHS 系统有两种模式：流量提升和压力提升。压力的升高对应流量的减小，反之流量的增加对应压力的降低。在流量提升时，首先是高压端与工作油口连通使得在细长管路内的流体速度升高。高速开关阀此时快速切换使得低压端与工作油口连通，因为细长管在液压回路中呈感性，会将流量从低压端拉入细长管，实现提高流量降低压力的效果。对于压力提升，供油端通过细长管与高速开关阀相连。初始细长管与工作油口相连，高速开关阀换向使得细长管的出口连接回油端。因回油压力远小于供油压力，此时细长管中的流体开始加速。此后再将高速开关阀切换到初始位置，因流体的可压缩性使得工作油口的压力升高。

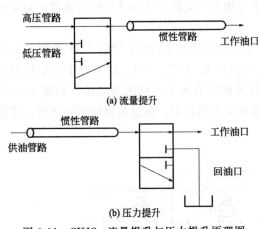

图 3-91　SIHS：流量提升与压力提升原理图

通过仿真和实验证实了使用高速开关阀快速切换性带来压力和流量提升的正确性。功率分析结果与实验表明，如果进一步提高参数优化和控制方式，此方案能够提升液压传动效率。

将高速开关阀作为先导级控制主阀的运动，获得高压大流量是目前工业界研究和推广的重点。Sauer-Danfoss 公司开发了 PVU 系列比例多路阀，其先导阀采用电液控制模块（PVE），将电子元件、传感器和驱动器集成为一个独立单元，然后直接和比例阀阀体相连。电液控制模块（PVE）包含 4 个高速开关阀组成液压桥路，控制主阀芯两控制腔的压力。通过检测主阀芯的位移产生反馈信号，与输入信号做比较，调节 4 个高速开关阀信号的占空比。主阀芯到达所需位置，调制停止，阀芯位置被锁定。电液控制模块（PVE）控制先导压力为 13.5×10^5 Pa，额定开启时间为 150 ms，关闭时间为 90ms，流量为 5L/min。

Parker 公司所生产的 VPL 系列多路阀同样采用这种先导高速开关阀方案，区别是使用两个二位三通高速开关阀作为先导，如图 3-92 所示。其先导控制采用 PWM 信号，额定电压/电流为 12V/430mA 或 24V/370mA，控制频率为 33Hz。

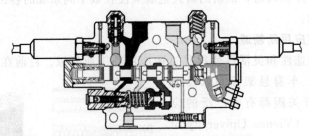

图 3-92　Parker 公司 VPL 系列多路阀

3.6.2　数字阀控制技术

阀控液压系统依靠控制阀的开口来控制执行液压元件的速度。液压阀从早期的手动阀到电磁换向阀，再到比例阀和伺服阀。电液比例控制技术的发展与普及，使工程系统的控制技术进入了现代控制工程的行列，构成电液比例技术的液压元件，也在此基础上有了进一步发展。传统液压阀容易受到负载或者油源压力波动的影响。针对此问题，负载敏感技术利用压力补偿器保持阀口压差近似不变，系统压力总是和最高负载压力相适应，最大限度地降低能耗。多路阀的负载敏感系统在执行机构需求流量超过泵的最大流量时不能实现多缸同时操作，抗流量饱和技术通过各联压力补偿器的压差同时变化实现各联负载工作速度保持原设定比例不变。

数字阀的出现，其与传感器、微处理器的紧密结合大大增加了系统的自由度，使阀控系统能够更灵活地结合多种控制方式。

数字阀的控制、反馈信号均为电信号，因此无须额外梭阀组或者压力补偿器等液压元件，系统的压力流量参数实时反馈控制器，应用电液流量匹配控制技术，根据阀的信号控制泵的排量。电液流量匹配控制系统由流量需求命令元件、流量消耗元件执行机构、流量分配元件数字阀、流量产生元件电控变量泵和流量计算元件控制器等组成。电液流量匹配控制技术采用泵阀同步并行控制的方式，可以基本消除传统负载敏感系统控制中泵滞后阀的现象。电液流量匹配控制系统致力于结合传统机液负载敏感系统、电液负载敏感系统和正流量控制系统各自的优点，充分发挥电液控制系统的柔性和灵活性，提高系统的阻尼特性、节能性和响应操控性。

相对于传统液压阀阀芯进出口联动调节，出油口靠平衡阀或单向节流阀形成背压而带来的灵活性差、能耗高的缺点，目前国内外研究的高速开关式数字阀基本都使用负载口独立控制技术，从而实现进出油口的压力、流量分别调节。瑞典林雪平大学（Linköping University）的 Jan Ove Palmberg 教授根据 Backe 教授的插装阀控制理论首先提出负载口独立控制（Separate controls of meter-in and meter-out orifices）概念。在液压执行机构的每一侧用一个三位三通电液比例滑阀控制执行器的速度或者压力。通过对两腔压力的解耦，实现控制目标速度控制。此外，在负载口独立方向阀控制器设计上，采用 LQU 最优控制方法。在其应用于起重机液压系统的试验中获得了良好的压力和速度控制性能。丹麦的奥尔堡大学（Aalborg Universitet）研究了独立控制策略以及阀的结构参数对负载口独立控制性能的影响。美国普渡大学（Purdue University）用 5 个锥阀组合，研究了鲁棒自适应控制策略实现轨迹跟踪控制和节能控制。其中 4 个锥阀实现负载口独立控制功能，一个中间锥阀实现流量再生功能。德国德累斯顿工业大学（Technical University of Dresden）在执行器的负载口两边分别使用一个比例方向阀和一个开关阀的结构，并研究了阀组的并联串联以及控制参数对执行器性能的影响。德国亚琛工业大学（RWTH Aachen University）研究了负载口独立控制的各种方式，并提出了一种单边出口控制策略。美国明尼苏达大学（University of Minnesota）设计了双阀芯结构的负载口独立控制阀，并对其建立了非线性的数学模型和仿真。国内学者从 20 世纪 90 年代开始对负载口独立控制技术进行深入研究，浙江大学、中南大学、太原理工大学、太原科技大学、北京理工大学等均在此技术研究与工程应用方面取得相关进展。

负载口独立控制系统，如图 3-93 所示，其优点主要体现在：负载口独立系统进出口阀芯可以分别控制，因此可以通过增大出口阀阀口开度，降低背腔压力，以减小节流损失；由于控制的自由度增加，可根据负载工况实时修改控制策略，所有工作点均可达到最佳控制性能与节能效果；使用负载口独立控制液压阀可以方便替代多种阀的功能，使得液压系统中使用的阀种类减少。

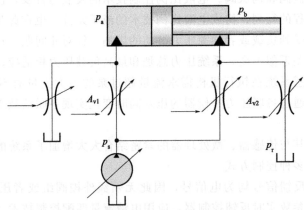

图 3-93 负载口独立控制系统原理图

电液比例控制技术、电液负载敏感技术、电液流量匹配控制技术与负载口独立控制技术的研究和应用进一步提高了液压阀的控制精度和节能性。数字液压阀的发展必然会与这些阀控技术相结合以提高控制的精确性和灵活性。

3.6.3 可编程阀控单元

以高速开关阀为代表的数字流量控制技术采用数字信号控制阀或者阀组，使得阀控系统输出与控制信号相应的离散流量。高速开关阀只有全开和全关两种状态，节流损失大大减小；增加了控制的灵活性和功能性；阀口开度固定，对油液污染的敏感度降低。然而，正因为这些特性，这种数字阀要大规模地应用于工业，还有许多问题需要解决：首先，高速开关阀在开启和关闭的瞬间，对系统造成压力尖峰和流量脉动，执行器的运动出现不连续的现象。其次，高速开关阀的响应必须进一步提高，稳定长时间的切换寿命也是必需的。第三，在数字阀岛的应用中，所选择的高速开关阀的启闭需要同步。在数字流量控制技术发展成熟之前，国外一些厂家综合了数字信号控制的灵活性以及比例阀在高压大流量工业场合的成熟应用，开发出阀内自带压力流量检测方式，结合电液流量匹配控制技术与负载口独立控制技术，阀的功能依靠计算机编程实现的可编程阀控单元（Programmable Valve Control Unit）。

Husco 公司研发了采用螺纹插装阀结构的 EHPV 液压阀，采用双向二位控制阀，且带压力补偿机构，如图 3-94 所示。通过 4 个阀组形成的液压桥式回路控制执行器端口的运动状态。该阀使用 CANJ 1939 总线进行信号的传递和控制，可以根据操作者的指令，通过执行器端口的压力来调节阀的开度。使用该阀可以省去平衡阀组，使得系统的控制功能增加。在复杂运动控制中，采用协调控制算法，提高了操作者的操作效率。EHPV 的 PWM 控制信号频率为 100Hz，额定压力为 350×10^5 Pa，有 75L/min、150L/min 和 800L/min 三种规格。佐治亚理工学院（Georgia Institute of Technology）的 Amir Shenouda 对其应用在小型挖掘机上的性能进行了实验。其实验特点在于，将装有插装阀阀组的集成阀块安装在近执行器端，避免了液压管路对控制系统的影响和液压容腔对控制性能的延迟作用。对于 EHPV 可编程阀在流量模式切换上和节能性方面的优点给予了理论和实验证明。另外，此系列阀还应用于 JLG 公司的登高车上，并进行了系列化生产，动臂下降速度增加 12%，泄漏点减少 27%，流量增加 25%，系统稳定性增加。

虽然可编程阀控单元（Programmable Valve Control Unit）并不能算严格意义上的数字

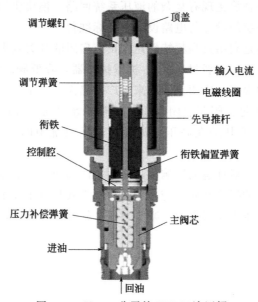

图 3-94　Husco 公司的 EHPV 液压阀

阀，但其采用数字信号直接控制，能够实现高压大流量的应用。内置传感器且与数字控制器相配合使用。通过程序，可以自主的决定阀的功能，使得多种多样的功能阀和先导阀可以用同一种阀控单元的形式替代。在数字液压元件真正产业化之前，是现有工业应用升级换代和研究的重要方向。对于可编程阀控单元的研究，目前的研究重点在于：①嵌入式传感器技术与数字信号处理技术；②控制策略开发与传统功能阀等效技术；③负载功率匹配和多执行器流量分配控制技术。

3.6.4　数字液压阀发展展望

　　液压阀经历了如图 3-95 所示的发展历程，从最开始手动控制只有油路切换功能的液压阀到采用数字信号能够进行压力流量闭环控制的可编程阀再到流量离散化的数字阀，这些元件的产生是液压、机械、电子、材料、控制等学科交叉发展的结果。而液压阀的智能化与数字化又增进了工业设备及工程机械的自动化、控制智能化，提高了能量利用效率。

　　数字阀的发展和应用可以使从事液压领域工作的技术人员和研究人员从复杂的机械结构和液压流道中解放出来，专注于液压功能和控制性能的实现。与传感器及控制器相结合，可

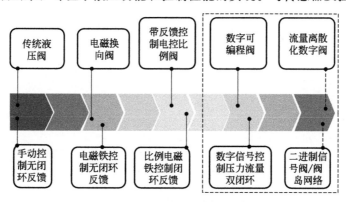

图 3-95　液压阀的发展历程

以通过程序与数字阀的组合简化现有复杂的液压系统回路。模块化的数字阀需要其参数、规格与接口统一，让液压系统的设计与电路设计一样标准化。

数字阀的重要应用就是利用其高频特性达到快速启闭的开关效果或者生成相对连续的压力和流量。目前，采用新形式、新材料的电-机械执行器，降低阀芯质量和合理的信号控制方式，使得数字阀的频响提高，应用范围越来越广。然而，对于高压力、大流量系统，普遍存在电-机械转换器推力不足、阀芯启闭时间存在滞环等问题。因此，在确保数字阀稳定性的情况下如何提高响应，尤其是在高压大流量的液压系统中的使用一直是数字阀的研究重点。

工业界能量利用效率、对环境的影响都是亟须关注的问题。液压传动的效率并不高，但这也恰恰说明其具有较大的提升空间。与新型的控制方式与电子技术相结合，数字阀工作的过程可以监控其工作端的压力流量参数、减少背压、根据工况反馈调节泵参数甚至发动机的参数，以达到节能效果。

第**4**章

智能液压元件及应用

4.1 智能液压元件概述

液压技术是传动与控制不可或缺的技术，日益受到重视。在大功率、体积限制严、特殊场合或电难以获得的领域（如风能、海洋能、太阳能、工程机械、海洋装备、航空航天、机器人等）无可替代。

4.1.1 液压技术的发展

液压技术的发展与人类社会工业的发展是一脉相承的。

表 4-1 所示为工业革命与液压行业的关系，可以看到：

① 液压技术的发展阶段完全与历次工业革命阶段同步，几乎一致。这也证明行业的发展离不开整个工业的发展趋势。

②"液压 2.0"是油液压时代，就技术而言已经成熟。

③"液压 3.0"是液压与信息自动化相联系产品与技术手段发展的时代，就是液电一体化的时代。这一时代的典型产品就是比例阀、电子泵、电液泵、数字阀、数字缸等等。

④"液压 4.0"的时代已经来到。对于液压行业而言，"液压 4.0"包括三大部分：液压智能生产、液压智能工厂、液压智能元件以及液压智能服务。

表 4-1 工业革命与液压行业的关系

工业时代	年代	核心创新技术	工业生产效果	液压时代	年代	核心创新技术	行业效果
工业 1.0 机械化	18 世纪末	蒸汽机	机械化	液压 1.0 低压水液压	1795 年	水压机及其 低压元件	液压应用主机
工业 2.0 电气自动化	20 世纪初	电力	电气化形成 的自动化	液压 2.0 油液压	20 世纪初	油介质元件	现代液压元件
工业 3.0 信息自动化	20 世纪 70 年代	电子与 IT	机电一体化 与信息化形 成的自动化	液压 3.0 液电一体化	20 世纪 70 年代后	液电一体化、比例控制元件 与数字元件	电液比例控制 元件、高速开关 等数字元件

工业时代	年代	核心创新技术	工业生产效果	液压时代	年代	核心创新技术	行业效果
工业 4.0 智能自动化	2011 年	物联网(信息 物理系统)	由移动物联网、 云计算与大 数据形成的 智能化 生产与工厂	液压 4.0 网控液压＋高 压水液压	2000 年	总线控制元件 系统、高压 水压元件	智能液气件 生产、智能液 压件工厂、智 能液气元件

4.1.2 智能液压元件的特点

液压智能元件一般需要具备三种基本功能：

液压元件主体功能；

液压元件性能的控制功能；

对液压元件性能服务的总线及其通信功能。

实际上它是在原有液压元件的基础上，将传感器、检测与控制电路、保护电路及故障自诊断电路集成为一体并具有功率输出的器件。这样它可替代人工的干预来完成元件的性能调节、控制与故障处理功能。其中可能包括压力、流量、电压、电流、温度、位置等性能参数，甚至包括瞬态性能的监督与保护，从而提高系统的稳定性与可靠性。从结构上看液压智能元件具有体积小、重量轻、性能好、抗干扰能力强、使用寿命长等显著优点。在智能电控模块上，往往采用微电子技术和先进的制造工艺，将它们尽可能采用嵌入式组装成一体，再与液压主体元件连接。

智能液压元件技术是成熟的，工程实施是可以进行的，但是作为元件增加的功能无疑会对现有液压行业提出极大的挑战。这个挑战来自技术、人员素质、上下游关系与经营理念等等。因此必须不断通过创新解决面临的液压技术智能化的新问题。

(1) 智能液压元件的主体

智能液压元件与传统液压无智能元件主体在原理上可以完全相同，在结构上也可以基本相同。所不同的是智能液压元件往往要将微处理器嵌入在元件中，因此结构需要有所适应而变化。同时，现在也在发展更适合发挥液压元件智能作用的新结构，元件的功能与外形甚至都会有所改变。

智能液压元件必须是机电一体化为基体的元件，智能液压元件一定具有电动或电子器件在内，与此同时还必须具备嵌入式微处理器在内的电控板或电控器件，以及在元件主体内部的传感器。实际上，一个元件也就是一个完整的具有闭环自主调整分散控制的控制系统。

以 Danfoss 的 PVG 比例多路阀为例，这是一款 20 世纪开发，在市场有一定占有率的比较有代表性的智能液压元件，如图 4-1 所示。

(2) 智能液压元件的控制功能与特点

在一般液压比例元件的基础上，带有电控驱动放大器配套，归属于电液控制元件。这种元件的比例控制驱动放大器是外置的。这就是液压 3.0 时代的产品。

将控制驱动放大器与一个带有嵌入式微处理器的控制板组合并嵌入液压主元件体内形成一个整体，这样这个元件就具有分散控制的智能性。从而带来下列好处：减少外接线，无须维护，降低安装与维护成本，简化施工设计，免除电磁兼容问题；可以故障自诊断自监测；

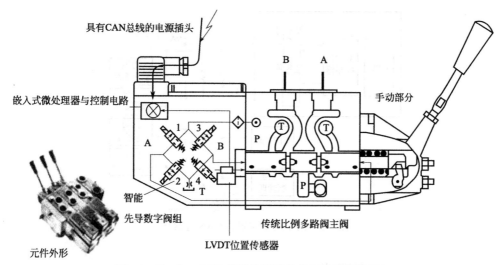

图 4-1　Danfoss PVG 智能液压元件的组成与智能阀组

可以进行控制性能参数的选择与调整，能源可管理，仅在需要时提供能源；可以快速插接并通过软件轻易获得有关信号值；可以通过软件轻易地设置元件或系统参数等。这样一来，智能元件就将传统集中控制的方式，转变成为分散式控制系统。不仅实现了智能控制功能，系统设置也是柔性的，通信连接采用标准的广泛应用的 CAN 总线协议，外接线减到最少，系统是可编程、可故障诊断的。这种演变从 20 世纪的 80 年代就开始了，现在已经在液压元件上采用了较长时间，结构、外形、质量、性能等各方面都比较成熟。

智能液压元件在控制与调节功能上与传统的液电一体化产品相比，有相同的地方，如流量调节、斜坡发生调节、速度控制、闭环速度控制、闭环位置控制与死区调节等，但性能参数会有提高，这包括控制精度的提高、CAN 总线的采用、故障监控与报警电路等。例如PVG 阀的比例控制的滞环可以降低到 0.2％（一般可能 3％～5％）。在故障监控上，具有输入信号监控、传感器监控、闭环监控、内部时钟。

(3) 对液压元件性能服务的总线及其通信功能

智能液压元件的分散控制的智能性表现在它不仅可以有驱动电流以及电信号的输入，也可以有信息输出。由于元件部分增加了需要的传感器，因此液压元件具有自检测与自控制、自保护及故障自诊断功能，并具有功率输出的器件。这样它可替代人工的手动干预来完成元件的性能调节、控制与故障处理功能。其中可能包括压力、流量、电压、电流、温度、位置等性能参数的监控，甚至包括瞬态性能的监督与保护，从而提高系统的稳定性与可靠性。这里一些传感器是根据液压元件的特点与特性开发出来的，体积小、适合液压元件应用，诸如溅射薄膜压力传感器就是其中的一种。

图 4-2 所示为汽车控制 CAN 连接，液压智能元件 CAN 连接与其相近。

(4) 智能液压元件配套的控制器与软件

智能液压元件在系统中的使用与传统元件是完全一样的。但是它的性能参数的设置、调整等需要通过外设进行，这些外设可以是公司专设的控制器或者一般的 PC 机，但都需要该产品所对应的该公司提供开发软件系统。

图 4-3 所示为智能元件配套控制器与软件。智能液压元件需要该厂商提供相应的控制器与配套软件，用来进行对该元件的设置、控制以及监控等。这部分是对应于该系列元件或该

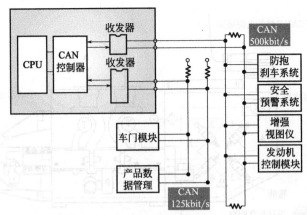

图 4-2　用于汽车控制的 CAN 连接图

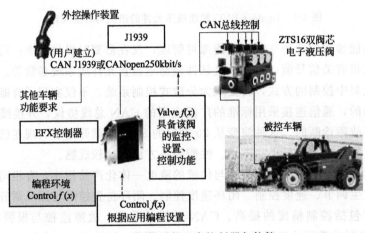

图 4-3　智能元件配套控制器与软件

公司同类型智能元件的，因此对用户而言，可以只购买一次即可以用于相应所有同类型元件进行设置等功能。

4.1.3　智能液压元件应用的效益

当前人类的技术发展已经进入了智能化的阶段，对于简单重复性的劳动，随着社会发展与人员素质的提高，人类也乐意采用智能自动化，因此形成了工业向智能化发展的工业革命。但是在此过程中，要用更大的经济代价来换取这种生产方式还存在不少难点。例如人们还在意价格战，就对智能装备的采用产生困惑，还有人们追求的是采购成本还是运营成本会对智能的采用产生决定性影响。因此这种效益的比较还需要人们用更多的创新去解决。

采用智能元件，不论用户还是生产商，都能获得效益。

对于用户来讲，采用上述的智能元件显示得到了更多更好更符合工况的功能，例如采用上述比例阀，会增加不少功能，对双阀芯电子液压阀而言，可以实现挖掘机铲斗振动、电子换挡、水平挖掘、软掘、抗流量饱和等，还可以实现高低速自动换挡、多级恒功率控制、熄火铲斗下降、无线遥控、自动程序动作等。这些功能最后表现的是发动机与液压系统功率的匹配，节能在 15%～20% 以上。

智能化给用户带来的是两方面的利益。在功能上更全面更有效率。在经济上，主机运转工作效率的提高，节省了工时即人力成本；机器消耗能量的降低，即耗油量的降低，节省了运营成本。另外则是机器提高了安全可靠性，降低了不可预计的故障产生的额外成本。

对于生产商来说，也能获得多方面的效益。

首先是电控智能使主机的性能提高通过控制方面来解决，而不是过去只能通过机械或机械加工的方面解决。

由于采用开放式电控平台，方便了面向个体需求的设计，降低了设计成本；由于采用分散式的控制方式，系统能实现动态可变参数配置，系统运行更可靠，调试更灵活，调试维修成本更低；由于采用 CAN 总线后电控接线更简单，省线、省查、省工时，可以取消传统控制必需的接线箱，提高了生产效率，降低了劳动强度与难度，降低了人力成本与采购成本；由于采用总线，不仅电控布线简单易行，而且硬件管路的放置也更加灵活，便于安装，可以降低安装成本；由于故障的便捷诊断与远程维护，降低了售后服务成本；产品开发方便快捷，可以个性化定制，降低了营销成本，增加了市场的竞争性。

4.2 智能液压阀及应用

随着数字技术的飞速发展，以及 PLC、DCS 和 FCS 三大控制系统在工业自动化中的广泛应用，智能液压元件作为机电一体化的器件也随着电子技术及自动控制的进步得到不断发展。

4.2.1 DSV 型数字智能阀

瑞士万福乐公司推出了数字智能阀（Digital Smart Valve，DSV），如图 4-4 与图 4-5 所示。之所以称它为数字智能阀，是因为此阀可在最小的允许空间内放置一块数字式控制器，这是迄今为止市场上能见到的结构最紧凑的控制模块，其结构尺寸只相当于普通电子控制器的一半。用户可以在不进行任何调整和设置的情况下直接安装使用，而且这种产品还具有自诊断及动作状态显示的功能。

图 4-4 型号：DNVPM22-25-24VA-1　　　　图 4-5 型号：BVWS4Z41a-08-24A-1

这种液压阀具备的特点：

① 即插即用，具有简便的使用性能且易于更换。

② 便于实现设备的平稳精确控制。

③ 高质量，具有极高的操作可靠性能。

④ 自检测元部件操作状态诊断功能。

新型智能控制模块扩充了瑞士万福乐公司的产品系列，此模块可以适配万福乐的各种比例阀。这种智能电子控制器拥有许多优点，内置此种控制器的比例阀在出厂前经过统一设置和调整，使相同型号的产品具备完全相同的工作特性。由于这种控制器的结构紧凑、采用超薄设计、可与四通径阀结合，因此，万福乐即可为客户提供较为完美的微型液压元件。

另外，万福乐公司也是目前唯一一家可提供 M22 和 M33 内置数字放大器的螺纹插装式比例阀生产厂商，此系列产品专为固定式模块系统及移动液压系统而特殊设计。

DSV（数字智能阀）适用于各种用途。例如，在林业设备或装载机械中控制比例换向阀；也可用于在液压电梯、升降平台或叉车的液压系统中，对升降运动进行平稳的控制；或者在风力发机的设备上控制叶轮的转角。板式结构的 DSV 阀还可为各种机床提供开环的比例方向控制、比例节流或比例流量控制。

另外，此阀应用在简单的位置控制系统中，外部控制器可以非常容易地操纵此阀。此阀还具有多种适配功能，比例阀操作状态诊断可通过简洁的基于 Windows 模式下的参数控制软件——PASO 轻松实现。

因为控制软件可以根据客户的特殊需求及实际工况条件任意进行修改，故万福乐的比例阀配合内置数字式控制器依然保留着灵活的特性。另外，此控制器还允许扩展传感器读值的功能，例如，在通风系统中作温度控制或对油缸的压力进行监控等特殊功能。

万福乐公司开发的数字智能阀使比例阀的发展和应用上升到一新的台阶。应用 DSV 数字智能阀的客户无须了解元件的详细原理，只需要将其安装到系统上，即可直接享有 DSV 提供的功能。

4.2.2 数字阀 PCC 可编程智能调速器在水电站中的应用

数字阀 PCC 可编程智能调速器用于水轮机调速，电气部分以 PCC 可编程计算机控制器为核心，软件采用高级语言。电气液压转换部件采用电磁球阀，液压放大元件采用二通插装阀，采用无杠杆，无明管路结构。该型调速器调试简单，维护方便，具有先进的技术性能和高可靠性。

4.2.2.1 数字阀 PCC 可编程智能调速器

结合水轮机调速器的特殊性，ZFST-100 型数字阀 PCC 可编程智能调速器，选用不同于常规 PLC 的新一代可编程控制产品——PCC，即从贝加莱公司（B&R）进口的可编程计算机控制器 B&R2003。它面向自动化过程，而不是面向继电器逻辑电路仿真，这就是 B&R2003 的理念。PCC 代表着一个全新的控制概念，它集成了可编程逻辑控制器（PLC）的标准控制功能和工业计算机的分时多任务操作系统功能。它能方便地处理开关量，模拟量，进行回路调节。并能用高级语言编程，具备大型机的分析运算能力。其硬件具有独特新颖的插拔式模块结构，可使系统得到灵活多样的扩展和组合。软件也具备模块结构，系统扩展时只需在原有基础上叠加运用软件模块。CPU 运行效率高，用户存储器容量大。这些优越性都为智能式水轮机调速器提供了强有力的资源保证。

在电气-机械转换方面，采用电磁球阀替代电液转换器；在放大级采用二通插装阀替代主配压阀。调速器从总体上降低了对油质的要求，从根本上避免了电液转换器发卡的弊病。

由于数字阀技术采用高速电磁球阀为先导阀，以二通插装阀为主阀，而且插装阀的密封形式为锥阀，因此数字阀又具有液压锁的功能，有效地避免了接力器的漂移，因此主接力器无须机械反馈。所以数字阀调速器在漾头水电站的应用，可以以最小的改动，达到整机改造的目的。由于该系统的先导电磁球阀又具有手动阀及事故阀的功能，简化了调速器内部结构，从结构上简化了整个调速系统。所以该型调速器实现了真正意义上的无杠杆，无管路。在结构上采用集成块的形式，外形简洁明快，可靠性极高，性能优良。由于无须机械反馈，该型调速器在机组的布置上可不受任何限制，厂房整齐美观。

(1) 主要特点

① 全新的控制理念。采用不同于常规 PLC 的新一代可编程计算机控制器——PCC，面向控制过程，能采用高级语言，分析运算能力强，在同一 CPU 中能同时运行不同程序。程序运行时仅扫描部分程序，效率很高。

② 全 PCC 化，具有极高的可靠性。从输入到输出，从测频到控制脉冲等各环节均实现了 PCC 化。PCC 的平均无故障时间 MTBF 高达 50 万小时，即 57 年。常规 PLC 的平均无故障时间 MTBF 为 30 万小时。

③ 多任务的优点。在传统 PLC 中，并行处理是靠程序扫描来完成的。但事实上多任务才是并行处理的逻辑表达式，更简单直接的方法就是采用多任务技术。PCC 恰恰可以满足这种需求，当某一任务在等待时，其他任务仍可继续执行，非其他常规 PLC 可以比拟。

④ 智能型调速器。采用自适应式变结构，变参数并联 PID 调节。自动识别电网的性质，并自动适应电站的各种特殊运行方式，如孤网运行，及由大电网解列为小电网运行的突变负荷等特殊情况，均可保证机组稳定运行。人性化设计，具有很强的自诊断、防错、纠错及容错功能。

⑤ 采用 PCC 高速计数模块（HSC）测频。PCC 高达 6.3MHz 的计数频率，具有很高的测频精度和可靠性，从而使调速器的输入通道-测频环节的可靠性有了根本保证。

⑥ 由 PCC 实现信号综合及控制脉冲的输出。调节器的电气开度（数字信号），和转换为数字信号的接力器实际位移由 PCC 内部进行综合比较，输出控制脉冲信号，经功率放大后，直接驱动先导电磁阀。充分发挥了 PCC 多任务的功能。

⑦ 联网方便。具有 RS232 或 RS485 通信接口，可以方便地实现人机对话及与上位机通信，提高了电站的自动化水平。

⑧ 调节模式灵活。可实现频率调节、开度调节、功率调节，并可实现调节模式间的无扰动切换。

⑨ PCC 的大内存，为智能型调速器提供了资源保证。用户内存：1.5MBflashpROM，远大于常规 PLC10KB 左右的内存。

⑩ 采用电磁球阀作为电液转换元件。彻底解决了常规调速器电液转换元件油污发卡的问题，使电站可以实现完全可靠的自动运行。

⑪ 具有故障锁定的功能。由于数字阀只有通/断两个状态，且数字阀采用锥阀密封可以保证在 31.5MPa 下无泄漏，所以数字阀又具有液压锁的功能，因此该系列调速器在测频信号消失及断电等情况下，具有故障锁定的功能。

⑫ 无杠杆结构。该系列调速器采用了数字阀液压随动系统，自动时有电气反馈，手动无需反馈，因此取消了杠杆，消除了因为杠杆造成的死区，提高了调速系统的精度，而且无管路、结构简单、美观。

⑬ 友好的人机界面。采用触摸屏作为人机界面，画面美观逼真，全中文显示，操作方便，可以同时显示很多信息。

⑭ 维护简单调试方便。由于PCC的高度集成化和高可靠性，对于运行维护人员没有太高的特殊要求，调试只需设定有关数字，没有太多的电位器等可调元件。

⑮ 采用数字协联方式。桨叶随动系统准确度高。

⑯ 零扰动手/自动切换。由于自动运行时，电磁球阀每次动作后都处于失电状态，而切断电源即为手动运行。手动运行时，电子调节器跟踪接力器的实际开度。因此数字阀调速器实现了零扰动手/自动切换

(2) 主要功能

ZFST-100型数字阀PCC可编程智能调速器具有自动、电手动、手动三种操作方式，且可无条件无扰动切换。具有很多功能，实用性智能性很强，除常规功能外具有如下主要功能。

① 空载运行时，能自动跟踪系统频率，实现快速并网。

② 具有频率调节、开度调节、功率调节三种模式，并可实现调节模式间的无扰动切换。功率调节模式下，可接受上位机控制指令，实现发电自动控制功能（AGC）。

③ 具有很强的自诊断、防错、纠错及容错功能，并可将有关故障信息显示在屏幕上，或发出报警信号。

④ 与上位机通信的功能，接受上位机的控制命令，给上位机传送有关信息。

⑤ 开停机智能控制。

⑥ 具有参数记忆功能。当电源失电时，PCC可保存数据存储器的内容，使运行人员可以方便地修改有关参数并被记忆。

⑦ 具有水位调节功能。

⑧ 多级密码保护功能。持有密码级别的高低，决定了对系统行使权利的大小。运行人员只能观察到常规显示画面并进行常规操作，检修人员或管理人员可对调节参数等进行修改。

⑨ 采用交直流双重供电。当交流电源故障时，直流电源自动投入；直流电源故障时，保持当前开度不变。

⑩ 空载运行，当机频信号消失时，自动将开度保持在空载开度以下，以防过速；并网运行，当机频信号消失时，自动切换为网频测量回路，保持正常发电运行，同时发出机频故障信号。

(3) 调速器工作过程

数字阀PCC智能调速器的结构框图如图4-6所示。

调速器自动运行时，接收到开机令后，按照预先设定好的开机规律开机。当网频测量正常时，调速器自动选择频率调节模式，PCC按照机频与网频的差值进行PID运算，为实现快速并网作好准备；当网频测量故障时，自动切换为开度调节模式，PCC按照机频与频率给定的差值进行PID运算。PCC根据电气开度和实际开度的差值输出脉宽调制（PWM）信号，经功率放大后驱动电磁球阀，调节导叶开度，使机组自动运行于空载工况。

并网后，如为并大电网运行，自动切换为开度调节模式。如为孤网运行，自动选择频率调节模式。通过上位机或触摸屏改变功率给定值，调节器经PI运算后，实现负荷调节。接到停机令后，调速器自动将机组关机，完成停机过程。

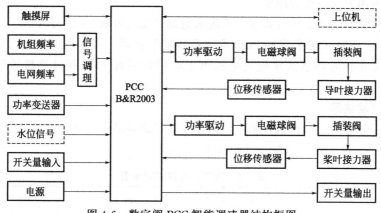

图 4-6　数字阀 PCC 智能调速器结构框图

4.2.2.2　应用实例

（1）系统概况

某水电站，装机容量为 $2 \times 8000\text{kW}$，水轮机为轴流转桨式，设计水头为 18m。原调速器为某厂生产的模拟电液调速器，机械控制部分采用电液转换器，二级放大部分采用主配压阀，接力器与主配压阀开环无反馈；在电气上采用模拟电子调节器，抗干扰性能差，自动运行时，常误动作。自投入运行以来，随着长时间的运行，机械的磨损，电气分立元件的老化严重地影响机组的安全运行。

原调速器存在的主要问题是：

① 抗卡阻效果差。调速器对油质要求较高，常卡阻，不能保证长期自动运行。

② 运行操作不方便。由于机械磨损主配压阀渗漏造成接力器漂移，且手动运行时无反馈，运行人员总要不断地调整，劳动强度较大。

③ 抗干扰能力差。任何电磁干扰都可能造成调速器误动作。

④ 检修维护不方便。调整环节太多，每次检修后，仅调整各个节流阀就需要几天时间。

（2）改造方案

针对漾头水电站的具体情况，拟定如下改造方案：

方案一，用 ZFST-100 型数字阀 PCC 可编程智能调速器整机替换原调速器。采用机电合柜形式。

方案二，保留原调速器主配压阀，去掉原调速器中除主配压阀以外的其他部分，采用步进电动机替代电液转换器，采用 PCC 可编程智能调节器替换原模拟电子调节器。采用机电合柜形式。

由于主配压阀的结构形式为滑阀，主配压阀活塞与衬套之间的间隙所造成的渗漏就不可避免，为了减少主配压阀活塞与衬套之间的渗漏，就要在主配压阀活塞阀盘与衬套与窗口之间加大搭叠量，而搭叠量加大了调速器机械死区。由于主配压阀活塞与衬套之间的间隙所造成的渗漏不可避免，因此在手动运行时就需要机械反馈来补偿，否则，接力器就要漂移。

由于水电站原调速系统没有采用机械反馈。因此，在设备改造时，必须采用无钢丝绳反馈（或杠杆反馈）结构，只采用电气反馈。如采用方案二，保留原调速器主配压阀，手动运行时溜负荷。由于溜负荷，增加了运行人员的劳动强度。而采用方案一数字阀调速器则能解决这一难题。

综上所述采用方案一最为理想。

为了适应机组安全稳定运行要求，实现水电站"无人值班"（少人值守），水电站经过调查研究，选用 ZFST-100 型数字阀 PCC 可编程智能调速器，对原调速器进行了整机更换改造，率先实现了在轴流转浆式水轮发电机组上应用数字阀 可编程计算机控制器的智能调速器。

(3) 现场试验结果

现场进行了静态，动态试验，第一台调速器现场试验结果如下：

① 转速死区　静态特性试验记录如表 4-2 所示。

表 4-2　静态特性试验记录表

F_j/Hz	50.0	49.7	49.4	49.1	48.8	48.5	48.2	47.9	47.6	47.3	47.0
Y/mm	0	39.3	81.5	120	158.9	200.5	239.6	278.6	319.5	358.8	400
Y/mm	0	39.5	81.5	120.7	159.8	201	240.6	278.9	320.4	359.2	
ΔY/mm	0	0.2	1	0.7	0.9	0.5	1	0.3	0.9	0.4	

转速死区：0.015％，优于国家标准转速死区不超过 0.04％ 的要求。

② 空载扰动试验　调速器自动运行，选择多组 PID 调节参数，选取频率摆动值和超调量较小、稳定快、调节次数少的一组调节参数，作为空载运行参数，如表 4-3 所示，即：$b_t=45$，$T_d=20$，$T_n=0.5$；上扰：约 $48.00\sim52.00\mathrm{Hz}$，下扰：约 $52.00\sim48.00\mathrm{Hz}$。

表 4-3　空载扰动试验记录表

PID 调节参数	上扰/下扰	最高（低）值/Hz	调节次数/次	调节时间/s
$b_t=45$	上扰	52.03	1	8
$T_d=20$ $T_n=0.5$	下扰	47.46	1	7

③ 空载频率摆动值

a. 手动空载摆动值。将调速器切至手动位置，操作电磁阀使机组处于额定转速下运行，稳定一段时间后观察机组频率摆动值，每次三分钟，共三次，取平均摆动值，表 4-4 所示为记录的频率最大值和最小值；在实际评价中，取最大值和最小值的平均值作为摆动值，如表 4-4 所示。

手动空载摆动值：±0.17％，优于国家标准手动空载摆动值不超过 ±0.2％ 的要求。

<table>
<tr><td colspan="3"> 表 4-4　手动空载摆动试验记录表 </td><td colspan="3"> 表 4-5　自动空载摆动试验记录表 </td></tr>
<tr><td>项目</td><td>最大值</td><td>最小值</td><td>项目</td><td>最大值</td><td>最小值</td></tr>
<tr><td>F_j/Hz</td><td>50.11</td><td>49.96</td><td>F_j/Hz</td><td>50.03</td><td>49.98</td></tr>
<tr><td>F_j/Hz</td><td>50.14</td><td>49.97</td><td>F_j/Hz</td><td>50.02</td><td>49.96</td></tr>
<tr><td>F_j/Hz</td><td>50.02</td><td>49.85</td><td>F_j/Hz</td><td>50.04</td><td>49.99</td></tr>
</table>

b. 自动空载频率摆动值。将调速器切至自动位置，PID 调节参数为上步试验优选出的空载运行参数，机组开至额定转速。机组运行稳定后观察机组频率摆动值，每次三分钟，共三次，表 4-5 所示为记录的频率最大值和最小值；在实际评价中，取最大值和最小值的平均值作为摆动值，如表 4-5 所示。

自动空载频率摆动值±0.06％，优于国家标准自动空载摆动值不超过±0.15％的要求。

④ 甩25％额定负荷试验　自动工况运行，机组带25％额定负荷即2000kW，甩负荷试验的录波图如图4-7所示。接力器不动时间为0.18s，优于国家标准接力器不动时间不超过0.2s的要求。

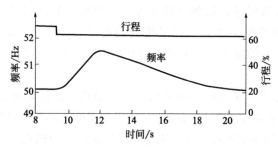

图 4-7　甩25％额定负荷（2000kW）试验录波图

⑤ 甩100％额定负荷试验　自动工况运行，机组带100％额定负荷即8000kW，甩负荷试验的录波图如图4-8所示。

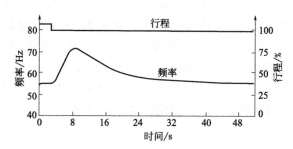

图 4-8　甩100％额定负荷（8000kW）试验录波图

转速最大上升为额定转速的133.6％，超过3％额定转速的波峰次数为1次，从接力器第一次向开启方向移动起，到机组转速摆动位不超过±0.5％为止，所经历的时间为27s，优于国家标准的相应要求。

⑥ 突变负荷试验　突增、突减25％额定负荷，非常迅速地稳定在新的工况，完全符合电站实际运行的要求。

(4) 小结

ZFST-100型数字阀PCC可编程智能调速器的各项性能指标均优于国家标准。调速器故障率极低，运行人员操作简单，维护工作量很少，大大减轻了劳动强度，并减少了运行人员。该型调速器完全满足电站"无人值班"（少人值守）的要求。

4.2.3　新型与智能型伺服阀

电液伺服阀是电液伺服系统的核心，其性能在很大程度上决定了整个系统的性能。目前广泛应用的电液伺服阀以喷嘴挡板阀居多。与喷嘴挡板阀相比，射流管阀具有抗污染性能好、可靠性高等特点，越来越多的伺服阀生产厂商研制并推出了射流管式电液伺服阀。新型伺服阀主要体现在采用新驱动方式，使用新材料、新原理或新结构，应用数字控制技术以及智能化等几个方面。

（1）新驱动方式

尽管射流管伺服阀比喷嘴挡板伺服阀在抗污染能力方面要好，但这两种类型的伺服阀存在的突出问题仍然是抗污染能力差，对介质的清洁度要求非常高，这给其使用和维护造成了诸多不便。因此，如何提高电液伺服阀的抗污染能力和提高可靠性，成为伺服阀未来的发展趋势。采用阀芯直接驱动技术省掉了喷嘴挡板或射流管等易污染的元部件，是近年来出现的一种新型驱动方式，如采用直线电动机、步进电动机、伺服电动机、音圈电动机等。这些新技术的应用不仅提高了伺服阀的性能，而且为伺服阀发展提供了新思路。

① 阀芯直线运动方式　这种伺服阀采用直线电动机、步进电动机、伺服电动机或音圈电动机作为驱动元件，直接驱动伺服阀阀芯。对于电动机输出轴，可以通过偏心机构将旋转运动变成直线运动，如图 4-9 所示，也可通过其他高精度传动机构将旋转运动转换为直线运动。这种驱动方式一般都有位移传感器，可构成位置闭环系统精确定位开口度，保证伺服阀稳定工作。其特点在于结构简单、抗污染能力好、制造装配容易、伺服阀的频带主要由电动机频响决定。

② 阀芯旋转运动方式　旋转式驱动是指通过主阀芯旋转实现伺服阀节流口大小的控制和机能切换，图 4-10 所示为一种旋转阀的油路结构原理。主要由阀套、转轴和驱动元件组成。转轴由步进电动机、伺服电动机或音圈电动机直接驱动，转轴沿圆周方向分别开有 4 个可与压力油腔相通的油槽和 4 个可与回油腔相通的油槽。阀套上均匀分布 4 个进油孔和 4 个回油孔，油孔的直径略小于转轴上油槽的宽度，使进油和回油互不连通。另一种转阀的形式是阀芯上开有螺旋式结构的油槽，通过电动机转动阀芯实现节流口大小的调节。

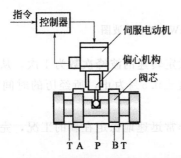

图 4-9　采用偏心机构的电动机驱动伺服阀原理

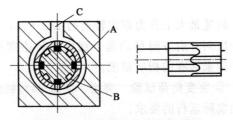

图 4-10　旋转阀的油路结构原理

由于伺服电动机响应频率快，因此可以带动阀芯进行快速旋转，实现工作油口的快速切换和节流口的快速调节，从而保证了伺服阀的频带。

（2）新材料

由于一些新材料表现出较好的运动特性，许多研究机构尝试将它们应用于电液伺服阀的先导级驱动中，以代替原有的力矩电动机驱动方式。与传统伺服阀相比，采用新型材料的伺服阀具有抗污染能力强、结构紧凑等优点。虽然目前还有一些关键技术问题没有得到解决（如滞环大、重复性差等），但新材料的应用和发展给电液伺服阀的技术发展注入了新的活力。

① 压电晶体材料　压电晶体材料在一定的电压作用下会产生外形尺寸变化，在一定范围内形变与电场强度成正比。压电晶体驱动的原理是将阀芯分别与两块压电晶体执行机构相

连，通过两侧施加不同的驱动电压，可使阀芯产生移动，从而实现节流口控制。但是，压电晶体的滞环非常明显，导致阀芯与控制信号之间的非线性比较严重，给高精度控制带来一定的难度。

② 超磁致伸缩材料　超磁致伸缩材料在磁场的作用下能产生较大的尺寸变化，因此可利用这种材料直接驱动伺服阀阀芯。其原理是将磁致伸缩材料与阀芯直接相连，通过控制电流大小驱动材料的伸缩量，以带动阀芯运动。由于超磁致伸缩材料具有较高的动态响应特性，使这种伺服阀较传统伺服阀具有更高的频率响应。

③ 形状记忆合金材料　形状记忆合金的特点是具有形状记忆效应。将金属在高温下定型后，冷却到低温状态并对其施加外力时，一般金属在超过其弹性变形后会发生永久塑性变形，而形状记忆合金却在加热到某一温度以上时，会恢复其原来高温下的形状。通过在阀芯上连接一组由形状记忆合金绕制的执行器，对其进行加热或冷却，就可使执行器的位移发生变化，从而驱动阀芯运动。形状记忆合金的位移比较大，但其响应速度慢，且变形不连续，因此不适合于高精度的应用场合。

(3) 新原理和新结构

传统的伺服阀存在节流损失大、抗污染能力差等缺陷，为此，一些新原理或新结构的伺服阀被提出并得到应用。前面提到的旋转阀便是一种新结构的伺服阀，其他还包括以下几种。

① 高速开关阀　高速开关阀的结构原理如图 4-11 所示，这种伺服阀具有较强的抗污染能力和较高的效率。其工作原理是根据一系列脉冲电信号控制高频电磁开关阀的通断，通过改变通断时间即可实现阀输出流量的调节。由于阀芯始终处于开、关高频运动状态，而不是传统的连续控制，因此这种阀具有抗污染能力强、能量损失小等特点。高速开关阀的研究主要体现在三个方面：一是电-机械转换器结构创新；二是阀芯和阀体新结构研制；三是新材料应用。国外研究高速开关阀有代表性的厂商和产品有美国 Sturman Industries 公司设计的磁门阀、日本 Nachi 公司设计生产的高速开关阀、美国 CAT 公司开发的锥阀式高速开关阀等。国内主要有浙江大学研制的耐高压高速开关阀等。由于高速开关阀流量分辨率不够高，因此主要应用于对控制精度要求不高的场合。

② 压力伺服阀　常规的电液伺服阀一般都为流量型伺服阀，其控制信号与流量成比例关系。在一些力控制系统中，采用压力伺服阀较为理想。压力伺服阀是指其控制信号与输出压力成比例关系。图 4-12 所示为压力伺服阀的结构原理，通过将两个负载口的压力反馈到衔铁组件上，与控制信号达到力平衡，实现压力控制。由于压力伺服阀对加工工艺要求较高，目前国内还没有相关成熟产品。

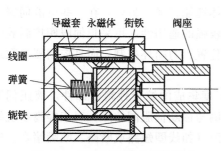

图 4-11　高速开关阀的结构原理

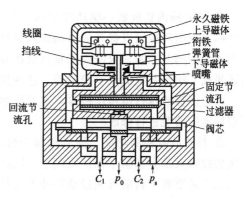

图 4-12　压力伺服阀的结构原理

③ 多余度伺服阀　鉴于伺服阀容易出现故障，影响系统的可靠性，在一些要求高可靠性的场合（如航空航天），一般都采用多余度伺服阀。大多数多余度伺服阀都是在常规伺服阀的基础上进行结构改进并增加冗余，比如针对喷嘴挡板阀故障率较高的问题，将伺服阀力矩电动机、反馈元件、滑阀副做成多套，发生故障随时切换，保证伺服阀正常工作。图4-13所示为一种双喷嘴挡板式余度伺服阀，通过一个电磁线圈带动两个喷嘴挡板转动，当其中一个喷嘴挡板卡滞后，另一个可以继续工作。

④ 动圈式全电反馈大功率伺服阀（MK阀）　动圈式全电反馈伺服阀（MK阀）可以分为直动式和两级先导式两种，其中两级阀中的先导级直接采用直动阀结构，功率级为滑阀结构。图4-14为动圈式全电反馈的直动式伺服阀结构原理，当线圈通电后（电流从几安培到十几安培），在电磁场作用下动圈产生位移，从而推动阀芯运动，通过位移传感器精确测量阀芯位移构成阀芯的位置闭环控制。

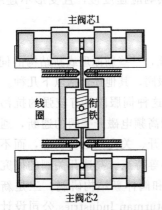

图 4-13　双喷嘴挡板式余度伺服阀

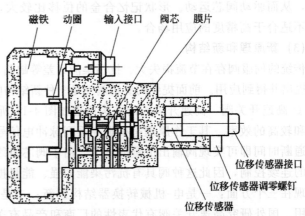

图 4-14　MK 两级阀中的先导级结构原理

⑤ 非对称伺服阀　传统电液伺服阀阀芯是对称的，两个负载口的流量增益基本相同，但是用其控制非对称缸时，会使系统开环增益突变，从而影响系统的控制性能。为此，通过特殊阀芯结构设计研制的非对称电液伺服阀，可有效改善对非对称缸的控制性能。

(4) 伺服阀的智能化发展趋势

随着数字控制及总线通信技术的发展，电液伺服阀朝着智能化方向发展，具体表现在以下几个方面。

① 伺服阀内集成数字驱动控制器　对于直驱式伺服阀或三级伺服阀，由于需要对主阀芯位移进行闭环控制以提高伺服阀的控制精度，因此在伺服阀内直接集成了驱动控制器，用户无须关心阀芯控制，只需要把重点放在液压系统整体性能方面。另外，在一些电液伺服阀内还集成了阀控系统的数字控制器，这种控制器具有较强的通用性，可采集伺服阀控制腔压力、阀芯位移或执行机构位移等，通过控制算法实现位置、力闭环控制，而且控制器参数还可根据实际情况进行修改。

② 具有故障检测功能　伺服阀属于机、电、液高度集成的综合性精密部件，液压伺服系统的故障大部分都集中在伺服阀上。因此，实时检测与诊断伺服阀故障，对于提高系统维修效率非常重要。目前可通过数字技术对伺服阀的故障（如线圈短路或断路、喷嘴堵塞、阀芯卡滞、力反馈杆折断等）进行监测。

③ 采用通信技术　传统的伺服阀控制指令均是以模拟信号形式进行传输，对于干扰比较严重的场合，常会造成控制精度不高的问题。通过引入数字通信技术，上位机的控制指令可以通过数字通信形式发送给电液伺服阀的数字控制器，避免了模拟信号传输过程中的噪声干扰。目前，常见的通信方式包括 CAN 总线、PROFIBUS 现场总线等。

4.2.4　EATON 智能液压阀——AxisPro 系列比例阀

(1) 概况

EATON 公司的 AxisPro 系列比例阀是一种智能型伺服性能比例阀，性能、灵活性和可靠性均出类拔萃。技术特点：高带宽、低滞后；直接运动控制、传感器、诊断和通信；四个产品级别以适应每个应用环境；软件可配置；互换性好，一个阀适合所有的阀；命令、反馈和通信选项的多样性；高等级应用环境评分：IP 65/67，－25～85℃（70℃为 KBH）。

图 4-15 所示为阀的三个型号，其技术参数如表 4-6 所示。

KBS*DG4V-3　　　　KBS*DG4V-5　　　　KBH*-08

图 4-15　智能型伺服性能比例阀的三个型号

表 4-6　三个型号阀的技术参数

尺寸	型号	流量/(L/min)	压力/bar
D03	KBS * DG4V-3	40	70
D05	KBS * DG4V-5	100	70
D08	KBH * -08	375	10

电控板带 LED 电源指示灯，如图 4-16 所示。

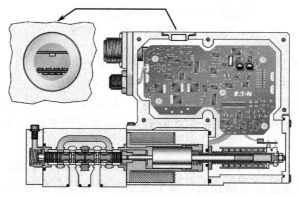

图 4-16　带 LED 电源指示灯的电控板

（2）AxisPro 系列比例阀的四个等级

按其智能水平，AxisPro 系列比例阀可分为 1、2、3、4 级，4 级智能水平最高。

1 级阀（KBS1）的配置如图 4-17 所示，可以使用 Pro-FX 配置软件（通过总线）修改阀的选项，包括：指令信号、使能函数、监测信号。

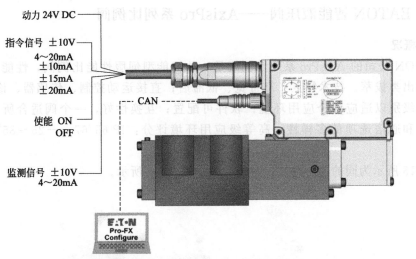

图 4-17　1 级阀（KBS1）的配置

2 级阀（KBS2）的配置如图 4-18 所示，其可配置的选项与 1 级阀相同，在 KBS1 的基础上增加了 CANbus 通信，DS408 可配置的直线运动控制器（构成闭环）及伊顿 PQ 控制技术，可以使用 Pro-FX 组态软件配置控制回路参数。

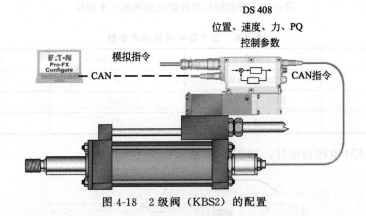

图 4-18　2 级阀（KBS2）的配置

DS408 运动控制器简单可靠，即使是最苛刻的应用环境也能适应。通过它，可实现位置控制、速度控制、压力控制、压力＋流量控制，如图 4-19 所示。

3 级阀（KBS3）可配置的选项与 2 级阀相同。不同的是，其 P、T、A 和 B 端口带压力传感器且 T 端口带温度传感器，如图 4-20 所示。传感器可用于监测或作为控制回路中的反馈元件。

图 4-21 所示为 2/3 级阀（KBS2/3）直线运动控制的实例。在此，使用 Pro-FX 控制软件实现各液压缸可编程直线运动控制，每个液压缸的运动参数是独立的，它们之间通过 CAN 总线连接。阀 P、T、A 和 B 端口带压力传感器且 T 端口带温度传感器。

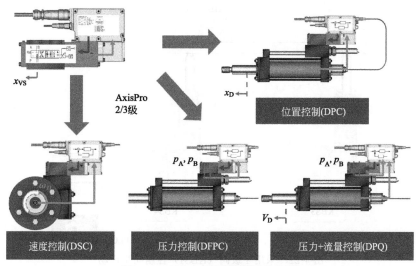

图 4-19　DS408 运动控制器的应用

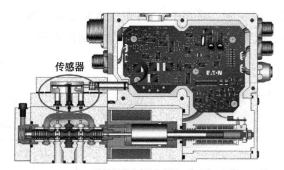

图 4-20　3 级阀（KBS3）的配置

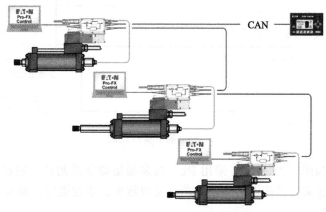

图 4-21　2/3 级阀（KBS2/3）直线运动控制

　　4 级阀（KBS4）在 3 级阀的基础上增加了"白板"功能，用户可在现场将通过 Pro-FX Control 软件将应用程序写入，这对设备的运行模式的更改与工艺参数的调整带来极大的便利。在图 4-22 所示的同步运动系统中，主缸采用 4 级阀（KBS4）控制，通过"白板"，可调出适合实际工况的控制策略，即便是负载非常不均衡，两缸也能保持高度同步。

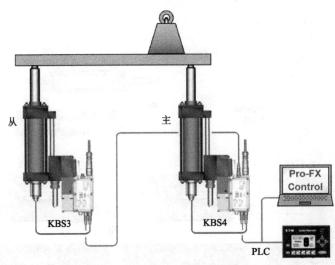

图 4-22　采用 4 级阀（KBS4）控制同步运动

(3) 集中控制与分散控制

集中模拟控制如图 4-23 所示，采用 PLC 与多通道模拟控制器。其优点是能构成快速闭环。缺点是外部线路多、昂贵、易损、柔性不足、诊断功能有限。

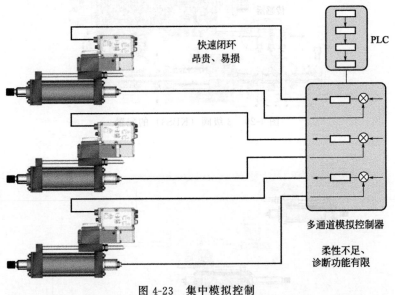

图 4-23　集中模拟控制

集中总线控制如图 4-24 所示，采用 PLC 与多通道数字控制器，通过 CAN 总线将控制器与液压元件联系起来。其优点是线路简单、易损线少、柔性更好，能实现简单的诊断。缺点是闭环速度慢。

集中-分散总线控制如图 4-25 所示，采用 PLC 与集成数字控制器（每个液压单元配一个），通过 CAN 总线将 PLC 与液压装置联系起来。其优点是线路简单、易损线少，能实现简单的诊断。由于采用智能控制，每个液压单元的运动由其上的集成数字控制器直接控制，不需通过上位机，实现了快速闭环控制。每个液压单元是相对独立的，参数设置与控制更加分散，系统更加灵活。

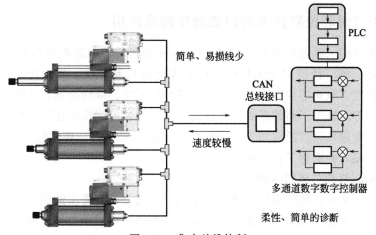

图 4-24　集中总线控制

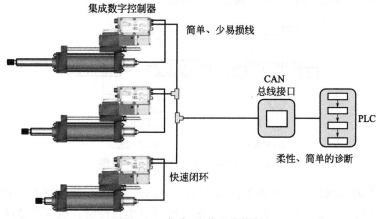

图 4-25　集中-分散总线控制

(4) 软件系统

AxisPro 系列比例阀的配置和应用工具基于工业标准软件。比例阀和液压传动装置的 DS408 设备通过配置软件设定参数。4 级阀的"白板"采用 CoDeSys 软件编程。系统中 CAN 总线基于 CANopen 协议编程。配置（Configure）与控制（Control）软件系统如图 4-26 所示。

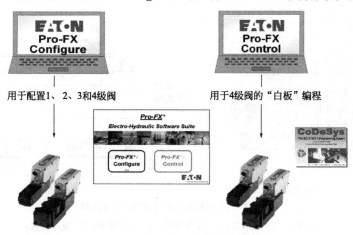

图 4-26　配置与控制软件系统

4.2.5 基于双阀芯控制技术的智能液压阀及应用

智能液压元件的一种发展思路是英国 Ultronics 公司的双阀芯控制系统。Ultronics 电子液压控制系统是一种广泛应用于工程机械的新型电液控制系统。该系统采用 CAN 总线通信、软件压力补偿、双阀芯控制技术，为增加系统稳定性、节约能源、功能多样化以及产品快速升级换代等方面提供了新的思路，并使机电液一体化控制技术在工程机械上广泛应用成为可能。该系统在国外已广泛应用于液压挖掘机、随车起重机、森林机械、伸缩臂叉装机、挖掘装载机等产品，并取得了良好的效果。

(1) Ultronics 双阀芯阀的原理

如图 4-27(a) 所示，传统单阀芯换向阀采用一个阀芯，其进出油口的位置关系在加工的时候就已经确定，在使用过程中不能修改，而且其进出油口的压力和流量不能独立调节。同时由于不同液压系统对换向阀进出油口开口位置关系的要求不一样，所以，针对不同的液压系统需要设计加工不同的阀芯，使得阀芯互换性较差。

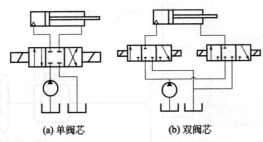

(a) 单阀芯 (b) 双阀芯

图 4-27 单阀芯与双阀芯原理示意图

Ultronics 双阀芯阀的基本原理如图 4-27(b) 所示。双阀芯阀的每片阀内有两个阀芯，分别对应执行机构的进油口和出油口。两个阀芯既可以单独控制，也可以通过一定的逻辑和控制策略成对协调控制。

图 4-28 所示为 ZTS16 型双阀芯阀内部结构与油路，在双阀芯阀的两个阀芯上都装有位置传感器，两个工作油口分别装有压力传感器，可以通过对传感器信号的闭环制定方案，以

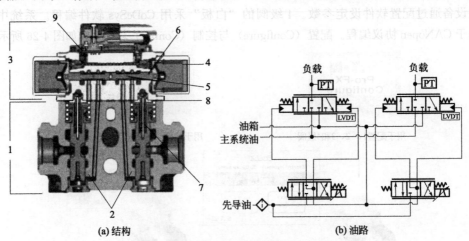

(a) 结构 (b) 油路

图 4-28 ZTS16 型双阀芯阀结构与油路

1—主阀块；2—主阀芯；3—先导阀块；4—励磁线圈；5—复位弹簧；
6—先导阀芯；7—位置传感器；8—压力传感器；9—集成电子系统

满足液压系统的需要。

Ultronics 控制系统的关键在于其独特的双阀芯控制技术，每片阀有两个阀芯，相当于将一个三位四通阀变成两个三位四通阀的组合，两个阀芯既可以单独控制，也可以根据控制逻辑进行成对控制，并且两个工作油口都有压力传感器，每个阀芯都有位置传感器，通过对传感信号的闭环控制可以分别对两路液压油的压力或流量进行控制，从而具有很高的控制精度，而且通过不同的组合许多的控制方案使机器可以实现多种功能。

(2) 系统硬件

Ultronics 电子液压控制系统的系统硬件非常简单，执行机构所需要的功能都通过软件编程来实现。系统硬件主要是指系统调节阀片、工作阀片、控制装置 ECU、手柄以及 CAN 总线等。

① 系统调节阀片　系统调节阀片的主要功能是负责系统工作压力的调节。系统工作时，通过手柄指令控制输入比例阀电磁铁的电流大小来控制比例阀阀芯的开口，从而控制比例阀入口处的工作压力，该压力加上弹簧力构成变量泵 LS 口处的工作压力。对比例阀入口处压力的调节也就是对变量泵 LS 口处压力的调节，进而调节变量泵斜盘的摆角，从而调节恒功率变量泵的排量以实现液压系统工作压力的调节。

② 工作阀片　Ultronics 控制系统的核心在于其独特的双阀芯控制技术。其每一工作阀片都有 2 个阀芯，进、出油路各一，相当于将 1 个三位四通阀片变成 2 个三位三通阀片的组合，工作阀片的 2 个阀芯由先导阀片的 2 个相应的阀芯进行控制。工作阀片的 2 个阀芯可以进行单独控制，也可以根据控制逻辑进行成对控制。2 个工作油口都有压力传感器，2 个主阀阀芯都有 LVDT 位移传感器，通过对传感器所检测到的反馈信号进行控制，可以分别实现对 2 个工作油路压力或流量的控制，具有很高的控制精度；通过对 2 个工作油路进行压力、流量控制的不同组合，可以得到多种控制方案，从而满足不同液压系统的功能需求。

③ 控制装置 ECU　控制装置 ECU 有 25 路和 50 路 2 种，可以采用模拟方式或者数字方式与系统进行连接。它主要用于接收手柄所输入的信号，经过处理之后发出相应的控制指令以驱动相关的执行机构。同时，它还提供 CAN 卡接点，以便从 PC 机上下载编写好的应用程序，并对所编写的应用程序进行在线调试。

④ 手柄　手柄主要用于向控制装置 ECU 输入指令信号以驱动相关的执行机构，可以输出模拟、数字和 CAN 总线 3 种信号。手柄的瞬时延迟与输出曲线可以通过 JoyCal Can Edition 进行调节与校准。

⑤ CAN 总线　采用 CAN2.0B 无源两线式串行电缆将系统调节阀片、工作阀片、控制装置 ECU、手柄等连接起来，通过转接头还可以将 CAN 卡与 PC 机相连，以进行用户程序的下载与在线调试工作。其传输速度为 1Mbit/s、最大传输长度为 30m、最大节点数为 100 个，最多可以 8 个节点进行同步通信。

(3) 系统软件

与传统液压控制系统不同的是，Ultronics 控制系统的所有功能均在系统软件中进行开发，所以系统软件也是 Ultronics 控制系统的重要组成部分。系统软件主要是指程序编辑与编译环境 CodeWright、工具软件 CanTools 以及手柄调节与校准工具 JoyCal Can Edition。

① CodeWright　CodeWright 是一个 C 语言编辑与编译环境，用户可以在该环境中应用 C 语言开发自己的程序以实现所需要的功能。同时，该软件还可以将编译好的用户程序通过 CAN 卡下载到 ECU 中，从而实现应用程序所设计的功能。

② CanTools　CanTools 是 Ultronics 控制系统的工具软件。通过该软件可以对阀芯的工作模式、先导阀片的更换等进行管理，可以对阀芯的流量配置参数、零位指令时的阀芯位置、阀芯允许的最大流量、阀口的最大工作压力、阀口的溢流压力、连接设备两腔的面积比、铲斗振动掘削的频率和振幅以及输入波形等参数进行设置，还可以对压力控制器、流量控制器的 PID 参数进行调节，以及对系统调节阀片进行训练以生成前馈曲线等。此外，还可以在该软件中开展阀片和手柄的模拟工作，以对所编写的应用程序进行离线调试。

③ JoyCal CanEdition　手柄的按钮开关、轴方向可以在该软件中进行校准，手柄的瞬时延迟与输出曲线也可以在该软件中进行调节。

(4) 双阀芯控制技术在挖掘机的应用

Ultronics 公司的双阀芯控制系统从一开始就是针对工程机械的单机控制系统来设计的，所以可以很方便地组成完整的控制系统，而且硬件网络很简洁，性能的升级也比较方便。目前采用这种技术来实现高性能挖掘机的单机控制系统是比较实用的方案。

① 挖掘机执行机构控制策略　由于双阀芯换向阀两油口控制的灵活性，两油口可以分别采取流量控制、压力控制或者流量-压力组合控制。以下结合液压挖掘机的实际工况介绍动臂、斗杆及铲斗 3 个液压缸的控制策略。

a. 负载方向保持不变时的控制策略　液压挖掘机动臂上升、斗杆挖掘、铲斗挖掘时的受力情况如图 4-29（a）所示，动臂下降时的受力情况如图 4-29（b）所示。其负载方向在整个工作过程中始终保持不变，因此可以采取"液压缸有杆腔采用压力控制、无杆腔采用流量控制"的控制策略。无杆腔侧采用流量控制，通过检测连接到无杆腔侧阀前后两侧的压差，再根据所需流入或流出流量的多少，计算出阀芯开口大小；有杆腔侧采用压力控制，使该侧维持一个较低的压力，不至于因压力过低而引起空穴现象，不至于因负载变化而引起液压冲击，因该侧压力较低，所以系统更加节能。

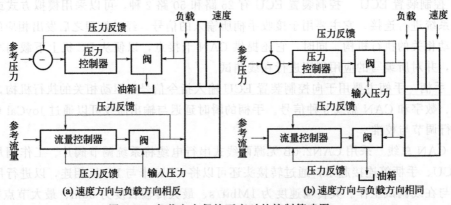

(a) 速度方向与负载方向相反　　　　　(b) 速度方向与负载方向相同

图 4-29　负载方向保持不变时的控制策略图

b. 负载方向发生改变时的控制策略　液压挖掘机斗杆液压缸、铲斗液压缸在整个工作过程中负载方向会发生改变，例如当斗杆液压缸缩回、斗杆运动到垂直位置前后，负载方向与运动方向由相同变为相反，负载由超越负载变为被动负载，负载方向的变化可能会导致压力突变，影响斗杆运动的稳定性。

在这种情况下，采取"进油侧压力控制、出油侧流量控制"的控制策略，如图 4-30 所示。液压缸有杆腔侧采用压力控制、无杆腔侧采用流量控制，通过检测无杆腔侧的压力来实现有杆腔侧的压力控制。进油侧用压力控制器维持一个较低的参考压力，一方面提高了系统的效率，另一方面保证了该侧不致因压力过低而发生空穴现象。

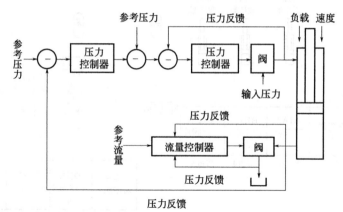

图 4-30　负载方向发生改变时的控制策略图

　　为了使负载方向变化的执行机构能够得到很好的控制，在有杆腔侧的压力控制器中使用了另外一个压力控制器。负载方向改变时，无杆腔的压力将减小，如果有杆腔仍维持一个很低的压力，当负载很大时，液压缸活塞杆将向相反的方向运动。此时可以用所增加的压力控制器监视无杆腔压力的变化，当压力控制器检测到无杆腔压力低于所设定的参考值时，提高有杆腔压力控制器设定的压力，从而保证系统的正常工作。

　　② 挖掘机液压系统　Ultronics 电子液压控制系统将液压技术、机械技术、计算机技术以及自动控制理论完美地结合在一起，其中，总线结构和液压系统构成了系统的硬件平台，而系统的功能则通过软件编程进行开发。

　　a. 总线结构　Ultronics 电子式液压控制系统的控制指令由 Centuri 光电手柄通过 CAN 总线输入到控制装置 ECU 中，ECU 将控制指令转换成相应阀片或者阀组运动的应用编码，并通过 CAN 总线传输到相关阀片以驱动相关工作装置。运行于个人 PC 机中的系统软件 CodeWright、CanTools 以及 JoyCal Can Edition 可以通过 CAN 总线和 CAN 卡与 ECU 连接，以开展应用程序的下载与调试工作。在网络的两端加接 120Ω 的电阻作为线路的匹配。

　　b. 液压系统　由于 Ultronics 电子液压控制系统的功能都通过软件编程进行开发，所以由该系统所组成的挖掘机液压控制系统就变得非常简单。根据实际功能需求，设计出如图 4-31 所示的液压系统，该系统由 2 组 8 片阀组成，共同完成液压挖掘机动臂、斗杆、铲斗、回转以及左右行走的操作，每片阀组都有自己的减压阀片以向该组其他工作阀片提供先导控制油液，阀组 1 中的系统调节阀片则负责调整系统压力、检测系统压力及回油压力并对液压系统提供安全保护。

　　采用 Ultronics 电子液压控制系统一般情况下仅需增加简单的附件，其功能的升级则通过应用程序实现，存储于阀中。与产品应用有关的参数，诸如最大流量、系统压力、控制模式等，都可通过工具软件 CanTools 进行设置或修改，因此产品的开发周期将大大缩短。

　　通过 CAN 总线通信、独特的双阀芯结构和压力、位移传感器的应用以及压力或流量的闭环控制技术，Ultronics 电子液压控制系统使工程机械控制系统在功能的多样性、实现的灵活性、较高的性价比以及控制理念、维修模式等诸多方面都发生变化。

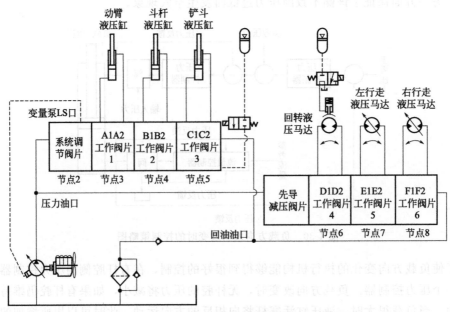

图 4-31　基于 Ultronics 系统的挖掘机液压系统原理图

4.3　基于智能材料的液压元件

液压技术的一个重要发展方向是将智能材料（Smart Materials）作为执行器应用到液压元件，特别是液压阀，利用智能材料的高频响、高能量密度、结构紧凑等优点，来提高液压阀的性能。

4.3.1　压电晶体及其在液压阀中的应用

压电晶体（PZT）是近年来发展起来的一种新型微位移驱动器件，具有响应快、输出力大、功耗低等优点，被广泛应用于航天航空、机械制造等工业领域。

（1）压电晶体的特点

压电晶体材料主要表现为压电效应，主要反映晶体弹性性能和介电性能间的耦合关系。当压电晶体在外力作用下发生形变时，晶体内产生电极化的现象称为正压电效应。当将压电晶体置于电场中时，晶体会发生变形，变形大小与电场强度成正比，这种现象称为逆压电效应。国内外学者利用压电晶体的逆压电效应及其特殊特性，正在积极开展压电晶体液压阀的研究工作。

$BaTiO_3$ 陶瓷是最早被发现的压电晶体，锆钛酸铅 $PbZr_{1-x}Ti_xO_3$（PZT）是目前广泛使用的压电晶体材料。PZT 的机电耦合系数、机械品质因素都比 $BaTiO_3$ 高，稳定性优于 $BaTiO_3$。

PZT 压电晶体材料具有如下优点：

① 高的频率响应，可达 1GHz，是所有智能材料中响应频率最高的；

② 输出力大，可达数千牛以上，而电磁驱动器输出力通常在 100N 左右；

③ 电压直接驱动，无须线圈来产生磁场；

④ 位移与电压保持近似的线性关系；

⑤ 功耗低，比电磁式驱动器低一个数量级；

⑥ 价格低，约为超磁致伸缩材料的 1/5；

⑦ 体积小、结构紧凑。

然而，压电晶体材料也存在如下缺点：

① 压电晶体的输出位移是所有智能材料中最小的，其应变约为 0.1%；

② 需要高电压来驱动，单层压电晶体需要约 1.0～2.0kV 的电压驱动；

③ 稳定性受温度影响大；

④ 由于压电晶体是一种铁电体材料，具有高的磁滞和蠕变现象；

⑤ 价格较电磁执行器高许多。

（2）位移及力特性

图 4-32 显示了单层压电晶体在电压下的形变情况，其位移公式为：

$$\Delta l = E d_{ij} l_0 \tag{4-1}$$

式中，E 为电场强度，V/m；d_{ij} 为材料的压电系数，m/V（d_{33} 为平行于压电陶瓷极化向量的应变系数，常用来计算压电堆的位移；d_{31} 为垂直于压电陶瓷极化向量的应变系数）；l_0 为陶瓷的长度，m。

从式（4-1）可以看出，压电晶体输出位移与电场强度、压电晶体氏度及压电系数有关。一般情况下，压电晶体材料的 d_{ij} 为定位，因此通常通过改变电场强度和长度来调节其输出长度。

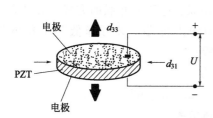

图 4-32　单层压电晶体在电压下的形变

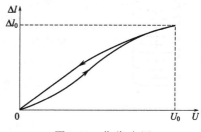

图 4-33　位移-电压

电场强度 E 与电压 U 成正比，图 4-33 显示了压电晶体在无外负载下，输出位移 Δl 与电压 U 之间的关系。可以看出 Δl 尽管随着 U 的增加而增大，但其二者之间并不具有严格意义的线性关系。此外，压电晶体在相同工作电压下，输出和回缩位移并不相同，存在较大的磁滞现象，这是由压电晶体材料本身的性质决定的。

设无外负载情况下，压电晶体最大位移为 Δl_0，其输出力 F 与 Δl 可近似表示为：

$$F = K_T \Delta l_0 - K_T \Delta l \tag{4-2}$$

式中，K_T 为压电晶体刚度，N/m。

可以看出：当压电晶体输出位移为 0 时，其输出力 F 最大，$F_0 = K_T \Delta l_0$；当 Δl 为最大位 Δl_0 时，输出力为 0。由于 Δl 随 U 的增加而增大，U 越高，F 越大。

在刚度为 K_S 的外负载作用下，压电晶体实际输出位移 Δl_p 为：

$$\Delta l_p = \Delta l_0 \frac{K_T}{K_T + K_S} \tag{4-3}$$

其输出位移损失为 $\Delta l_L = \Delta l_0 - \Delta l_p$，见图 4-34。刚度为 K_S 的外加负载，作用力与位移间的关系为：

$$F = K_S \Delta l \tag{4-4}$$

由式(4-3) 和式(4-4) 得到压电晶体在负载作用下的有效输出力为：

$$F_{eff} = \frac{K_T K_S}{K_T + K_S} \Delta l_0 \tag{4-5}$$

图 4-35 显示了压电晶体有效输出位移/力与负载、工作电压之间的关系。

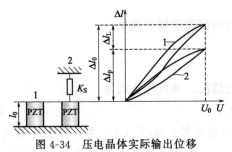

图 4-34　压电晶体实际输出位移

1—无负载；2—有负载

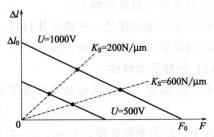

图 4-35　压电晶体输出位移与力的关系

(3) 执行器类型

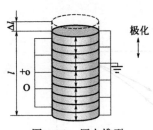

图 4-36　压电堆型

压电晶体主要有两种执行器：压电堆（Stack）型和压电弯曲（Bender）型。压电驱动器虽然具有很好的性能，但是如果采用单层压电晶体 PZT，要想得到 $10\mu m$ 左右的输出位移，需施加 1kV 以上的电压。若多层压电晶体采用机械上串联、电路上并联的方式，烧结在一起制成压电堆，既可增加输出位移，又可降低其工作电压到 100V 以下，如图 4-36 所示。

压电堆的位移公式为：

$$\Delta l = d_{33} n U \tag{4-6}$$

式中，n 为压电晶体层数。

压电弯曲型是将两片压电晶体贴在一起烧结而成，产生的形变与所加电场成正比。弯曲型压电执行器主要有两种（图 4-37）：一种是串行双压电晶体片元件（具有 2 个电极），另一种是并行双压电晶体片元件（具有 3 个电极）。弯曲型压电晶体执行器一般在低电压下（0～60V）工作。

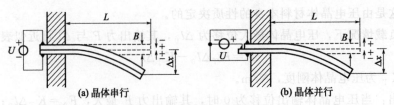

(a) 晶体串行　　　　(b) 晶体并行

图 4-37　弯曲型压电执行器

串行弯曲型压电晶体的位移公式为：

$$\Delta x = \frac{3L^2 d_{31}}{2B^2} U \tag{4-7}$$

并行弯曲型压电晶体的位移公式为：

$$\Delta x = \frac{3L^2 d_{31}}{B^2}U \tag{4-8}$$

式中，L、B 分别为弯曲型压电晶体长度和厚度。

表 4-7 列出了 PI 公司两种压电晶体的比较，从中可以看出：压电堆型具有高的输出力和快的响应时间，但是输出位移量小、高电压操作；而弯曲型压电具有较大的输出位移，但是输出力和响应时间都很小、低电压操作。

表 4-7　PI 公司两种压电执行器

型号	类型	$\Delta l_0 /\mu m$	F_{max}/N	f/Hz	U/V	尺寸/(mm×mm×mm)	t/℃
P-855.90	压电堆	32	950	40×10^3	$-20\sim120$	$5\times5\times36$	$-40\sim150$
PL127.10	弯曲型	900	1	380	$0\sim60$	$31\times9.6\times0.65$	$-60\sim150$

(4) 关键技术

将压电晶体应用于液压阀中，必须解决以下关键技术问题。

① 微位移放大　由于压电晶体输出位移很小，直接作为执行器驱动阀芯，将产生很小的阀芯位移。需要将压电执行器输出位移进行放大。压电堆的输出位移通常通过机械杠杆或液体位移来放大。近年来杠杆和柔性铰链相结合开发出一种新型位移放大机构，能较有效地放大压电晶体输出位移，但其输出力很小。

② 温度补偿　压电晶体输出位移一般随着温度的升高而减小。因此，必须采用一定的方式对压电晶体损失的位移进行补偿。通常采用的方式有：

a. 采用几倍于压电晶体热膨胀系数的金属板作为补偿器，随着温度的升高，压电晶体丢失的位移可以利用金属板增加的位移来补偿。选择具有合适的热膨胀系数补偿金属板，可有效地减小阀的尺寸。

b. 采用位移传感器，对压电晶体输出位移进行反馈控制，减小的位移可以通过增加压电晶体工作电压的方式来补偿。

c. 加大压电晶体与外部环境的接触面积，利用热传递，对压电晶体执行器进行自然冷却。

③ 驱动电源　在 100V 以上的直流外电压作用下，压电晶体实际上为电容性负载，它与驱动电路的输出电阻构成 RC 回路，直接影响压电晶体的动态特性。因此需研制适合 PZT 动态控制的直流放大驱动电源，实现对压电驱动器的动作控制。

④ 控制器　由于受温度、磁滞等的影响，电压控制器限制了压电执行器输出位移的精度，在开环控制下压电执行器输出位移并不与驱动电压成线性关系，见图 4-33。因此，对于要求线性度和稳定性高、重复度和精确度好的位置控制，压电执行器开环控制已不能实现其功能，需选择合适的控制器和闭环控制才能实现上述要求。

由于电压与电荷、电容有如下的关系：

$$U = Q/C \tag{4-9}$$

压电晶体输出位移与工作电压之间的关系可以用电荷来表示：

$$\Delta l = \frac{\Delta l_0}{U_{max}C}Q = KQ \tag{4-10}$$

式中，K 为系数，$K = \Delta l_0/(U_{max}C)$。

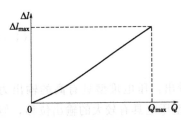

图 4-38 压电晶体位移与电荷控制

输出位移的变化率为：

$$\frac{\mathrm{d}\Delta l}{\mathrm{d}t} = K\frac{\mathrm{d}Q}{\mathrm{d}t} = KI \qquad (4-11)$$

在动态、高精度位置控制中，通常通过控制执行器速度、加速度，而不是位置来实现。由式（4-10）和式（4-11），压电晶体输出位移可以由控制电荷或电流来实现。图 4-38 给出了开环控制下电荷与位移间的关系，表 4-8 对电压控制器和电荷/电流控制器的控制性能进行了比较。可以看出，电荷/电流控制器的控制性能明显优于电压控制器。

表 4-8 控制器性能比较

控制类型	线性度/%	磁滞/%	蠕变	刚度
电压	约20	10	随时间而增加	降低
电荷/电流	1	1	无	提高

(5) 压电液压阀

国内外学者利用压电晶体的特殊性能，将其应用在液压阀中，并对主要几种类型的阀进行了研究。

① 自动型　Hydraulik-Ring 公司将压电晶体直接用于液压阀中，见图 4-39。图中压电晶体堆输出的位移由机械杠杆来放大，并推动液压滑阀运动。单级阀的性能为 9L/min。工作压力为 3.5MPa，在 −3dB 下频率可达 1050Hz。由于压电堆和位移放大器的结合并没有得到较大位移，这种阀在市场上没有推广应用。

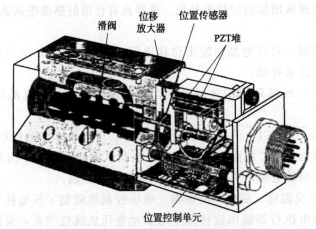

图 4-39　杠杆位移放大型直动压电阀

Linden 公司采用硅树脂作为压力传递介质，利用液体位移放大原理开发了一种直动型压电阀。该设计原理使得位移放大器结构紧凑，同时避免了传统液体位移放大器的油液泄漏。样机在 −3dB 下的频率为 324Hz。

② 先导型　Hagemeister 等人研制了一种先导压电阀（见图 4-40），先导部分由活动喷嘴组成，并由弯曲型压电晶体控制实现可变的节流口。由于弯曲型压电晶体只能产生很小的力，弯曲压电晶体需配备柱塞来补偿静态执行压力。伺服阀在 −3dB 下的频率可达 550Hz。

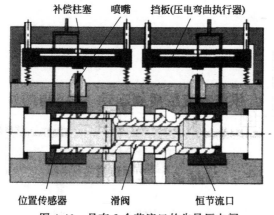

补偿柱塞　喷嘴　挡板(压电弯曲执行器)

位置传感器　　　滑阀　　　恒节流口

图 4-40　具有 2 个节流口的先导压电阀

Aachen 大学设计的另一种先导压电阀（见图 4-41），该阀由传统的主阀部分和新的先导阀部分组成。先导阀部分主要由 4 个可变的液阻组成，每个液阻由 1 个压电晶体驱动的二位二通的锥阀来控制，先导压力 p_{av} 和 p_{bv} 由压电执行器输出的位移来调节，并推动主阀芯运动。

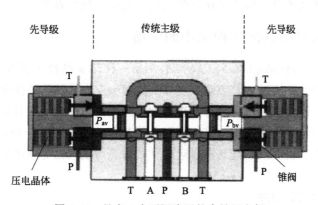

先导级　　　传统主级　　　先导级

T　　　　　　　　　　　　T

P_{av}　　　　　　　P_{bv}

P　　　　　　　　　　　　P

压电晶体　　　　　　　　　　锥阀

T A P B T

图 4-41　具有 4 个可调液阻的先导压电阀

③ 混合型　美国 Caterpillar 公司开发了一种电磁与压电混合驱动的压电阀，见图 4-42。阀在刚开始打开时，液压阻力比较大，因此由压电驱动器（40）产生的瞬时高输出力来打开液压阀，一旦阀口被打开，液压阀的运动阻力迅速降低，由电磁驱动器（30）继续驱动阀芯（20）运动，直到阀口完全打开。这里巧妙地运用了压电晶体输出力大而位移小的特点，同时利用变压器（42）从电磁驱动器（30）的线圈（32）直接获得驱动电压。不仅阀的开关性能得到了提高，而且结构紧凑。

Aachen 大学开发的另一种高动态液压伺服阀，动态性能是目前传统伺服阀的 3 倍。利用高动态的压电晶体来驱动阀套，同时以传统的驱动方式来驱动滑阀。因此，两个执行元件，可以相互调节而更快地改变油液流过的横截面积，见图 4-43。

④ 冲击型　浙江大学流体传动及控制国家重点实验室利用压电执行器高频响、高输出力的冲击特性，设计出一种新型的压电数字阀。该阀利用压电执行器的冲击力来打开和关闭阀芯，同时借助相应的液压力来保证阀芯达到较大的开度。该阀的特点是无需对压电执行器的微输出位移进行放大，设计目标可达 200Hz、20MPa、10L/min。

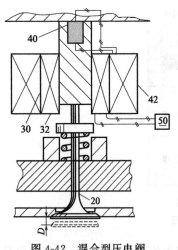

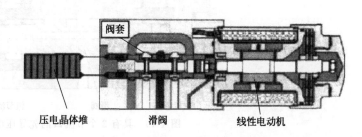

图 4-42　混合型压电阀　　　　　　　　图 4-43　混合控制直动式压电阀

此外，德国 BWM、美国 Caterpillar 等公司已经将压电执行器应用于燃油喷射系统的数字阀控制，研制出的高速高压压电数字阀，可灵活控制燃油的喷射量，显著提高了汽车燃油的燃烧质量，降低尾气排量，取得了比电磁高速阀更好的控制效果。

4.3.2　电流变液技术在液压控制中的应用

电流变液（Electrorheological Fluid，ERF）是一种流变特性可受外加电场控制的智能材料。由于在外电场的作用下，其表观黏度和抗剪屈服应力能随电场强度的增大而增大，当电场强度增大到某一值时，电流变液将实现由液态向类固态的转换，且这种转换是快速（一般为毫秒级）可逆的，具有响应快、连续可调、能耗低等优良特性。电流变液在工程机械、液压系统、航空航天、机器人、配备液压运动平台的飞行模拟器等众多领域具有广泛的应用前景。

（1）电流变液材料的组成

电流变液材料通常由低介电常数的绝缘基础液、电敏物质添加剂和可在电场中产生极化的固体粒子三部分组成。

① 绝缘基础液　绝缘基础液主要影响电流变液的沉降性和其零电场下的黏度，目前，常用的基础液有硅油、食用油、煤油、矿物油和氯化石蜡等。

对绝缘基础液的要求是：高的电阻和低的电导率，即绝缘性良好的液体，能耐高压；高的沸点和低的凝固点，在一般工作温度下不挥发；低的黏度，以便使电流变流体在无电场作用时有良好的流动性；密度尽可能大，并与分散相的固体粒子相匹配，以避免沉淀；具有高的化学稳定性；显著的疏水性；无毒，价廉。

② 添加剂　常用的添加剂有水、酸、碱、盐类物质和表面活性剂等。在很多情况下，水的存在能促进和加强 ER 流体的电流变效应。除水以外，其他的极性液体对电流变效应也有很强的促进作用，如乙醇、乙二醇、二甲基胺等。添加剂中常用的还有表面活性剂，表面活性剂具有增溶、润湿、渗透以及分散和絮凝作用。表面活性剂除了对电流变效应有促进作用外，还能增强悬浮液的稳定性。添加剂中的另一类为稳定剂，稳定剂的作用是增加悬浮粒子的稳定性或产生粒子间胶态的分子团桥，能使粒子不沉淀又不絮凝，使流体处于一种凝

胶态。

③ 固体粒子 固体粒子材料的性能决定电流变性能的强弱，是电流变液的关键组成部分，常用的固体粒子材料有无机化合物材料、有机高分子材料和复合材料等。

a. 无机化合物材料 自从 Window（温斯洛）在 1947 年发现电流变效应以来，无机材料一直是研究较多的一类。无机材料基本上都是离子型的金属和非金属化合物。用无机化合物做成的固体粒子可分作两类，即金属的氧化物和金属盐类的无机化合物，包括二氧化硅、二氧化锡、二氧化钛、氯化亚铁、三氧化二铝、氧化亚铜、石灰石、钛酸钡、钛酸钙等。

b. 有机高分子材料 有机高分子材料近几年发展较快。它的最大优点是密度小、质地软，可有效解决电流变液的沉降和材料对器件的磨损问题。同时，高分子种类丰富，其分子结构容易改性设计，从而能获得理想的电流变液。目前，用于电流变液的高分子材料主要有两类：第一类具有大 π 键共轭型的电子结构，这类高分子材料大多数为有机半导体类的高分子化合物；第二类是在大分子长链上含有极易被极化的极性基团，主要是电解质高分子材料。

c. 复合材料 复合材料粒子一般由两种或两种以上不同性质的材料组成。其典型结构为核/壳结构：以导电或半导电材料做成的内核——导电层，以绝缘材料做成的外壳——绝缘层或控制层。导电层的作用主要是使复合粒子有良好的极化能力，即应使粒子在电场作用下能够迅速地极化。一般导电层均由导电性能良好的材料做成，如铜、银、铝、石墨、硅和锗等。绝缘层或控制层是覆盖在导电层外的一层薄膜，其功能是控制和束缚导电层极化后的电荷不致逸散，同时控制两相邻复合粒子极化后电荷的相互作用，此外，也控制着粒子与基础之间的相互作用。作为一种绝缘体，绝缘层的材料要有高的电阻和高的电击穿强度，或低的电导率。用于电流变液的绝缘材料有二氧化钛、二氧化硅、四甲基正硅氧烷、四乙基正硅氧烷等。

对固体粒子的普遍要求是：有较高的相对介电常数和较强的极性；与基础液相适应的密度，以防止沉淀；适当的粒子大小，一般为 $1 \sim 100 \mu m$；合理的粒子形状，目前粒子可以是圆形、椭圆形、针状或纤维状；无毒、耐磨、性能稳定。

（2）电流变液材料的特性

电流变液材料在电场作用下，将发生电流变效应，即液体的流动阻力或剪切应力将随电场的变化逐步发生变化。这一过程可以用以下的公式来描述，即：

$$\tau = u_0 \frac{\mathrm{d}v}{\mathrm{d}h} + \tau_R(E)$$

式中　τ——液体流动时所产生的剪切应力；

　　τ_R——ER 液体在电场作用下的电致屈服应力；

　　u_0——基液的黏度；

　$\mathrm{d}v/\mathrm{d}h$——液体在与流动垂直方向上、单位距离的剪切速率。

在零电场下，$\tau_R = 0$，此时的电流变液体具有牛顿流体的性质，即 u_0 保持为常数，τ 随 $\mathrm{d}v/\mathrm{d}h$ 的增大而增大。当施加电场后，$\tau_R(E)$ 逐步增大，此后的 τ 由两部分组成，流体具有 Gingham（宾汉）流体的性质。当电场足够大时，$\tau_R(E)$ 趋向无穷大，液体固化，液流截止。

电流变效应具有以下几个重要特点。

① 在电场作用下，电流变液体的表观黏度可随场强的增大而增大（或变稠），甚至在某一种电场强度下，达到停止或固化。电场消除后，电流变液体又可恢复到原始的黏度。

② 可控性：在电场作用下，电流变液的表观黏度的变化以及液固间属性的转换是可控的，这种控制可以是人为的或自动的。

③ 可逆性：在电场作用下，电流变液体的属性由液态至固态的转换是可逆的。

④ 频响时间短：单相电流变液正、逆向变化一次性态所需时间在 3～10s 以下。

⑤ 能耗小：一般只需几瓦到几十瓦功率的直流电源，就能满足工程应用的需要。

(3) 电流变液的作用机理

目前对于电流变液的作用机理主要有以下几种理论。

① 静电极化模型　在高电压的作用下电流变液中的粒子由于极化发生电荷分离，正电荷向靠近负电极的一端（接地电极）移动，负电荷向靠近正电极的一端（高电压输入端）移动，结果粒子两端富含正、负电荷，由于静电吸引相互连接，形成链状结构进而粗化形成粒子柱。电流变液极化示意图见图 4-44。

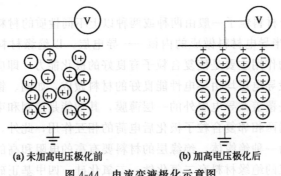

(a) 未加高电压极化前　　　(b) 加高电压极化后

图 4-44　电流变液极化示意图

② "水桥" 模型　在电场的作用下，粒子极化后自由粒子迁移，水由于电渗透作用随自由离子到达粒子两端，相邻粒子表面的水分子通过毛细管作用在粒子间形成 "水桥"，促使水分子紧密联系在一起，宏观上呈凝胶态。

③ 逾渗理论　逾渗理论认为，电流变固体粒子之间的相互吸引作用及作用范围对电流变行为有很大的影响，如果作用范围很小，则计算出的电流变体的体积分率高达 64%；当作用范围为粒子尺寸的 3/8 时，临界体积分率仅为 32%，表面作用能越大，临界体积分率还可以进一步降低。

(4) 电流变液技术在液压控制系统中的应用

电流变液在液压控制系统中的研究和应用主要集中在各种电流变液阀的设计和应用方面，目前研究与开发的电流变液阀主要有电流变液比例控制阀、电流变液可控阀门、电流变液换向阀和电流变液溢流阀等。电流变液阀具备结构简单、可控性好、响应速度快、功耗低等优点，因此应用市场前景广阔。

① 电流变液的应用模式　根据电流变液力学性能可将电流变效应的应用分为基本的三类：剪切模式、挤压模式和流动模式。

流动模式的原理是将电流变液作为回路的工作介质，外加电场控制通过电流变元件的电流变液的流动状态，从而控制回路的压差和通断。图 4-45 给出了电流变液的流动模式示意图，图中两极板固定不动，电流变液体在极板间运动（调节 ER 的压力梯度）。流动模式主要应用在液压技术领域中。

② 电流变液应用

a.电流变液阀 电流变液阀的基本工作原理是：工作介质为电流变液，在阀中设计一电极流动场。由于通过阀的电流变液，其表观黏度可在电场的控制下在一定的条件和范围内实现无级调节，因而在恒流量时，可实现通过阀时进出口间压力差的无级调节，或在定压差下，实现流量的无级调节。

电流变液阀主体是由接地电极、中心高电极、隔热网、进出油口所组成，电流变液阀结构如图 4-46 所示。

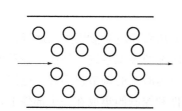

图 4-45　电流变液的流动模式示意图

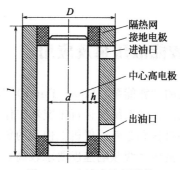

图 4-46　电流变液阀结构

电流变液阀的传动介质是电流变液。电流变液阀为同心圆筒形，外圆筒为接地电极，其外径为 D，内圆柱为中心高电极，其直径为 d，外圆筒与内圆柱之间的间隙为 h，电流变液阀总长度为 l。这种电流变液阀的工作原理是：当高电极与接地电极之间形成电场，使得从出油口流入且流经高电极与接地电极之间间隙的电流变液在瞬间由液态向类固态转变，从而实现出油口流量的控制，而当去除电场时，电流变液又由类固态向液态转变。

b.电流变液可控阀门 电流变液可控阀门主要利用电流变液的固-液相的可逆变化所表现出来的黏性（剪切应力）来控制液压回路的通断，从而控制整个液压系统。阀门工作原理简图如图 4-47 所示，主要由液压缸 1、电流变液 2、活塞杆 3、电流变液可控阀门 4 和活塞 5 组成，当电流变液可控阀无外加电场时，电流变液的黏度小，对活塞杆的阻力比较小，活塞可以在液压缸内往复运动。当加外电场较强时，电流变液固化，产生较大的阻力，使活塞停止运动。

c.电流变液控制回路 电流变技术在液压控制系统中的应用主要是利用电流变液的特有优点，开发各种电流变液体阀代替传统的液压阀，以实现无移动件或少移动件的液压控制系统，提高液压控制系统的动态响应特性。

图 4-48 为一电流变液控制回路示意图，电流变流体控制元件 ER_1、ER_2、ER_3、ER_4 是电流变液阀，P_s 为进油口，负载是液压缸。其工作过程为：当控制信号 $\Delta E = 0$ 时，电信号控制器输出零位电压（E_0）到电流变流体控制元件的两对桥臂，两桥臂输出等量、等压的电流变液到负载的左、右控制腔，负载保持中位。当控制信号 $\Delta E \neq 0$ 时，电信号控制器输出两路电压控制信号（$E_0 + \Delta E$ 和 $E_0 - \Delta E$）到 ER_1、ER_3 和 ER_2、ER_4，在负载的两端产生压力差，使负载（液压缸）产生运动。控制信号增大，电流变液的黏度变大，流量减小；反之，控制信号减小，电流变液的黏度变小，流量增大。改变电场信号的方向，就可改变进入负载的流体的方向，即可改变负载（如液压缸活塞）的运动方向。

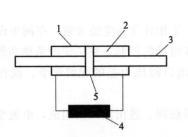

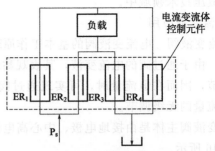

图 4-47　电流变液可控阀门工作原理简图　　　　图 4-48　电流变液控制回路示意图

4.4　智能液压泵及应用

所谓的"智能泵（Smart Pump）"，即在高压大功率环境对液压泵源运行方式进行综合管理和调度，使系统的运行工况和工作任务需要相匹配的泵源系统。智能泵最早的雏形是自行式移动机械和塑料注射机上使用的负载敏感泵。但当时泵的调节仅实现了电液比例控制方式。机载液压系统频响速度要求较高，需将执行元件和控制阀集成在一个部件上，目前智能液压泵在航空领域有广泛应用。

4.4.1　军用机机载智能泵源

结合机载液压系统的技术需求，一种智能泵源系统，它可根据飞行任务进行工作模式的管理和输入量的设置，并在工作模式和输入不变的情况下使输出按照设定的工作模式跟随所设定的输入值，以满足机载液压系统的需要。

（1）结构组成与工作原理

机载智能泵源系统组成如图 4-49 所示。它由公管液压子系统的计算机、微控制器、电液伺服变量机构、液压泵、集成式传感器 5 部分组成，其中微控制器、电液伺服变量机构、液压泵、集成式传感器 4 部分构成智能泵。

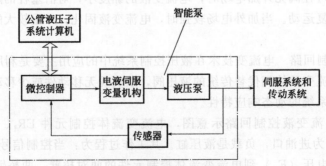

图 4-49　机载智能泵源系统组成

图 4-49 中，智能泵的工作模式和控制器的输入由机载公共设备液压子系统的计算机根据飞机的工作任务确定，微控制器接受公管计算机的指令，选择与指令工作模式相对应的被调节量进行采集和反馈，并与参考输入比较求得误差信号，对误差信号按规定的控制算法进行计算获得控制量，并通过 D/A 转换器送给伺服放大器去控制电液伺服变量泵按选定工作

模式和设定的希望输入运转。

　　智能泵源系统的特点是：按照要求选择工作模式和被调节量，然后采集对应的被调量实现反馈控制。因此，它表现了非常强的柔性和适应性。

(2) 智能泵原理样机

　　原理样机是在 A4V 泵基础上改制的。改制方法对其他航空液压泵也有参考价值。对 A4V 泵进行改装，将双向变量方式改成了单向方式，取消了双向安全阀，增加了电液伺服变量机构，改造后的智能泵的结构原理如图 4-50 所示。采用电液伺服变量机构的好处是其快速性和可控性比电液比例控制机构好。

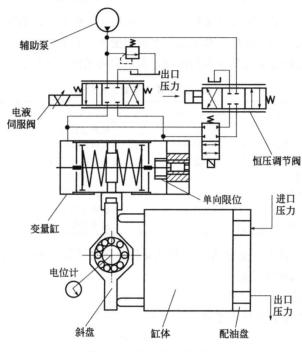

图 4-50　智能泵结构原理

　　此外，考虑到机载泵源系统可靠性要求较高，设置了固定恒压变量功能，当电液伺服变量机构发生故障时退化为固定恒压变量模式运行。系统的压力通过集成一体化传感器测量，理论流量通过排量和转速的乘积求得，压差通过两个压力传感器的差获得。原理样机改装后，对其进行了内漏系数、变流量和变压力测试；变流量阶跃试验：阶跃为 75% 的额定流量时调整时间不大于 200ms；变压力阶跃试验：从 1~20MPa 阶跃调整时间不大于 50ms。

(3) 工作模式管理

　　与定量泵加溢流阀所组成的恒压源相比，恒压变量泵（压力补偿泵）加安全阀组成的恒压油源消除了溢流损失，因而提高了系统的效率。但对高压系统来说，当负载甚小或运动速度要求不高时，将有较大的节流压降。美国的研究结果表明，对于一架典型的战斗机来讲，飞机对机载液压泵源要求工作压力为 55.2MPa 的时间还不到飞行时间的 10%，在其余时间内，包括起飞、飞行到战斗位置、返航和着陆，20.7MPa 的机载液压系统已能完全满足要求，表 4-9 是在 Rockwell 实施的军用飞机飞行过程时间的统计结果。

表 4-9　飞行过程时间统计表

任务序号	任务模式	时间/min	百分比/%	飞行高度/km	马赫数
1	起飞	3	1.9		0.28
2	爬升和巡航	48	29.6	10.67	0.8
3	盘旋和下降	36	22.2	9.14	0.7
4	俯冲	4	2.4		1.1
5	格斗	5	3.2	3.05	0.6
6	巡航和降落	48	29.6	12.19	0.8
7	着陆	18	11.1		0.28
总计		162	100		

　　从表 4-9 可以看出，工作模式管理对智能泵来说是非常重要的，如果仅有智能泵但没有对其进行有效的运转模式管理不能称为真正意义上的智能泵。必须根据飞行任务制定工作模式和输入设定程序，才能使智能泵发挥应有的作用。所制定的工作模式和输入设定如表 4-10 所示。

表 4-10　工作模式和输入设定表

任务序号	任务模式	时间百分比/%	工作模式	设定量
1	起飞	1.9	恒流量模式	大
2	爬升和巡航	29.6	负载敏感或恒压	压差设定中或中恒压
3	盘旋和下降	22.2	负载敏感或恒压	压差设定中或中恒压
4	俯冲	2.4	恒压模式	大
5	格斗	3.2	恒压模式	大
6	巡航和降落	29.6	负载敏感或恒压	压差设定中或中恒压
7	着陆	11.1	恒流量模式	大

　　工作模式的管理和输入设定由机载公共设备智能管理计算机完成，已与智能泵的微控制器通过 1553B 总线构成递阶控制。

(4) 能量利用情况分析

　　图 4-51 是负载敏感泵与负载连接情况，图 4-52～图 4-54 给出了 3 种泵源的功率利用

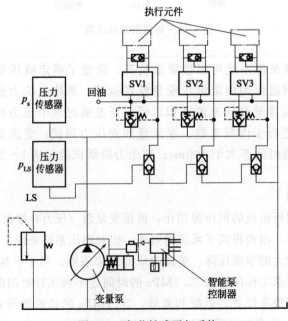

图 4-51　负载敏感泵与系统

情况。图中 p_P 为泵的输出压力；p_s 为出口压力；p_L 为负载压力；p_{LS} 为所有支路油负载压力的最大值；p_{sh} 是智能泵负载压力的最大值；LS 为负载敏感；SV 为伺服阀；Q_L 为泵的负载流量；Q_S 为最大负载流量；Q_P 为泵的输出流量；Δp 为设定工作压差；i 为控制电流。

从图 4-52～图 4-54 可以看出，负载敏感变量泵功率利用情况最好但动态特性较差，可调恒压变量泵的功率利用情况较好。值得提出的是，可调恒压是指供油压力随任务不同可以控制，不是像负载敏感泵那样供油压力随负载压力变化，负载敏感泵供油时，由于供油压力随负载压力变化，所以伺服机构的负载压力与负载流量间的抛物线关系已不再成立。图 4-52 和图 4-53 中，$COAB$ 相当于 90% 左右的工作区。$A_1B_1C_1$ 相当于 10% 左右的大机动工作区。从图 4-54 中可以看出，如果负载敏感泵驱动多执行元件，当负载相差悬殊时，节流损失仍很大，同时动态特性也不好。如果采用功率电传，末端以泵驱动单执行元件的模式比采用负载敏感泵有一定优越性，但随着电动机调速性能的改善，此方案的可用性已经受到质疑。

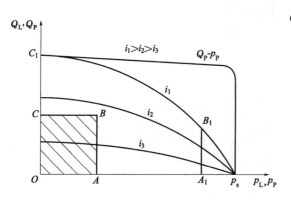

图 4-52 普通恒压泵能量利用情况

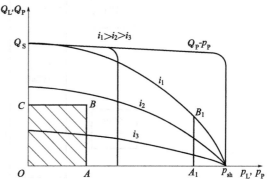

图 4-53 智能泵能量利用情况（可调恒压泵）

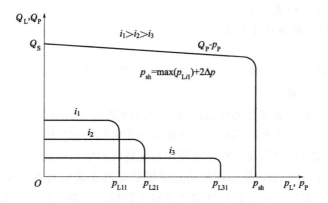

图 4-54 智能泵能量利用情况（负载敏感泵）

(5) 智能泵微控制器

智能泵微控制器基于 89C51 单片机实现，可以通过 1553B（GJB 498）总线与机载公共设备管理系统液压子系统的计算机相连。所研制的智能泵微控制器的结构组成如图 4-55

所示，由 89C51 单片机、AD574A、TLC5620、调理电路、电流负反馈放大电路和显示电路等组成，控制程序固化在 89C51 单片机的 EEPROM 中。对于智能泵来说，无论是流量控制、压力控制还是负载敏感控制，最终均可归结为对变量泵排量的控制，而排量的控制采用电液位置伺服系统通过单片型微机控制系统来调节变量泵的斜盘摆角实现。电液伺服变量装置微机控制系统负责实现用微机控制智能泵的流量探力特性，并选择与运转方式相对应的反馈量与设定量比较获得误差信号进而通过计算求得控制量。图 4-55 中，2 路频率信号分别是转速信号和转矩信号，2 路数字输出信号分别用于驱动流量检测/加载阀组的两个电磁阀，1 路模拟输出信号用于控制电液伺服变量装置的电液伺服阀。通过串口，可实现上位机与其微控制器通信，实现从上位机向下位机传送变量方式、控制规则和给定参数等。微控制器可以实现模糊 PID 和常规 PID 两种控制算法。

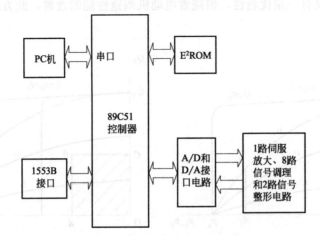

图 4-55　智能泵微控制器结构组成

通过智能泵微控制器的测试，其模出、模入、转速测试精度和定时精度为：

模出——单通道，精度优于 0.1%；

模入——4 通道，精度优于 0.1%；

转速测试精度——优于 0.5%；

定时精度——优于采样周期的 0.05%，采样周期可以在 2～50ms 之间设定。

(6) 智能泵实验装置

在飞机上，智能泵由航空发动机通过分动箱（减速比一般为 3 : 1）驱动。由于航空发动机的功率比液压功率大得多，因此该驱动系统有非常高的速度刚度。为了在实验室进行智能泵的试验，必须设计能模拟发动机转速驱动系统特性的驱动装置。所设计的转速调节系统如图 4-56 中的右半部分所示，采用阀控马达系统稳定液压泵的转速，阀为带位移电反馈的电液比例方向流量控制阀。为了进行泵的加载和工作模式切换，设置了流量检测加载阀组。当其中的电磁阀均断电时起流量检测和加载的作用；当左边的电磁铁通电且右边的电磁铁断电时，起加载的作用；当两个电磁铁均通电时，油泵处于卸荷状态。实验系统中的智能泵采用微控制器控制，上位机通过串口和采集卡传送指令采集试验数据并进行数据处理获得实验曲线。上位机 CAT 软件采用 VC6.0 编写。该装置能对智能泵进行变流量、变压力和负载敏感等实验。

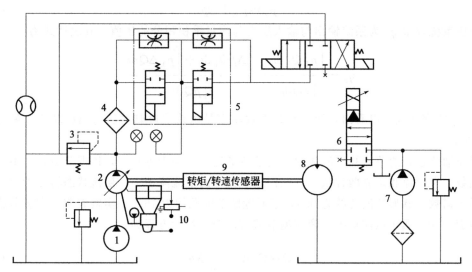

图 4-56　阀控马达驱动智能泵实验系统

1—增压泵；2—智能泵；3—安全阀；4—高压油滤；5—流量检测加载阀组；

6—比例方向流量控制阀；7—驱动侧液压泵；8—驱动液压马达；

9—转速/转矩传感器；10—变量控制机构

4.4.2　机载智能泵源系统负载敏感控制

未来飞行器将具有高速、高机动、轻自重、大有效载荷的特点，这就对更轻重量、更小占用空间以及更大操纵功率的液压系统有越来越迫切的需求，达到这一目的的有效途径就是提升飞机液压系统的工作压力。如今飞机液压系统普遍采用恒压变量泵源系统，如果液压系统工作压力经过高压化后，泵的出口压力将始终维持在高压状态，这会使系统产生较大的泄漏及节流损失，无效功耗大大增加，液压系统温度急剧上升。液压系统受温度影响比较大，温升常常会导致介质老化加速、油液黏度和润滑性能降低、沉淀物聚集加剧、零件膨胀从而导致液压系统工作失效的问题，这严重影响飞机的飞行安全。另外，为液压系统增加降温装置，又不能达到通过高压化而减轻系统重量、提高系统效率的目的。

负载敏感控制是使泵的输出跟随负载变化的控制方式，智能泵负载敏感控制就是使泵的输出根据负载的需求而调节的机载智能泵控制方式。负载敏感控制能够使泵的输出压力和流量与负载需求完全匹配，尽最大可能减少系统溢流和节流损失，降低无效功耗，从而达到节能降温的目的。

(1) 负载敏感系统原理

负载敏感技术利用负载变化引起的压力变化去调节泵或阀的压力与流量以适应系统的工作需求。机载智能泵是以塑料注射机和自行式移动机械上应用的负载敏感泵发展而来的，负载敏感控制系统的功耗较低、效率高、发热少，对于飞机液压系统的高压化趋势有良好的应用前景。

负载敏感系统在各执行器前设置调速阀，利用不同控制方式(电液、机液、电气)调节调速阀进出口压差，使其保持为恒值。由于调速阀进口压力一般为泵源出口压力，调速阀出口压力一般为负载压力，所以负载敏感系统泵源出口压力 p_s 始终跟随负载压力 p_L 的变化而变化，且与负载压力保持固定差值 Δp（1MPa 左右），即：

$$p_s = p_L + \Delta p \tag{4-12}$$

液压系统效率 η_x 为系统输出与输入压力与流量乘积积分的比值，其表达式为：

$$\eta_x = \frac{\int p_L Q_L \mathrm{d}t}{\int pQ\mathrm{d}t} = \frac{\int \Delta p Q_L \mathrm{d}t + \int p_L \Delta Q \mathrm{d}t}{\int pQ\mathrm{d}t} \tag{4-13}$$

从 η_x 的表达式可以看出，液压系统无效功率是由系统过剩的压力 Δp 以及过剩的流量 ΔQ 造成的。

液压油流过锐边节流孔（液流通过的节流通道长度等于零）时，依据节流孔中不同的液流雷诺数，有层流和紊流两种状态，在锐边节流孔的节流流动中，层流状态转变为紊流状态的临界雷诺数，圆形节流孔约为 9.3，矩形缝隙节流孔约为 16.6。实践表明，大多节流流动雷诺数 $R > 10$，属于紊流情况。紊流型节流流动节流特性方程为：

$$Q = C_d A_0 \sqrt{\frac{2}{\rho} \Delta p} \tag{4-14}$$

式中，A_0 为节流孔面积；Δp 为节流孔进出口压差；ρ 为液流密度；C_d 为流量系数。

对于调速阀 C_d、ρ、Δp 都为常数，即 μ 为常数，则通过调速阀流入执行器的流量大小为：

$$Q = A_0 \mu \tag{4-15}$$

式中，$\mu = C_d \sqrt{\dfrac{2}{\rho} \Delta p}$。

其中 μ 为常数，所以执行器的流量仅与调速阀开度 A_0 有关。从以上可以看出，传统的恒压液压系统能够把系统溢流流量减到最低，但系统压力始终维持在驱动最大负载所需压力。与传统恒压系统相比，智能泵负载敏感系统能够根据负载大小调节输出流量和压力，尽最大可能降低系统无效流量和无效压力。

(2) 智能泵负载敏感控制方式方案

① 智能泵单执行器负载敏感系统　图 4-57 为智能泵单执行器负载敏感系统结构原理图，智能泵出口与负载之间设置一个固定节流孔，节流孔进、出口安装压力传感器，智能泵处理器接收节流孔进、出口压力信号，并通过电液伺服阀控制智能泵变量机构，改变泵的输出，使固定节流孔进出口压差保持为定值，因为固定节流孔流通面积不变，根据流量公式，

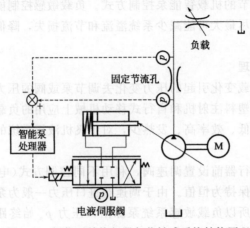

图 4-57　智能泵单执行器负载敏感系统结构原理

通过节流孔的流量也为定值。由于节流孔进口压力为泵输出压力，出口压力为负载压力，因此该系统保证了泵的输出压力始终跟随负载的变化而变化，降低了系统的节流损失，而流入负载的流量不受负载大小的影响。当把固定节流孔换成调速阀（可变节流孔），根据流量公式，此时流入负载的流量仅与调速阀的开度有关。因此智能泵单执行器负载敏感系统可使智能泵输出压力随负载的变化而变化，输出流量仅随调速开度的变化而变化，一般情况下固定节流孔的固定压差值很小（1MPa左右），所以系统仅在固定节流孔上存在很小的节流损失，系统无效功耗较低，效率较高。

② 智能泵多执行器负载敏感系统　飞机液压系统中存在多个执行器，每个执行器都可能对应不同的负载压力，如果将这些执行器直接并联在固定节流孔出口则会导致泵输出流量优先流入低压负载油路，从而出现低压负载执行器速度过快，高压负载执行器速度过慢甚至完全停止的现象。为了满足所有负载的需求，泵输出压力必须与最大负载压力保持负载敏感关系，因此负载压力较小的执行器调速阀两端压力差不能保持恒定值，根据流量公式和调速阀工作原理可知调速阀此时处于工作失效状态。为了解决这些问题，应在多执行器负载敏感系统中设置分流装置。

图 4-58 所示为行走机械多执行器液压系统中的分流装置——压力补偿阀。压力补偿阀有两个压力控制接口，其在工作中能够自动调整两个接口所连油路的压力差为恒定值。在多执行器负载敏感系统中的不同执行器负载油路安装压力补偿阀，阀的两个控制口分别与调速阀进、出口相连，调速阀进出口压差将被自动调节为设定的固定压差，从而实现并联在同一液压源上不同执行器的负载敏感控制。

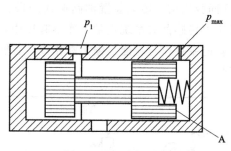

图 4-58　压力补偿阀

压力补偿阀由阀体、阀芯和弹簧组成，其中 p_1、p_{max} 为控制压力，p_1 与调速阀进口相连，p_{max} 与调速阀出口相连。压力补偿阀在在工作中阀芯受力平衡方程为：

$$p_1 A = p_{max} A + k(x_0 - x) - F_s \tag{4-16}$$

$$p_1 - p_{max} = \Delta p = \frac{k(x_0 - x) - F_s}{A} \tag{4-17}$$

式中，k 为弹簧刚度系数；x_0 为弹簧预压缩量；x 为弹簧位移；F_s 为作用在阀芯上的液动力；A 为阀芯面积。

由式(4-17)可知，当压力补偿阀在弹簧较软、调节位移较短以及液动力变化不大的情况下，两个控制压力的压差 Δp 近似为常数。

在多执行器智能泵负载敏感控制系统中，泵出口压力为最大负载压力与负载敏感固定压差之和，压力补偿阀安装于调速阀前，将各负载回路调速阀进出口压差调整为固定值。在传统的负载敏感控制系统中，用梭阀判断执行器最大负载压力，用以调节变量泵出口压力。由于智能泵系统安装了压力传感器，可以代替梭阀，每个执行器压力腔压力由传感器测量，再把测得的压力值传递到智能泵处理器，由处理器判断出最大负载压力，并以此实现泵的负载敏感控制，其结构原理如图4-59所示。

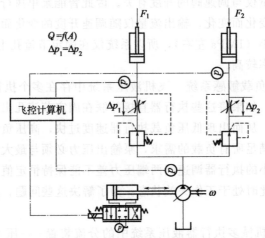

图 4-59　双执行器负载敏感控制结构原理

(3) 仿真分析

为了验证智能泵负载敏感控制方案的可行性，在 AMESim 软件平台上建立如图 4-60 所示的多执行器负载敏感系统仿真模型。模型中 1 和 2 为压力补偿阀，3 和 4 为执行器，其中 3 为传动装置，4 为电液位置伺服机构。传动装置油路调速阀进、出口安装压力传感器，在实际的系统中，调速阀进口压力传感器对系统正常工作不起作用，在此只是为了方便测量调速阀进出口压差而设置的。智能泵接口与智能泵输出端相接，智能泵处理器接口为智能泵智能中心提供最大负载压力信号。

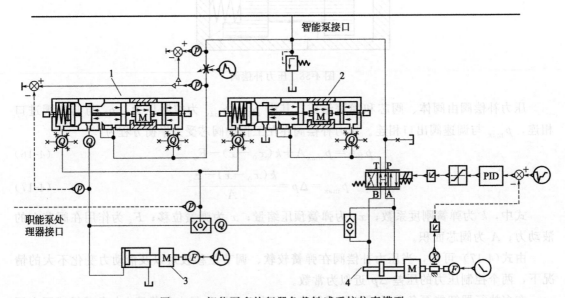

图 4-60　智能泵多执行器负载敏感系统仿真模型

设定执行器动作和工况：**两个执行器整个动作时间为 2s，其中 0～0.5s，传动装置作动**

筒受到大小为 30000N 的作用力 F_1，0.5～1.5s，F_1 增大到 50000N，1.5～2s，F_1 又减小到 10000N；电液位置伺服机构受到大小为 1000N 的作用力 F_2，0～1s，伺服阀输入电流为 0mA，1～2s，伺服阀输入电流为 0.7mA。整个 2s 期间，传动机构油路调速阀开度保持不变。设置仿真时间为 2s，采样时间间隔 0.001s，运行仿真，得到仿真结果。

图 4-61 所示为各执行器的位移大小，其中实线为传动机构作动筒活塞杆位移，0～2s 期间，虽然活塞杆受到的作用力处于变化状态，但其仍以匀速状态从 0 移动到 0.226m，根据负载敏感系统原理，系统能够根据负载大小自动调节调速阀两端压力，使其压力差保持为固定值，执行器进油速度仅与调速阀开度有关，因此当调速阀开度保持一定大小，无论活塞杆受到的作用力如何变化，其速度始终保持为匀速状态；虚线为电液位置伺服机构位移，其值在第 1s 时由 0 迅速变为 0.07m，与伺服阀输入电流一致，整个过程响应时间和调节时间较短，符合控制系统对动态性能的要求，且传动机构与位置伺服机构在执行动作的过程中互不影响，因此，可以看出在智能泵负载敏感系统中各执行器能够正常工作。

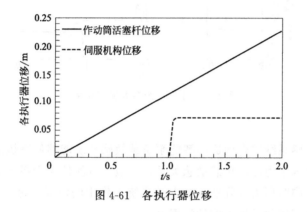

图 4-61　各执行器位移

图 4-62 所示为各执行器动作时系统各部分的压力状况，曲线 1 为作动筒所受负载压力，其值随着所受作用力的大小而变化；曲线 2 为伺服机构所受负载压力，1s 后执行器位移发生变化，负载压力也随之变化；曲线 3 为智能泵输出压力。如图 4-62 所示，0～1.5s，作动筒负载压力大于伺服机构负载压力，智能泵输出压力与作动筒负载压力保持负载敏感关系，1.5～2.0s，伺服机构负载压力大于作动筒负载压力，智能泵输出压力与伺服机构负载压力保持负载敏感关系。因此可以看出系统中智能泵输出压力始终与各执行器最大负载压力保持负载敏感关系。

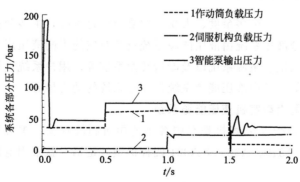

图 4-62　系统各部分压力状况

图 4-63 所示为在智能泵负载敏感系统以及恒压变量泵系统完成该组动作泵源系统的总输出功率。智能泵负载敏感系统与恒压变量泵系统作动筒和伺服机构的位移相同，即所做的有效功相同，但两者的泵源系统输出总功却不同。由于恒压泵需要始终保持驱动最大负载所需的压力，在 0～0.5s 以及 1.5～2.0s 的系统压力仍然需要保持为 0.5～1.5s 期间驱动大负载所需的压力，这就造成了节流损失。经计算，完成这组动作，恒压变量泵系统泵源输出总功为 17554.7J，而智能泵负载敏感系统输出总功仅为 14034J，后者比前者的效率提高了将近 20%。同时，由于智能泵系统在降低系统压力的同时也降低了系统的泄漏，这有利于进一步提高系统效率。

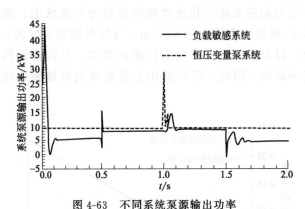

图 4-63 不同系统泵源输出功率

(4) 小结

智能泵与负载敏感系统结合而成的智能泵负载敏感系统能够使飞机液压系统泵源输出压力与各执行器最大负载压力保持负载敏感关系，尽最大可能地减少系统工作在高压状态的时间，降低节流损失，同时压力的降低也减少了系统工作中的泄漏，进一步提高了系统效率，避免了飞机液压系统高压化后导致的油液温升。

多执行器负载敏感阀会产生较小的压降（1MPa 左右），会有很小的节流损失，虽不能达到与负载需求完全匹配，但相对于非智能泵，效率依然可以提高 20%，极大提升了效率；单执行器系统智能泵的输出与负载需求可达到完全匹配，可以获得比多执行器系统更高的效率，最大程度减少了高压时间。智能泵负载敏感系统为飞机液压系统高压化和大功率化的发展铺平了道路，具有良好的应用前景。

4.4.3 大型客机液压系统

大型客机液压系统是一个多余度、大功率的复杂综合系统，由多套相互独立、相互备份的液压系统组成。每套液压系统由液压能源系统及其对应的不同液压用户系统组成。液压能源系统包括油箱增压系统、泵源系统以及能量转换系统等；用户系统包括飞控系统、起落架系统以及反推力系统等。其中液压能源系统是综合系统的动力核心。

(1) 空中客车公司大型客机液压能源系统

① 空客 A320 A320 系列客机是空中客车公司研制的双发、中短程、单过道，150 座级客机，包括 A318、A319、A320 及 A321 四种机型，是第一款采用电传操纵飞行控制系统的亚音速民航飞机。

A320 液压系统由 3 个封闭的、相对独立的液压源组成，分别用绿、黄、蓝来表示。执行机构的配置形式保证了在 2 个液压系统失效情况下，飞机能够安全飞行和着落，其液压系统配置见图 4-64。在正常工作（无故障）情况下，绿系统和黄系统中的发动机驱动泵（EDP）和蓝系统中的电动泵（EMP）作为系统主泵，为各系统用户提供所需要的实时液压功率。黄系统中的电动泵（EMP）只在飞行剖面中大流量工况或主泵故障工况时启动。当任何一个发动机运转时，蓝系统的电动泵自动启动。3 个系统主泵通常设置为开机自动启动，无电情况下，手动泵作为应急动力对货舱门进行控制。蓝系统为备份系统，其冲压空气涡轮（RAT）在飞机失去电源或者发动机全部故障时，通过与其连接的液压泵为蓝系统提

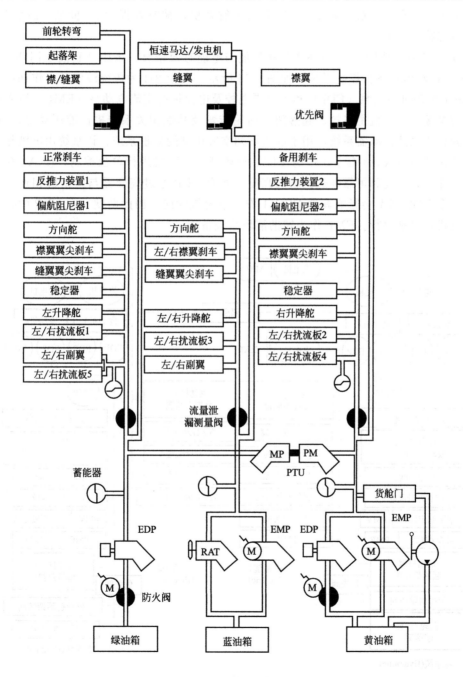

图 4-64　空客 A320 液压系统配置

供应急压力，此外 RAT 也可通过恒速马达/发电机（CSM/G）为飞机提供部分应急电源。系统中的双向动力转换单元（PTU）在绿、黄两个液压系统间机械连接，当一个发动机或 EDP 发生故障，导致两系统压力差大于 3.5MPa 时，PTU 自动启动为故障系统提供压力。优先阀在系统低压情况下，切断重负载用户，优先维持高优先级用户（如主飞控舵面）压力。前轮转弯、起落架、正常刹车由绿系统提供压力，备用刹车由黄系统提供压力。

② 空客 A380　A380 是空客公司研制的四发、远程、600 座级超大型宽体客机，是迄今为止世界上建造的最先进、最宽敞和最高效的飞机，于 2007 年投入运营。它是目前世界上唯一采用全机身长度双层客舱、4 通道的民航客机，被空客视为 21 世纪"旗舰"产品，其液压系统特点如下：

a.2H/2E 系统结构。A380 飞机将液压能与电能有效结合，采用 2 套液压回路＋2 套电路的 2H/2E 双体系飞行控制系统，如图 4-65 所示。其中 2H 为传统液压动力作动系统，由 8 台威格士发动机驱动泵（EDP）和 4 台带电控及电保护的交流电动泵（EMP）组成两主液压系统的泵源，为飞机主飞控、起落架、前轮转弯及其他相关系统提供液压动力；2E 为电动力的分布式电液作动器系统，用于取代早期空客机型的备份系统，该系统由电液作动器与备用电液作动器组成。4 套系统中的任何一套都可以对飞机进行单独控制，使 A380 液压系统的独立性、冗余度和可靠性达到新的高度。所有 EDP 通过离合器与发动机相连，单独关闭任何一个 EDP 都不会影响其他 EDP 工作及系统级性能，因此即便 8 个 EDP 中有一个不工作，飞机仍可被放行。EMP 作为辅助液压系统备用。

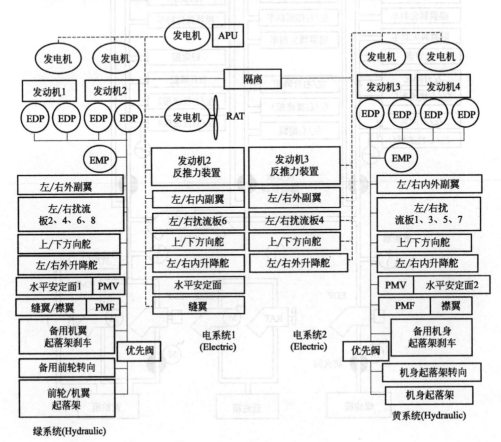

图 4-65　空客 A380 液压系统配置

b.35MPa 压力等级。尽管 35MPa 高压系统在部分军用飞机（如 F-22、F-35、C-17）上得到应用，但是 A380 是首架采用 35MPa 高压系统的大型民用客机，既满足了飞机液压系统工作需求，又减小了其体积和重量。据统计，35MPa 压力等级的引进为 A380 飞机减轻了 1.4t 的重量，并提高了飞控系统的响应速度。

c.EHA/EBHA。电液作动器 EHA/EBHA 与分散式电液能源系统 LEHGS 等新型技术在 A380 飞机上的成功使用，开启了飞机液压系统从传统液压伺服控制到多电、多控制的技术先河。通过新一代电液作动器的使用，使得系统设计从传统分配式模式向分布式模式转变，减少了液压元件与管路的使用，减轻了飞机重量。

A380 飞机采用 EHA/EBHA 系统来控制主飞行控制舵面，从而减少了一套液压系统，由于 EHA/EBHA 布置在执行器的附近，因而使驱动舵面的反应速度更快，也简化了液压管路的布置。

（2）波音公司大型客机液压能源系统

① 波音 B737　波音 737 系列客机是波音公司生产的一种中短程、双发喷气式客机，被称为世界航空史上最成功的窄体民航客机，具有可靠、简捷、运营和维护成本低等特点，是目前民航飞机系列中生产历史最长、交付量最多的飞机。目前市场上主流 737 为 737-300/737-400/737-500 型，最新一代 737 为 737-NG（Next Generation）。

波音 737 有 3 个独立的液压系统，分别为 A 系统、B 系统和备用系统，为飞行操纵系统、襟/缝翼、起落架、前轮转向和机轮刹车等提供动力。波音 737 由线缆等机械装置传输指令进行飞机姿态控制。图 4-66 显示了波音 B737 液压系统配置。

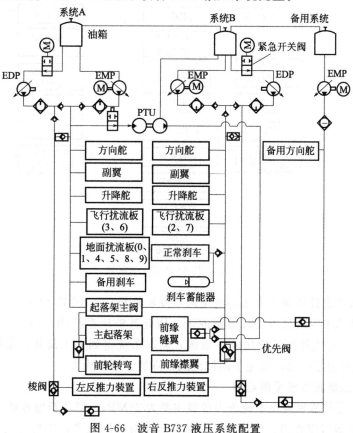

图 4-66　波音 B737 液压系统配置

系统 A 与系统 B 是飞机主液压系统，正常飞行状态下由系统 A 和系统 B 提供飞机飞行控制所需压力。A/B 系统泵配置均由一个 EDP 和一个 EMP 组成。A/B 系统的正常压力由系统中的 EDP 提供，如果 EDP 失效，由 EMP 为 A/B 系统补充压力。备用系统由 EMP 为飞机提供动力。B737 液压系统中的 PTU 为单向动力传递，即只有当 B 系统中出现严重低压现象时，PTU 在 A 系统的动力驱动下，将动力传递给 B 系统用户，由于传递过程使用同轴连接结构，可保证两系统不发生串油现象。两系统都可以通过起落架转换阀对起落架系统进行供压，保证两主系统都可以对起落架液压系统进行独立控制。

② 波音 B787 波音 787 是波音公司最新发展的双发、中型宽体客机，可载 210～330人，航程 6500～16000km。波音 787 的突出特点是采用了高达 50％ 的复合材料来建造主体结构（包括机身和机翼），具有强度高、重量轻等优点。

波音 787 同样采用 35MPa 工作压力来降低系统重量。液压系统仍由左、中、右三套独立系统构成，其中左/右液压系统由一个 EDP 和一个 EMP 来提供压力，中央系统由两个EMP 和一个涡轮冲压泵 RAT 来提供压力。液压系统配置见图 4-67。

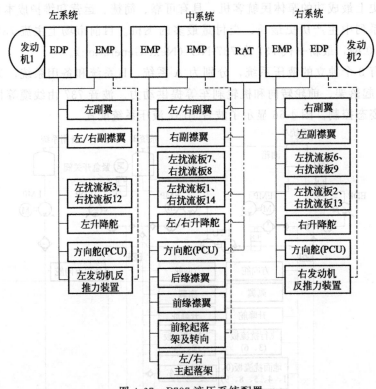

图 4-67 B787 液压系统配置

B787 液压系统设计体现了未来多电飞机的发展趋势。与 B737 相比，由于 B787 采用电机械（EMA）技术来控制部分飞行控制舵面，因此其液压系统用户减少。此外，波音 787采用电刹车系统来替代传统的液压刹车系统，刹车系统得到大大简化，系统可靠性得到提高；同时由于没有液压管路，避免了油液泄漏，降低了维修成本。

(3) 客机液压能源系统发展趋势

① 高压化 传统客机液压系统压力等级主要为 21MPa，但从新型客机 A380 和 B787 应用 35MPa 压力等级可以看出，民用飞机紧随军用飞机液压技术，也具有发展高压系统的趋

势，这是因为就传动力和做功而言，高压意味着可以缩小动力元件尺寸、减轻液压系统重量、提升飞机承载能力。当然，高压系统也对设备的强度和密封材料的性能提出了更高的要求。液压系统是否采用高压，还要考虑飞机燃油经济性和维护便利性的要求。

② 分布式　电液作动器 EHA 与分散式电液能源系统 LEHGS 等新型电液技术在 A380 飞机上的成功使用，是大型客机液压能源系统设计理念的创新，使得液压能源系统设计首次从传统集中分配式模式向独立分布式模式转变，大大减少了液压元件与液压管路。EHA 与 LEHGS 的结合运用，替代传统第二套液压能源系统（备用系统），实现了小功率负载用户到大功率负载用户的飞机液压动力备份。

电液作动器 EHA 将液压能源系统与用户系统有效地集成于同一元件内，从而实现了小功率作动子系统的分散化。如图 4-68 所示为 EHA 基本原理构架，图 4-69 为 EHA 实物图。

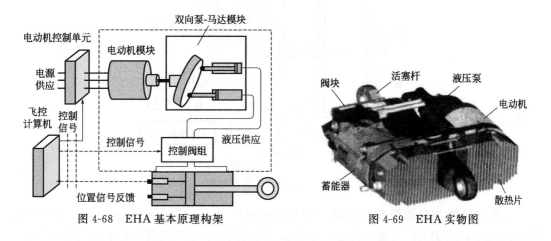

图 4-68　EHA 基本原理构架　　　　　　　图 4-69　EHA 实物图

为了减轻 A380 的重量，创新设计的分散式电液能源系统（LEHGS）通过微型泵技术为大功率用户如制动系统及起落架转向系统提供动力。从电控单元发出的信号激活多个轻质的电动微型泵，每个微型泵都安装在各分系统附近对负载用户进行控制。微型泵能够为制动及转向系统提供 35MPa 的油压，在应急情况下能为用户提供动力。

③ 自增压油箱技术　飞机上每个液压系统都有自己的油箱，为防止液压系统产生气穴现象，飞机油箱压力需保持在一定值（如 0.35MPa）以上。大多数飞机（如 A320、B737、A380 等）利用来自发动机的压缩空气对油箱进行增压，油箱内压力油与空气间没有隔膜，多余气体自动经溢流阀排气，其原理如图 4-70 所示。这种油箱需要大量的引气管路、水分

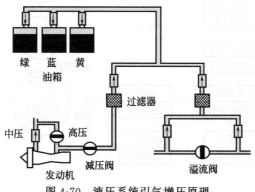

图 4-70　液压系统引气增压原理

离器以及油箱增压组件，导致系统结构复杂、系统重量增加。

图 4-71 为自增压油箱原理图。油箱中使用了一个差动面积的柱塞，柱塞泵出口高压油通过优先阀被引回到柱塞的小面积有杆腔，从而带动大柱塞向下运动，对油箱中的吸油腔油液增压。蓄能器设置在油箱和单向阀间，用以保持自增压回路的压力稳定，减小系统压力波动带来的油箱吸油腔压力波动。该油箱的优点是通过油箱结构的创新设计避免了油箱引气增压系统带来的系统复杂、管路繁多的缺点，使得油箱增压系统得以简化。目前波音 787 及我国自主研发的 ARJ21 飞机上都应用了自增压油箱技术。

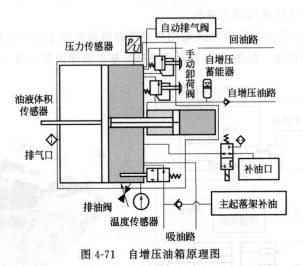

图 4-71　自增压油箱原理图

④ 故障诊断与健康管理　故障诊断与健康管理（Diagnostics Prognostics and Health Management，DPHM）实现了从基于传感器的反应式事后维修到基于智能系统的先导式视情维修（CBM）的转变，使飞机能诊断自身健康状况，在事故发生前预测故障。飞机液压系统健康管理的主要难点是如何在有限传感器基础上对所检测的液压系统状况进行智能判别，例如，准确判断柱塞泵失效状况需要大量实验数据作为参数化依据，同时需要合理有效的数据处理方法。图 4-72 所示的 DPHM 系统结构主要由机载系统和地面系统组成。

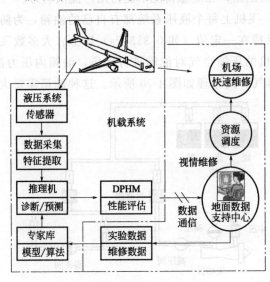

图 4-72　DPHM 结构体系

⑤ 智能泵源系统　目前，飞机液压系统中的 EDP 和 EMP 大多为恒压变量柱塞泵，系统压力设定为负载的最大值，柱塞泵不能根据飞行负载变化输出不同压力值，由此带来了能量的浪费。如果采用带负载敏感的智能泵源系统，液压系统输出压力和流量随飞行负载的变化而实时调解，将大大降低液压系统能耗。

智能泵源系统可根据负载工况自动调节输出功率，使输出与输入最佳匹配，是解决飞机液压系统无效功耗和温升问题的有效途径，其关键技术主要涉及变压力/变流量技术、负载敏感技术、耐久性试验技术以及智能控制技术等。

(4) 我国大客机液压能源系统方案

① 主流机型方案对比　根据国家立项与专家论证，我国大客机型定位 150 座级，座位规模在 130～200 个座位之间，也就是目前畅销的波音 737 和空客 320 的竞争机型，目前全世界的在飞客机中有 70%～80% 是这一级别。

B737 和 A320 系列客机为目前市场占有率最高的两种 150 座级客机。鉴于目前我国大客的机型定位，通过比较两机型液压能源系统特点，能为我国大客液压能源系统设计提供有益参考。比较结果见表 4-11。

表 4-11　A320 和 B737 液压系统的比较

比较项目	B737-300/400/500	A320
液压系统	A：EDP＋EMP＋PTU B：EDP＋EMP＋PTU C：EMP	绿：EDP＋PTU 黄：EDP＋EMP＋PTU＋手动泵 蓝：EMP＋RAT
CSM/G	无	有
RAT	无	有
蓄能器个数	1	8
PTU	单向(A→B)	双向(G⇌Y)
方向舵	A/B/C	绿/黄/蓝/PTU
副翼	A/B	绿/蓝/PTU
升降舵	A/B	左：绿/蓝/PTU 右：黄/蓝/PTU
正常刹车	B/蓄能器	绿/PTU
备用刹车	A	绿/PTU/蓄能器
扰流板	10 个 0/1/4/5/8/9：A 3/6：A 2/7：B	5 对 1：绿/PTU 2：黄/PTU/蓄能器 3：蓝 4：黄/PTU/蓄能器 5：绿/PTU/蓄能器
起落架/前轮转弯	A/B/PTU	绿/PTU
反推力装置	左：A/C 右：B/C	左：绿//PTU 右：黄 PTU
襟翼	前缘襟翼： B/C/PTU 后缘襟翼：B	翼尖刹车： 绿/蓝/PTU/蓄能器 左：绿/PTU 右：黄/PTU

比较项目	B737-300/400/500	A320
缝翼	前缘缝翼： B/C/PTU	翼尖刹车： 绿/蓝/PTU/蓄能器 左：蓝/PTU 右：绿/PTU

从两者液压系统比较可发现，B737 液压系统相对 A320 液压系统简洁，可有效减轻飞机液压系统重量，但在系统功能结构、冗余度以及可靠性方面明显不足。B737 没有采用冲压空气涡轮（CRAT）作为备份系统能源，且主系统间 PTU 装置仅采用单向结构而非双向结构，减少了飞机液压能源供给途径，降低了飞机应对紧急情况的能源供给能力。同时备份系统对应的执行机构功能简单，紧急情况下对飞机的控制能力有限，降低了备份系统的有效性。故总体上讲，A320 飞机液压系统相比 B737 飞机液压系统先进，拥有更高安全裕度，B737 机型液压系统配置则更为简洁、轻便。因此，在开发国产大飞机液压系统时，应着重借鉴空客 A320 机型的高冗余度设计与波音 B737 机型的系统简洁性设计。

② 设计方案一　根据大客发展目标以及新老机型方案对比，在此提出 2 种飞机液压能源系统方案。第一种系统方案配置见图 4-73。液压系统压力采用 21MPa，系统由 3 套独立液压能源组成，分别标记为左、中、右系统。与 A320 相比，每套液压系统均采用自增压油箱技术，同时简化用户系统配置。左/右液压源为飞机主液压系统，分别由一个 EDP 和一个 EMP 提供动力；中系统为备用系统，由一个 EMP 和一个 RAT 提供动力。飞机启动时，由左/右液压系统中的 EDP 为飞机提供动力。当发动机或 EDP 发生故障以及大流量需求工况（如飞机起飞和降落阶段）时，左/右系统中的 EMP 为飞机补充动力。在系统失电情况下，可利用左系统中的手动泵对舱门进行操作。左/右系统失效情况下，启动中系统 EMP 作为应急能源提供系统压力，当电力丢失以及 2 台发动机全部失效时，由冲压空气涡轮 RAT 为系统提供压力，此外 RAT 还为恒速马达发电机（CSM/G）提供动力。在一个发动机或其对应的 EDP 失效时，双向 PTU 为故障系统或低压系统提供动力转换。

③ 设计方案二　第二种方案采用 28MPa 作为系统压力，这是因为 28MPa 能够被目前的机载设备和维护设备强度所接受，同时能够减轻飞机液压系统的重量。此外，系统中采用电液驱动技术来驱动部分飞行负载，采用分布式电液能源系统代替传统备份系统。系统功能布置见图 4-74。系统采用 2 套液压回路（2H）+1 套电驱动回路（1E）的高可靠性方案。本方案中的每个液压能源系统由一个 EDP 和一个 EMP 提供动力。电驱动系统作为备份，在 2套液压系统失效情况下为飞行控制提供应急动力，其中 EHA 用于驱动方向舵，EBHA 用于驱动升降舵、副翼和扰流板 3，局部电液能源系统（LEHGS）用于驱动刹车系统。发电设备包括恒频发电机 CFG、RAT、辅助动力单元（APU）及地面动力单元（GPU）等，其中CFG 与发动机相连，当发动机运行时，CFG 自动为系统提供电源。

(5) 液压能源系统关键技术

① 高可靠性液压系统　高可靠性液压系统设计包括液压源的余度配置、高可靠性液压元件、高可靠性传感器选择等。

液压系统余度配置不仅影响飞机的安全性，同时也影响液压系统的重量和飞机控制性能。在进行飞机液压系统设计时，要进行液压系统多余度配置的优化设计论证，找出最佳的系统冗余配置。

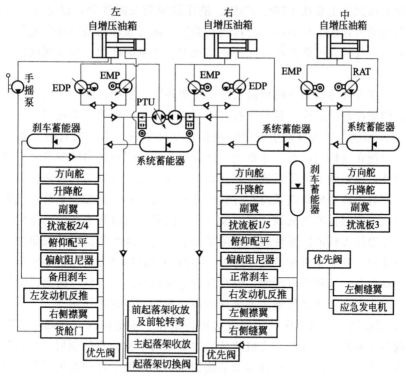

图 4-73　液压系统功能配置（方案一）

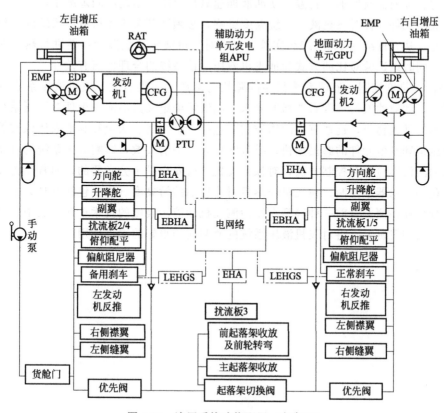

图 4-74　液压系统功能配置（方案二）

高可靠的液压元件主要指 EDP、EMP、液压控制阀及附件等，以上元件性能的好坏直接影响液压系统的可靠性。目前国内公司还不能生产高可靠性的航空液压元件，因此研制开发具有自主知识产权的高可靠性液压元件是实现大客飞机国产化、带动国内相关技术领域发展的关键。

此外，高可靠性传感器是飞机控制系统的重要环节。精确可靠的反馈信号是液压系统故障诊断与高精伺服控制的前提。目前飞机液压系统的各类传感器多为进口。

② 压力脉动抑制　压力脉动引起的管路振动是许多液压系统失效的主要原因。柱塞泵由于其优越的性能在飞机液压系统中得到广泛应用，但其固有的自然频率的流量脉动（不能完全消除）特性，也影响了液压系统性能。流量脉动造成压力脉动和管路振动，不仅带来了严重的噪声，而且能够造成管道系统在过载或疲劳载荷下发生灾难性事故。飞机液压系统的管路振动多年来一直困扰着飞机液压系统设计师，随着飞机液压系统的高压化，这一问题更加突出。因此在设计飞机液压系统时，必须采取有效的方法将管路振动限制在一定范围，尽可能减小压力峰值，并避免机械共振。尽管一些被动控制振动方法（如蓄能器、管夹、阻尼器和振动吸收材料等）证明是可行的，但是部分主动振动控制方法（需第二个能量源来抵消主能量源的振动）对进一步降低液压系统振动也能起到了良好的作用。

③ 油液温度控制　飞机液压系统温度必须控制在一定范围内，否则直接影响飞机的控制性能、机载设备寿命及可靠性。飞机热负载主要来自于发动机热辐射、泵源容积损失与机械损失、液压长管道沿程损失、电液阀的节流损失、作动筒的容积损失以及反行程中气动力作用导致的系统温升等；液压系高温使油液黏度降低、滑动面油膜破坏、磨损加快、密封件早期老化、油液泄漏增加；高温也使油液加速氧化变质、运动副间隙减小，产生的沉淀物质会堵塞液压元件。针对飞机液压系统温度影响，必须展开关于飞机液压系统温度控制技术的相关研究，从元件级-系统级-综合实验级分别对飞机液压系统温度特性进行热力学建模与仿真分析，同时以试验对比的方式验证飞机液压温控系统的合理性与有效性。

④ 油液污染度控制　液压系统很多故障均与液压油污染有关。飞机液压系统多采用伺服执行器，因此对油液污染度有严格的要求。油液污染定义为油液中出现对液压系统性能产生负面影响的其他物质，这些有害的物质主要包括水、金属、灰尘和其他固体颗粒等。油液污染使液压泵和其他元件的磨损加快，导致液压元件提前失效，影响液压系统的可靠性。因此合理的油液污染检测和控制方法，对保证飞机飞行安全是十分必要的。通常飞机液压油的污染由合理的过滤器来控制，在飞机降落后对液压油的污染度（主要包括颗粒大小、化学成分等）进行采样检测。目前一种轻型在线检测飞机油液污染度的技术正在发展中，可望在不久的将来应用到飞机上，将对飞机液压系统的监测起到很好的促进作用。

第5章

智能液压集成系统

5.1 现场总线在液压智能控制中的应用

现场总线（Fieldbus）是20世纪80年代末、90年代初国际上发展形成的，用于过程自动化、制造自动化、楼宇自动化等领域的现场智能设备互连通信网络。

5.1.1 现场总线的概念

现场总线作为工厂数字通信网络的基础，沟通了生产过程现场、控制设备之间及其与更高控制管理层次之间的联系。它不仅是一个基层网络，而且还是一种开放式、新型全分布控制系统。这项以智能传感、控制、计算机、数字通信等技术为主要内容的综合技术，已经受到世界范围的关注，成为自动化技术发展的热点，并将导致自动化系统结构与设备的深刻变革。国际上许多有实力、有影响的公司都先后在不同程度上进行了现场总线技术与产品的开发。

现场总线设备的工作环境处于过程设备的底层，作为工厂设备级基础通信网络，要求具有协议简单、容错能力强、安全性好、成本低的特点，具有一定的时间确定性和较高的实时性要求，还具有网络负载稳定，多数为短帧传送、信息交换频繁等特点。现场总线系统从网络结构到通信技术，都具有不同于上层高速数据通信网的特色。

一般把现场总线系统称为第五代控制系统，也称作FCS-现场总线控制系统。人们一般把20世纪50年代前的控制系统PCS称作第一代，把4～20mA等电动模拟信号控制系统称为第二代，把数字计算机集中式控制系统称为第三代，而把70年代中期以来的集散式分布控制系统DCS称作第四代。现场总线控制系统FCS作为新一代控制系统，一方面突破了DCS系统采用通信专用网络的局限，采用了基于公开化、标准化的解决方案，克服了封闭系统所造成的缺陷；另一方面把DCS的集中与分散相结合的集散系统结构，变成了新型全分布式结构，把控制功能彻底下放到现场。可以说，开放性、分散性与数字通信是现场总线系统最显著的特征。

现场总线引入到电液系统的目的在于其主控模块特别适用于复杂的工业现场，具有电磁干扰低、抗干扰能力强、可以直接驱动多片电液比例阀等优点。由于总线上传输的信号是数字量，这样就大大地提高了电液系统的精度，以及系统的抗干扰能力，从而改善了电液系统的性能与可靠性。

液压智能元件的基本功能之一是对液压元件性能服务的总线及其通信功能。

5.1.2　基于嵌入式控制器与CAN总线的挖掘机智能监控系统

CAN总线是现场控制总线之一，它属于总线式串行通信网络，建立在国际标准化组织的开放系统互连模型OSI（Open System Interconnection）上。OSI由物理层、数据链路层、网络层、传输层、会话层、表示层、应用层等7个层次组成，CAN总线实际只使用OSI底层的物理层和数据链路层。由于OSI的开放性、流行性和可靠性，使得以其为基础的CAN总线成为现场控制总线的首选类型。

嵌入式PLC系统具有体积小、成本低、抗干扰性强和可靠性高等特点，在现场控制中得到广泛应用。尤其是PLC所采用的开放式模块化体系结构与所具有的网络通信能力，使其能够完成复杂的机械装备现场监控任务，比较好地满足了现场控制系统的柔性化和开放性要求。在此，将嵌入式PLC和CAN总线技术应用于挖掘机电液控制系统。

（1）挖掘机电液控制系统的组成与工作原理

挖掘机是一种多用途工程机械，兼具军用与民用功能，可以实施轻型工程装备牵引、救援作业，具有挖掘、起重、破碎等多种作业功能。其工作及行走装置主要由铲斗、斗杆、大臂、行走履带及相应的操纵油缸、马达等组成的多自由度系统。挖掘机的操作比较复杂，安全性要求较高，导致驾驶作业人员的劳动强度很大。挖掘机向智能化发展是必然趋势。智能化工程机械通过各种传感器获取作业过程中的状态参数。挖掘机的智能化主要包含有3个方向，即挖掘机的智能监控、故障检测与预报、故障的远程诊断与维护技术，挖掘机单机智能化操控技术，以及基于网络的机群智能化控制与管理技术。将CAN局域网控制总线技术和嵌入式PLC技术应用于挖掘机的电液控制系统中，提高了电控系统的标准化和可扩充性，为今后的升级换代和走向国际市场打下良好的基础。

挖掘机电控系统由操控箱、显示器（虚拟仪表）、指示盒、信号中继盒、前悬臂中继盒、功率输出盒及安装在挖掘机作业机构和发动机上的传感器等组成，从功能上分为以下几个部分。

① 传感器部分。主要用来采集挖掘机工程过程中的状态信息参数，如液压缸极限位置检测，油缸的直线位移检测，左右回转马达的回转位移检测，液压系统压力、温度检测，滤清器堵塞状态检测，发动机转速、机油压力、水温等参数的检测。传感器的输出信号类型有开关量信号、模拟量信号、计数脉冲信号和压差信号，直接送入PLC控制器SPT-K-2023和SPT-K-2024中。

② 控制器部分。接收位置检测传感器、油缸位移传感器和马达计数传感器等的开关信号、模拟信号和脉冲信号，由控制器中的CPU处理后，数据分两部分输出：一部分数据送往到显示器（虚拟仪表），显示油缸等的位置信息、发动机状态信息、挖掘机作业状态报警信息等；另一部分数据送往电液比例阀等执行元件，控制油缸、马达等的动作，完成挖掘机的挖掘作业。

③ 显示器部分（虚拟仪表）。虚拟仪表采用显示器与主机集成设计，主要用来显示系统状态参数、挖掘作业的视频输入显示、挖掘向导功能及行驶导航功能。

④ 操作控制部分。操作控制面板上设置有液压系统的操作控制手柄、切换旋钮、拨挡

开关、自锁按钮和指示灯等。操作人员通过这些按钮，控制挖掘机的挖掘、装卸载作业、短距行驶等。操作控制部分所产生的模拟信号和开关信号调制为 CAN 总线信号格式后输入到控制器，由其进行处理转换后输出到控制执行元件。

⑤ 执行元件部分。采用 PSL 型电控比例多路阀，该阀为德国哈威公司生产，可控制液压执行元件的运动方向和无级调节独立于负载的运动速度。控制器输出 PWM 信号至电磁阀线圈，通过激励电流大小控制阀的流量大小，控制液压元件的执行速度。

PLC 控制系统的原理如图 5-1 所示。

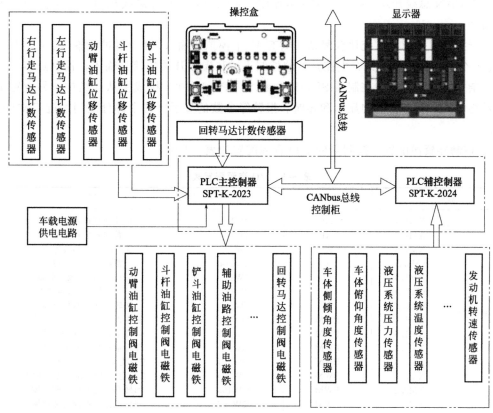

图 5-1　PLC 控制系统原理图

（2）PLC 控制系统的实现

挖掘机作业时，驾驶人员主要通过操作左侧位的斗杆/回转控制手柄和右侧位的动臂/铲斗控制手柄，产生 4 路模拟量控制信号，通过 CAN 总线传入到控制柜，控制相关的电液比例负载敏感控制阀，使斗杆油缸、回转马达、动臂油缸和铲斗油缸动作，完成挖掘作业功能。挖掘机行驶时，通过操作装置产生电信号，控制左右行走马达的电液比例阀动作，使马达正转或反转以及变速，实现挖掘机的行进和转向等功能。由此可见，挖掘机的电液控制系统是比较复杂的，输入参数和输出控制参数较多，因此采用了 2 台嵌入式软 PLC 控制器，一台作为主控制器，PLC 控制器通过采集传感器的信号和操作人员的操纵控制信号，实现挖掘机的挖掘作业。主、辅控制器及主控盒之间通过 CAN 总线互连，数据通信采用 CAN-OPEN 协议，如图 5-1 所示。

① PLC 的特点与选型　控制系统采用 SPT-K 系统控制器，该控制器为一种嵌入式的

高性能工程机械专用软控制器，集成 PLC、比例放大电路、数模/模数转换模块、继电器输出和 PWM 输出驱动为一体，特别适合在恶劣的环境条件下工作，该系列控制器的特点如下：

内置的嵌入式比例放大器，将多片阀的放大器集成为一体，输出可直接驱动电液比例阀，减少了外围辅助电路，有效提高了系统的可靠性；

模拟信号输入端子具备处理不同输入信号的能力，可连接电位计、热敏电阻、电流/电压信号变送器等多种工程信号，并可使用软件编程进行灵活设定；

基于 CAN 总线开发，提供了 CANOPEN 与 CAN2.0 两种总线接口，便于使用多个控制器组网。

由于挖掘机的液压系统比较复杂，共有 15 个模拟量输入、4 个脉冲量输入、4 个开关量输入、7 个 PWM 输出，另有主控盒上的控制手柄和操作开关的信号输入，控制点多，控制逻辑复杂，因此采用 2 台控制器 SPT-K-2023 和 SPT-K-2024 构成主从式结构。另设置了作业显示终端进行状态参数的显示和导航、报警等参数的显示。各个部分之间通过 CAN 总线连接。

② 控制器资源配置　控制器的 I/O 资源配置如表 5-1 所示。

表 5-1　I/O 资源配置表

端口		类型	地址	说明
SPT-K-2023	XM1.1	AI	%IW100	铲斗油缸位移传感器
	XM1.2	AI	%IW101	动臂油缸位移传感器
	XM1.3	AI	%IW102	斗杆油缸位移传感器
	XM3.20	AI	%IW114	蓄电池电压检测
	XM1.9	PI	%IW155	左行走马达计数传感器
	XM1.10	PI	%IW154	右行走马达计数传感器
	XM1.11	PI	%IW153	回转马达计数传感器
	XM1.5	PWM	%QW103	铲斗油缸控制阀电磁线圈
	XM1.6	PWM	%QW102	动臂油缸控制阀电磁线圈
	XM1.7	PWM	%QW100	斗杆油缸控制阀电磁线圈
	XM1.8	PWM	%QW101	左行走马达控制阀电磁线圈
	XM2.1	PWM	%QW104	右行走马达控制阀电磁线圈
	XM2.2	PWM	%QW105	回转马达控制阀电磁线圈
	XM2.3	PWM	%QW107	辅助油路控制阀电磁线圈
SPT-K-2024	XM1.5	AI	%IW101	发动机冷却水温度传感器
	XM1.6	AI	%IW100	发动机机油温度传感器
	XM1.12	AI	%IW104	发动机机油压力传感器
	XM2.3	AI	%IW102	环境温度检测传感器
	XM2.4	AI	%IW103	液压油散热器温度传感器
	XM3.13	AI	%IW110	液压系统温度传感器
	XM3.14	AI	%IW111	燃油油位测量传感器
	XM3.5	AI	%IW106	液压系统压力传感器
	XM3.6	AI	%IW107	横向倾角传感器
	XM3.7	AI	%IW108	纵向倾角传感器
	XM3.8	AI	%IW109	液压油位测量传感器
	XM1.16	DI	%IX1.3	固定销检测开关信号
	XM1.15	DI	%IX0.3	发动机机油滤清器堵塞
	XM1.17	DI	%IX1.2	液压系统出油滤清器堵塞
	XM1.22	DI	%IX1.1	液压系统回油滤清器堵塞
	XM3.16	PI	%IX152	发动机转速传感器

③ 电液比例阀的驱动方式　挖掘机的所有电磁阀的工作电压均为 24V，负载敏感多路

换向阀每联电磁阀的工作电流小于 3A，可由 PLC 直接驱动阀芯动作。SPT-K-2023 嵌入式 PLC 的 PWM 输出采用大功率 MOS 管，采用图腾柱结构的推动级方式，输出引脚的特性为 "正向电流输出型"。

嵌入式 PLC 的 PWM 输出口可以直接驱动电液比例阀，控制手柄操作电磁阀时，PLC 采集角度传感器信号，经处理后改变 PWM 的输出驱动电流值，从而达到调整电液比例换向阀开度大小的目的。在控制过程中，PLC 通过内置采样电阻来获取驱动电流的反馈信息，因此双向电液比例阀电磁线圈的驱动电路接线需采用 2 个输出引脚。由于双向电液比例阀的 2 个电磁线圈不会同时通电工作，所以对其驱动可采用 3 个引脚的接线方式，2 个引脚接线圈的驱动输入接头，而第 3 引脚的电流返回线由 2 个驱动引脚共用。每个 PWM 电流返回引脚都具有单独的地址，能够与 8 个 PWM 输出端口的任何一个配合。为保护 PLC 输出级的 CMOS 功率管，在电液比例阀的电磁线圈端口上必须并联续流二极管，其接线方式如图 5-2 所示。

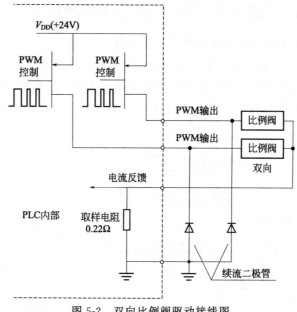

图 5-2　双向比例阀驱动接线图

(3) 嵌入式 PLC 的操作系统软件

① SPT-K 控制器的初始化　基于 CANOPEN 协议的网络为主从式结构，网络中的节点号最小的控制器设置为主模式（MASTER）其他的节点设置为辅助（SLAVE）模式，这是因为节点号越小，控制器的优先级越高。系统使用标准的 CAN 数据格式，ID 为 11 位，有效数据长度为 8 个字节，CANOPEN 数据结构为："CAN ID，DLC，D0，D1，D2，D3，D4，D5，D6，D7"。

如果控制器需向 CAN 总线上发送数据，那么在初始化完成后，控制器从虚拟节点往总线上发送 4 帧 TPDO：（CANOPEN_START_INIT、CANOPEN_END_INIT），第 1 帧 PDO 数据的 ID 为 "0X180＋控制器的节点号"，随后 3 帧依次为 "0X280" "0X380" 和 "0X480" 与控制器的节点号相加。

如果发送时数据没有变化，则每隔 300ms 控制器向总线发送一次数据。如数据变化了，则控制器会立即将更新后的数据发送到总线上。

② 操作系统软件　操作系统程序基于 CoDeSys 开发环境编写，按功能块结构进行程序设计：

a.模块之间的通信程序的编写，包括 CAN 总线的初始化、PDO 数据的发送、PDO 数据的接收和参数设定等。根据系统需求与特点，将 EPEC2023 的节点 ID 定义为 1，EPEC2024 的节点 ID 定义为 4，主控盒节点定义为 3，由于显示器只需要从总线上接收信号而无输出信号，因而不需要定义节点 ID。

b.标度变换功能块、故障处理与报警功能块、逻辑功能调用模块和数据显示模块，主要完成坐标参数、状态参数的变换，故障的处理和报警、挖掘作业、行走作业的正常操作与防误操作等，以及发动机状态参数、液压系统状态参数、车体倾斜、GPS 导航等信息的显示等功能。

通过功能模块调用，在挖掘机的行走、作业、导航等工况下，根据系统要求，保证电控系统的正常运行，控制液压系统按要求实现作业功能和车外远程操作功能等。

5.1.3　基于 CAN 总线的液压混合动力车智能管理系统

(1) 液压混合动力车驱动系统的构成及工作原理

液压混合动力车驱动系统由车辆原有驱动系和液压辅助驱动单元构成，结构简图如图 5-3 所示。图中的虚线方框内为液压辅助驱动单元，主要由变量泵/马达、高低压蓄能器、电磁阀等元件组成，实现储存和释放能量的目的。

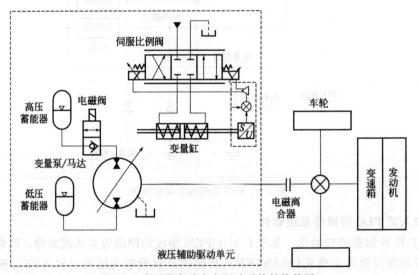

图 5-3　液压混合动力车驱动系统结构简图

在液压混合动力驱动系统中，当车辆处于制动状态时，辅助驱动单元中的变量泵/马达以液压泵的方式工作，为车辆提供制动转矩，并将车辆的惯性能转换成液压能，低压蓄能器中的液体以高压的形式存储到高压蓄能器中；当车辆起步时，变量泵/马达以液压马达的方式工作，将高压蓄能器中的压力能转换成机械能并驱动车辆行驶，当行驶到一定速度时启动发动机，车辆开始正常行驶；当车辆爬坡时，液压辅助驱动单元与发动机经过动力耦合装置共同驱动车辆，以平衡发动机的功率，实现节能和减少尾气有害物排放的目的。

（2）液压混合动力车智能管理系统

智能管理系统包括：液压辅助驱动单元智能节点，制动、油门踏板智能节点，发动机智能节点和附件节点等。系统采用主从式结构，上位机采用车载工控机 CTN-B0202GA，具有体积小、运算速度快、能耗低的优点，发动机和液压辅助驱动单元智能节点 ECU 采用ARM 控制器，核心芯片为 LPC2294，LPC2294 具有运算速度高、可靠性高的优点。系统结构如图 5-4 所示。

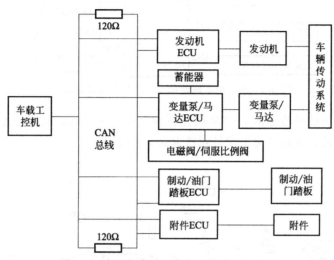

图 5-4　液压混合动力车智能管理系统结构

（3）系统的硬件

液压辅助驱动单元节点与发动机节点设计思想和采用的控制器相同。

① 液压辅助驱动单元智能节点设计　液压辅助驱动单元采用如图 5-3 的液压回路，其控制主阀为伺服比例阀，具有响应速度快、控制精度高等特点，电磁阀控制高压蓄能器的通断，达到释放和回收制动能量的目的。该智能节点具有信号采集检测和驱动的功能。检测功能是指回路中蓄能器的压力、变量泵/马达的转速、变量缸的位置，实现对变量泵/马达转速的精确控制，最终很好地完成与另一动力源发动机转速的耦合，使发动机处在最佳的工作区间，实现能源的最佳匹配。驱动功能是接受指令并输出信号，驱动电磁阀和伺服比例阀动作。液压辅助驱动单元 ECU 负责单元的管理，并实时与车辆驱动系统的上位机进行通信，接受其指令，并实时将节点采集的数据上传给上位机以保证单元控制和运行的可靠性。液压辅助驱动单元智能节点的电路原理图如图 5-5 所示。节点采用ARM 控制器，其核心是 LPC2294，它是一款基于 16/32 位 ARM7TDM1 核，既可以执行32 位的 ARM 指令，也可以执行 16 位 Thumb 指令，支持实时仿真和跟踪的 CPU。LPC2294 内部有 16KB 静态 RAM 和 256KB 的 FlashROM，有高速 I^2C 接口 400kbit/s，8路 10 位 A/D 转换器、2 个 32 位定时器、4 路捕获和 4 路比较通道，晶振频率范围为 1～30MHz；有 6 个 PWM 输出、2 个 CAN 通道；通过片内 PLL 可以实现最大 60MHz 的CPU 操作频率。

LPC2294 提供了 8 路的 10 位精度 A/D 转换模块，该模块的电压测量范围是 0～3.3V。而传感器信号传出的模拟电压信号的电压范围是 0～5V，所以信号采集及处理模块还要对其输出电压进行转化。传感器信号调理电路原理如图 5-6 所示。系统采用两级反向比例运算电

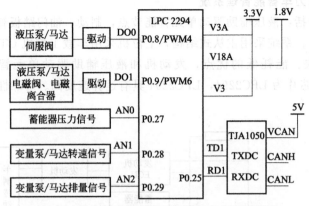

图 5-5　液压辅助驱动单元智能节点电路原理图

路，把传感器的输出信号范围由 $0\sim5\text{V}$ 按比例转换成 $0\sim3.3\text{V}$，同时使用容阻滤波网络对传感器输出信号滤波，去除外部干扰得到稳定的输出电压信号。

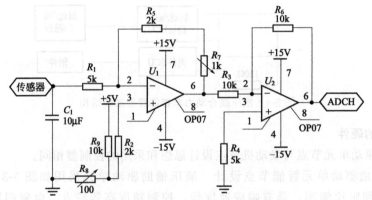

图 5-6　传感器信号调理电路原理图

　　② 油门踏板、制动踏板智能节点　油门踏板、制动踏板智能节点主要负责采集油门踏板、制动踏板位置信号，并实时传递给上位机，以保证其对节点的实时监控。节点控制器运算要求不高，因此，本节点控制器采用单片机 8051 兼容芯片 P89C54UFPN。节点电路如图 5-7 所示。

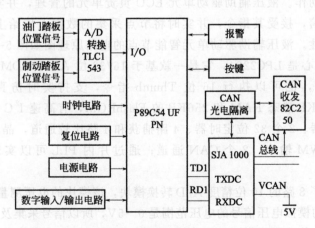

图 5-7　油门踏板、制动踏板智能节点电路原理图

车辆的制动踏板行程分为制动能量回收行程和紧急制动行程，为了防止驾驶员误操作，当制动行程接近紧急制动行程时节点控制器会发出报警，同时保证了制动能量最大限度的回收。智能节点选用 SJA1000 作为 CAN 控制器，SJA1000 是一种基于单片机的独立 CAN 总线控制器，大量应用在汽车和普通的工业。CAN 模块通过驱动器 8X250 与总线相连，它可以提供对 CAN 总线的差动发送与接受能力。SJA1000 的 TX1 脚悬空，RX1 引脚的电位必须维持在约 $0.5V_{CC}$ 上，否则将不能形成 CAN 协议所要求的电平逻辑。由于传输距离较远，车辆环境复杂、干扰大，采用光电隔离，保证了节点通信的可靠性。

（4）系统的软件

液压混合动力车的智能管理系统主要作用是根据车辆运行的工况控制发动机、液压泵/液压马达和液压蓄能器的能量分配；协调发动机和液压辅助驱动单元（液压泵/液压马达）两动力源的动力耦合的精准性。由于控制系统具有复杂的动力分配控制策略和算法，并要求系统能够实时、快速地完成整车的动力分配，故在选定 CTN-B0202GA 工控机为上位机的同时，还结合了实时嵌入操作系统平台来完成控制策略的运算。制动踏板节点或油门踏板节点在其踏板被踏下时，向上位机发送踏板变化角度的数据。上位机接收到该数据后，向压力、转矩、转速等测量参数节点请求数据。上位机收到这些参数数据后，用这些参数运算动力分配策略，然后向液压泵/液压马达节点送出改变其排量的数据。液压泵/液压马达节点收到上位机的数据信号后，经过平滑运算处理，再向其 I/O 输出改变液压泵或液压马达排量的模拟电压信号，从而达到对液压混合动力车辆的控制的目的。CAN 接口完全兼容 SAE J1939/71 协议，按照 SAE J1939 协议进行设计。智能管理系统运行主程序流程如图 5-8 所示。液压混合动力车辆的智能管理系统软件功能划分如图 5-9 所示。

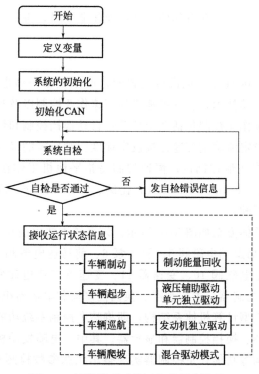

图 5-8　智能管理系统运行主程序流程

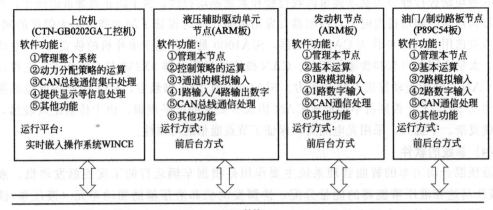

图 5-9　液压混合动力车辆的智能管理系统软件功能划分

(5) 小结

对智能管理系统进行通信试验，CAN 总线波特率设为 80KB，通信距离为 20m，数据更新周期为 50ms，主要节点全部工作，系统连续工作 48h 未出现通信错误。车辆采用液压辅助驱动模式进行实车试验，系统正常工作 24h 无错误发生；同时，由于系统采用 ARM 控制器作为系统主要节点的控制器，其强大的运算能力，能够迅速地对节点故障进行查询和处理，实时保证了车辆的安全；有效地监控运行状态及协调驱动模式保证了车辆处于最佳的能源匹配。

5.1.4　CAN 总线在平地机液压智能控制系统中的应用

平地机是一种以铲刀为主，配以其他多种可换作业装置，进行土地平整和整形作业的施工机械。

(1) 系统总体方案

静液压全轮驱动 PY200H 型平地机行走智能控制系统采用微电子技术、智能控制技术和通信技术以及静液压驱动技术，实现平地机的恒速作业控制以及整机在线参数检测和故障诊断报警功能。其中恒速作业控制包括两个环节：自动换挡控制和恒速控制。自动换挡控制首先是根据行驶速度的设定值确定变速器按设定速度行驶所需的最佳工作挡位，然后自动变换变速器的挡位使其工作在最佳挡位；恒速控制是指平地机工作在最佳工作挡位后，采用PID（Proportional，Integral and Derivative，比例、积分和微分）调节控制方式保证平地机行驶速度按设定值恒速行驶。

行走智能控制系统总体方案如图 5-10 所示。该系统主要由前轮 1、前马达 2、电喷发动机 3、前进挡电磁阀 4、后退挡电磁阀 5、驱动泵 6、前马达电磁阀 7、后驱动马达 8、后马达电磁阀 9、变速器一速电磁阀 10、变速器 11、变速器二速电磁阀 12、后桥 13、平衡箱14、后轮 15 以及发动机控制器、主控制器、换挡控制器和显示器组成。

控制系统采用了集散型计算机体系结构，即将整个控制系统功能分化为 4 个模块：电喷发动机控制器、主控制器、换挡控制器和显示器。其中，电喷发动机控制器根据发动机实际工况实现发动机转速控制等功能；主控制器实现整车状态参数检测和行驶挡位选择等功能；换挡控制器实现行驶挡位的实际控制等功能；显示器实现整车状态参数和故障报警信息的人机界面显示等功能。考虑到 CAN 总线通信技术在通信过程中具有的可靠性、实时性和灵活性等特点，系统中各控制模块通信采用 CAN 总线技术。

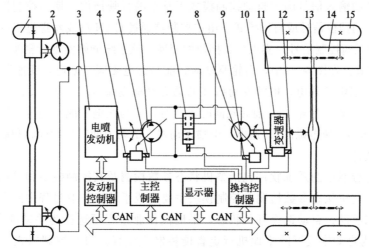

图 5-10　行走智能控制系统总体方案

1—前轮；2—前马达；3—电喷发动机；4—前进挡电磁阀；5—后退挡电磁阀；6—驱动泵；
7—前马达电磁阀；8—后驱动马达；9—后马达电磁阀；10—变速器一速电磁阀；
11—变速器；12—变速器二速电磁阀；13—后桥；14—平衡箱；15—后轮

（2）系统硬件

静液压全轮驱动平地机行走智能控制系统硬件原理如图 5-11 所示，其核心模块主控制器和换挡控制器采用 EPEC 控制器，显示器采用自主开发的工程机械智能监视器，发动机控制器由电喷发动机自带。

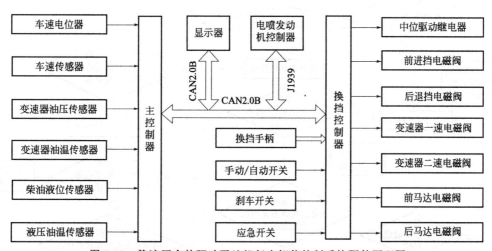

图 5-11　静液压全轮驱动平地机行走智能控制系统硬件原理图

发动机控制器、主控制器、换挡控制器和显示器之间采用 CAN 总线实现数据的双向通信，其中主控制器、换挡控制器和显示器之间采用 CAN2.0B 协议，电喷发动机控制器与主控制器之间采用 J1939 协议。

换挡控制器根据手动，自动选择开关输入的状态信号确定整车行驶控制模式为手动控制模式或自动控制模式。

　　主控制器检测车速电位器、车速传感器等整车状态传感器的输入信号，并根据车速电位器和车速传感器的输入信号确定自动控制模式下整车的行驶挡位。换挡控制器根据手动模式下换挡手柄输入的挡位信号或自动模式下由主控制器通过 CAN 总线发送过来的挡位信号向变速器输出挡位电磁阀控制信号，实现行驶挡位的变换。该系统能够实现后轮驱动和前后轮同时驱动两种驱动方式。在图 5-10 中，后轮驱动时，前马达电磁阀 7 断电，变速器一速电磁阀 10 或变速器二速电磁阀 12 通电，电喷发动机 3 的动力经驱动泵 6、后马达 8、变速器 11、后桥 13、平衡箱 14 最后到达后轮 15。前后轮同时驱动时，前马达电磁阀 7 通电，同时变速器一速电磁阀 10 或变速器二速电磁阀 12 通电，电喷发动机 3 的动力同时传给前轮和后轮。

(3) 系统软件

　　平地机行走智能控制系统软件包括整机状态参数检测及其控制模块和整机状态参数人机界面显示模块。整机状态参数检测及控制模块主要完成平地机作业过程中的自动换挡控制和恒速控制。根据手动、自动选择开关状态，平地机作业过程可选择为手动或自动控制模式。如图 5-12 所示为自动模式下的平地机行走智能控制主流程。自动控制模式下，首先根据设定车速计算所需最低工作挡位。如果所需最低工作挡位等于当前实际挡位，则首先根据设定速度调整发动机转速，待到设定速度同实际速度的误差小于设定误差范围后，采用 PID 调节方式对行驶速度进行恒速控制。如果所需最低工作挡位高于当前实际挡位，则需要结合发

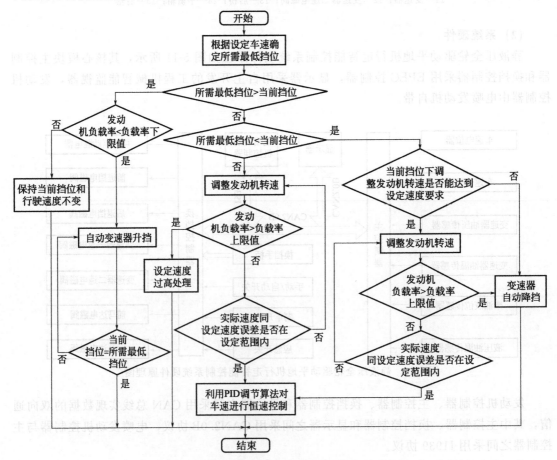

图 5-12　自动模式下的平地机行走智能控制主流程

动机实际负载率大小确定平地机行驶状态。若发动机实际负载率低于负载率下限值，允许变速器自动升挡；若发动机实际负载率高于负载率下限值，则直接进入设定速度过高处理环节。

如果所需最低工作挡位低于当前实际挡位，则首先判断当前挡位下通过调整发动机转速是否能够保证平地机按设定速度恒速行驶。如果能够满足，采用 PID 调节方式对行驶速度进行恒速控制，否则对变速器自动降挡。

整机状态参数人机界面显示程序主要实现平地机整机状态参数的多语言显示、故障报警以及控制参数的在线标定等功能，取代了传统控制系统中的诸多仪表，使得参数显示准确、实时、明了。整机状态参数监控界面如图 5-13 所示，图中上部为平地机换挡方式、行驶方向和挡位的图文显示区域。中部区域为平地机实时状态参数显示区域。如有报警信息则显示在屏幕的左下角区域，并以红色字体显示。若有多条报警信息则采用分时循环显示的方式加以显示。在故障排除后，报警信息自动消失。

基于微电子技术、智能控制技术和 CAN 总线的平地机行走智能控制系统，可以实现平地机作业过程中的恒速行驶和自动换挡控制功能；具有友好的人机交互界面，可实现平地机整机运行状态参数的图文、汉字显示；可以实现平地机整机运行状态参数的实时监控和故障报警。该系统在实际施工过程中表现出了很高的控制精度。

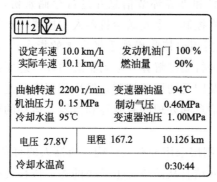

图 5-13　平地机状态参数监控界面

5.1.5　液压驱动四足机器人控制系统

控制系统是四足机器人运动控制的核心部分，要求其能够实时地对四足机器人内外部环境信息进行采集和处理并对自身运动状态进行协调控制。在此依据液压四足机器人实验平台，开发出一套适合于四足机器人运行特点的控制系统，该系统具有工作性能稳定、可靠性高、实时性强、开放性好等特点。

（1）控制系统总体方案

液压驱动四足机器人属于复杂的多自由度机器人，要达到稳定运行的目的，不仅要对单腿的各个驱动关节进行精准控制，还要保证四条腿的协调控制能力，使得控制较为复杂。传统的单处理器和主从二级处理器结构，已经无法满足复杂控制策略对控制系统的实时性要求。在液压驱动四足机器人控制系统的研发过程中，按系统整体规模、驱动器个数、信息的采集和处理、各模块间通信方式和多任务实时处理等方面的要求，结合整机的实际结构，将控制系统设计为以 CAN 总线通信为主，以移植了实时操作系统 QNX 的 PCI/104 工控机为核心，以 DSP 为执行单元控制器的分层式控制系统。控制系统整体结构设计如图 5-14 所

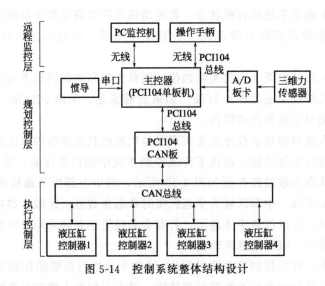

图 5-14　控制系统整体结构设计

示，分为远程监控层、规划控制层、执行控制层三层。

① 远程监控层　远程监控层主要由监控计算机和操作手柄构成，监控机通过无线 WIFI 接收传感器获得运动状态信息和外界环节信息并进行存储备份，用以检测机器人的运行状态。操作手柄通过无线方式将控制指令发送给机器人主控器，对机器人进行远程遥控。

② 规划控制层　主控制器用以接收操作手柄发来的指令，并负责机器人腿部和躯干上传感器的信息采集和处理，进行姿态解算、运动状态估计，进而根据相应的控制策略完成机器人任务规划、轨迹规划以及四足的协调控制，然后将指令信息通过 CAN 总线发送给各机器人腿部各控制器。为保证信息和处理的有效性和机器人运动的可靠性，系统对规划控制层的实时性要求较高。

③ 执行控制层　执行控制层采用分布式结构，机器人的每条腿都对应一个伺服控制器，控制器通过接收上层指令，并结合从液压缸上采集的力、位移传感器信息，利用控制器内部控制算法，计算得到控制输出，并将指令信息发送给各液压缸伺服阀，从而完成对液压缸的伺服控制。

四足机器人通过以上 3 个层次的任务完成对机器人运动的控制，各层之间采用不同的通信方式。远程控制层和规划控制层通过无线射频模块进行数据传输和控制，实现了对机器人的远程操控，规划控制层和控制执行层采用 CAN 总线的方式进行通信，相比于其他总线，CAN 总线具有实时性高、数据传输可靠、连接方便、功能扩展性好等特点，实现了两层之间信息的可靠传递。

(2) 控制系统硬件

① 主控制器硬件　主控制器选用研华公司生产的 PCI104 单板机 PCM3363，处理器为 Intel Atom D525，最高频率可达 1.8GHz，主板内存高达 1GB，具有功耗低、尺寸小（96mm×90mm）、运算速度高等特点，另外可满足机器人在低温环境下工作的要求，并支持 Windows 7、Windows XP、Windows CE、Linux、QNX 等多种操作系统，提供 I^2C、PCI14、RS232 等接口，可外接鼠标、键盘、显示器等，满足系统需求。主控器主要硬件框图如图 5-15 所示。

PCI104-CAN 板选用研华公司生产的 PCM-3680，具有两个 CAN 口，波特率可达

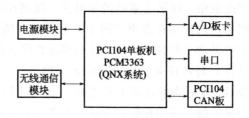

图 5-15　主控器主要硬件框图

1Mbit/s，并具有自动检错功能。A/D 板卡和 PCI104-CAN 板采用 PCI104 总线的方式与单板机进行通信，PCI104 总线具有性能好、数据传输率高、兼容性好等特点，并且其堆栈式结构减小了主控制器系统的占用体积，使结构更加紧凑。其中，PCI104-CAN 板用来实现与液压缸控制器的数据收发功能；A/D 板卡选用研华公司的 PCM38107，支持 PCI104 总线连接，该板卡有 12 个通道，用来对机器人腿部各个三维力传感器共 12 路信号数据进行采集；无线通信模块负责与监控层进行信息交换。

②　执行控制层硬件　执行控制层的硬件系统以 TI 公司生产的数字信号处理器 DSP28335 为核心芯片，该微处理器片内和外设含有许多模块如 eCAN 模块、A/D 转换模块、串口通信、事件管理器等。芯片上含两个增强型 CAN 总线控制器，支持 CAN2.0B 协议，最高波特率可达 1Mbit/s。芯片上的两个 eCAN 模块分别用于接收上层指令和发送实时反馈。接口电路主要由收发器 PCA82C250 和 CAN 控制器组成，为提高数据通信的可靠性和抗干扰性，收发器需接入一个阻值为 120Ω 的电阻，以匹配总线阻抗。机器人每条腿上含有一套执行系统，其结构如图 5-16 所示，通过 A/D 芯片将力/位移传感器信息发送给微处理器，并结合上级发送的 CAN 指令信息解析出系统输出，通过 D/A 芯片和信号调理电路处理，将微处理器计算得到的信息发送给伺服阀，以控制腿部运动。

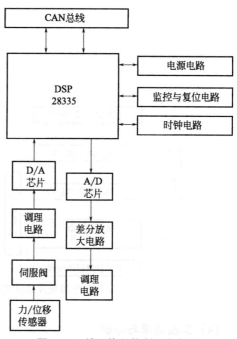

图 5-16　单腿执行控制硬件框图

（3）软件系统

四足机器人软件框架亦采用模块化思想进行构建，分为监测控制层软件系统、规划控制层软件系统和执行控制层软件系统 3 个模块。其中规划控制层软件系统模块是整个软件系统的核心。

规划控制层软件系统的功能包括：接收遥控操作的命令（机器人的启停和步态选择等）；进行内外部传感器信息的采集，并根据相关控制策略，解算出控制代码；将控制指令通过 CAN 总线发送给执行控制层；发送运行状态数据到监控层。采用实时操作系统 QNX 作为该层软件系统的开发平台，QNX 是真正的微内核实时操作系统，上下文切换和中断反应都在微秒级，属于强实时性操作系统。QNX 下共有 32 个调度优先级，采用抢占式的、基于优先级的上下文切换和可选调度策略，保证了系统的实时性。规划控制层软件系统结构采用多线程的方式构建，与进程相比，线程具有占用空间小、上下文切换速度快、抢占式等优点。另外，线程可以与同进程中的其他线程共享数据，从而提高程序运行效率和响应时间。考虑到控制软件的实时性和可靠性，对各任务模块进行优先级的设计，如图 5-17 所示。传感器模块负责为系统提供输入数据，是控制算法解算的基础，故传感器模块拥有很高的优先级。模块内部的线程具有相同的优先级，采用轮转的方式进行调度，这样可以同时进行多个传感器数据的采集和控制算法通道的解算，又避免了由于多个线程频繁切换引起的执行效率降低等问题。

规划控制层软件由主线程和各任务子线程构建，主线程负责完成系统初始化和各任务线程的实现，任务线程负责在各自运行周期内完成具体任务的实现。规划控制层软件实现的总体流程如图 5-18 所示，控制软件各线程是无限循环任务，执行任务周期按照控制软件的实时性和可靠性的要求进行设定，设置时要注意各任务的执行周期小于传感器的数据更新周期，以保证不会出现丢帧现象，另外要确保控制算法解算模块的解算速度，以保证液压机器人稳定运行。

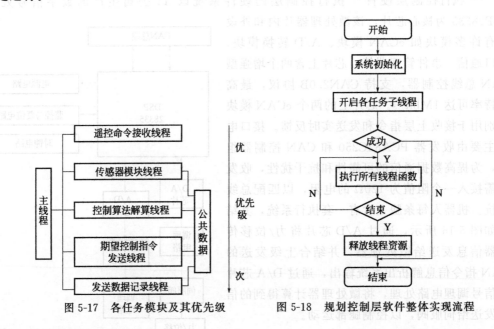

图 5-17　各任务模块及其优先级　　　图 5-18　规划控制层软件整体实现流程

(4) 实验结果与分析

为验证控制系统软件及硬件设计的合理性和可靠性，现以实验室液压缸测试平台为控制对象，进行控制系统对液压缸控制的测试实验。

指令通过上位机生成，经 CAN 总线传输至下位机，下位机依据指令信号进行液压缸闭环控制，信号采用正弦信号，数据采样周期为 1ms，将采集到的实时位置信息导入到 MATLAB 中进行绘图，得到系统响应曲线，测试结果如图 5-19 所示。

图 5-19 中曲线 R 代表指令信号，曲线 P 代表跟踪信号，可以看出两条曲线的轨迹基本一致，经过相应计算可知，液压缸在实际运行中，幅值衰减小于 5%，相位衰减小于 10°，满足精度要求。测试过程中液压缸运行稳定，无冲击现象，满足液压四足机器人控制系统的要求。

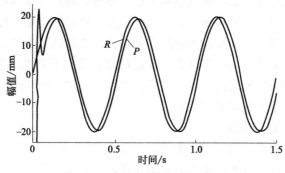
图 5-19　液压缸测试系统响应图

5.1.6　基于双 RS485 总线的液压支架运行状态监测系统

煤矿综采工作面环境恶劣，众多电气设备引起很强烈的电磁干扰，装配的液压支架数量多，这使得液压支架电液控制过程极为复杂。原液压支架电液控制系统缺乏远程集中监测功能，液压支架的运行参数和状态信息不能实时传递给端头控制器及防爆计算机，很大程度上影响了液压支架电液控制系统的自动化水平。实现对液压支架运行状态的远程监测不仅可以确保液压支架电液控制系统的安全稳定运行，而且可以为液压支架电液控制系统的智能化分析和预警提供可靠的数据支撑和保障。

鉴于高产高效综采工作面的控制要求以及远程监测的重要作用，开发了基于双 RS485 总线的液压支架运行状态监测系统。该系统通过安装在液压支架上的间架控制器、装配在工作面终端的端头控制器以及远端防爆计算机之间的紧密配合，将采集到的液压支架状态信息进行存储及分析，生成故障预警信号和故障标志位，从而实现液压支架运行状态的远程监测。

（1）系统结构

液压支架运行状态监测系统是由防爆计算机、端头控制器、间架控制器组成的三级网络监控系统，如图 5-20 所示。

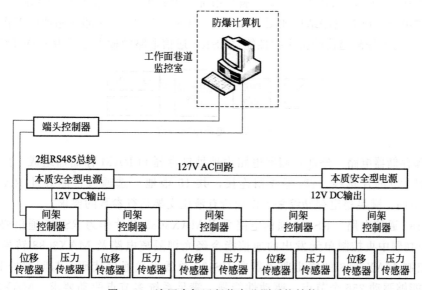
图 5-20　液压支架运行状态监测系统结构

间架控制器是系统基础，通过阀线驱动电磁阀导通，同时与位移传感器和压力传感器相连接，将传感器采集到的电信号转换为数字信号，然后将液压支架立柱压力、推溜位移等运行参数上传给端头控制器。端头控制器通过存储巡检回来的液压支架运行参数，分析判断故障标志位和运行状态，并及时向防爆计算机发送故障预警信号和状态信息，实现远程监测。防爆计算机接收端头控制器发送的液压支架运行参数，经过判断筛选后将故障标志位等状态信息发送给采煤机控制系统和地面集控室。

(2) 双 RS485 总线通信方案

RS485 总线通信距离长，网络节点数多，通信稳定且容易实现，系统采用 RS485 通信模式和 Modbus 通信协议。由于既要考虑防爆计算机、端头控制器和间架控制器三者之间通信的稳定性和主从性，又要兼顾在线监测和远程控制，所以设计了一种双 RS485 总线通信方案。整个监测系统采用树枝状结构，所有的间架控制器并行连接在端头控制器的 2 条 RS485 总线上。一条 RS485 总线用于在线监测液压支架运行状态（称为巡检总线），另一条 RS485 总线根据巡检结果实现远程控制（称为控制总线）。2 条总线并行运行，其中在线监测是远程控制的基础。只有端头控制器通过巡检总线接收到液压支架的运行参数（立柱压力、推溜位移、支架故障标志位以及间架控制器通信状态），对参数进行存储和分析，判断支架工作状态稳定、工作面顶板压力正常后，才可通过控制总线向间架控制器发送动作命令，实现自动化控制，同时将这些参数上传给防爆计算机及地面集控室，协调采煤机运行速度和乳化液泵站的液压，从而实现闭环控制。

(3) 系统硬件

系统硬件主要包括端头控制器和间架控制器中的监测模块，由中央控制单元、电源电路、外部存储器电路、RS485 通信电路组成。

① 中央控制单元　中央控制单元以 C8051F020 单片机为核心。C8051F020 是一款 8 位定点运算单片机，时钟频率可达 25MHz，能够满足实时性要求。C8051F020 具有快速的指令执行速度（25MIPS）以及灵活的外设配置功能，通过设置交叉开关可达到灵活选择系统所需外部设备的目的。C8051F020 配置 2 组通用异步收发传输器（Universal Asynchronous Receiver/Transmitter，UART）接口，满足系统多个异步串行通信接口的要求。

② 电源电路　电源电路结构如图 5-21 所示。C8051F020 和外部存储器的工作电压均为 +3.3V DC。为了提高通信的抗干扰性能，RS485 通信电路的输入电压为 +5V DC。

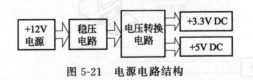

图 5-21　电源电路结构

③ 外部存储器电路　外部存储器电路由地址锁存器和 RAM 存储器组成。控制总线分别与 C8051F020 的片选线、读/写线相连接，共 15 根地址选通线，能寻址 RAM 存储器 64KB 数据空间，满足稳定存储综采工作面所有液压支架运行参数的要求。

④ RS485 通信电路　RS485 通信电路采用 MAX3088 芯片作为 RS485 通信协议的收发器。端头控制器中央控制单元发出的通信指令经光耦隔离电路及 MAX3088 转换成通信信号，进而控制 MAX3088 的输出驱动器向 RS485 总线发送通信代码，与间架控制器通信。MAX3088 能够驱动 256 个节点，驱动性能强，满足系统多节点驱动要求。MAX3088 抗干

扰性能卓越,其输出驱动器采用限斜率方式设计,使输出信号边沿不过陡,有效抑制了信号传输过程中产生的高频分量以及电磁干扰和终端反射,保障了端头控制器通信的稳定性和可靠性。端头控制器和间架控制器之间为一对多通信,通信过程如图 5-22 所示。采用重复发送机制来诊断通信故障,如果连续发送 3 次均无应答则进入等待状态,并认为该次通信失败。

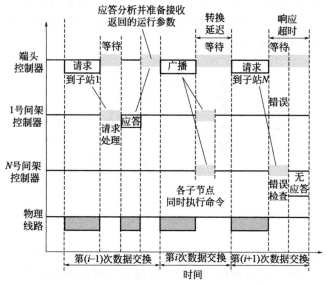

图 5-22　端头控制器和间架控制器通信过程

⑤ 硬件抗干扰措施　综采工作面现场环境恶劣,通信干扰强,对通信的实时性和抗干扰性要求较高,因此端头控制器和间架控制器电路采取了抗干扰措施,主要包括光耦隔离电路、故障保护电路以及防高压侵入电路。

图 5-23 虚线框内电路为光耦隔离电路。该电路由光耦器件、限流电阻、上拉电阻等组成,连接 C8051F020 和 MAX3088,实现了 C8051F020 工作电压 3.3V 与 MAX3088 工作电压 5V 之间的转换。由于光耦器件内部耦合电容很小,所以共模抑制比很高,消除了共模电压干扰。

为了消除 RS485 总线上的信号毛刺,吸收通信过程中产生的反射信号,采用故障保

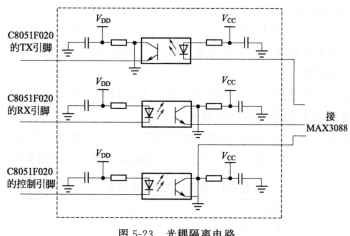

图 5-23　光耦隔离电路

护电路。该电路在 MAX3088 输出端 A、B 之间跨接一个匹配电阻,并在 A 端接一个上拉电阻,在 B 端接一个下拉电阻,可在 RS485 总线没有信号传输时增大输出端 A、B 间的电压差,防止受到干扰而错误接收数据,有效提高了通信的可靠性、稳定性和故障保护能力。

防高压侵入电路如图 5-24 虚线框部分所示。在 MAX3088 输出端 A、B 间跨接防雷管和 TVS(Transient Voltage Suppressor,瞬态抑制二极管),可有效消除浪涌干扰,起到共模防护的作用。经过 TVS 二次限压后,MAX3088 两端电压被限制在 6.8V 左右,极大地削弱了高电压对 RS485 通信电路造成的危害。

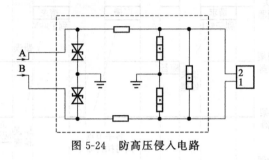

图 5-24 防高压侵入电路

(4) 系统软件

① 开发环境 采用 IDE(Integrated Development Environment,集成开发环境)进行系统软件开发与调试。与 L 语言相比,选用汇编语言编程能够直接控制 C8051F020 的最底层资源,编程效率较高,可提高系统实时运行速度。

② 软件程序 软件包括主程序、中断处理程序、串口通信程序 3 部分。首先进行系统初始化设置和 C8051F020 管脚资源的配置。针对系统一对多通信的特点,端头控制器与间架控制器之间采用增强型串口通信模式,增加了硬件识别液压支架编号功能,在相同的串口通信波特率下,各间架控制器分频同时工作,不会发生冲突,提高了通信稳定性。

端头控制器可根据防爆计算机发送的采煤机位置分区段巡检参数,即巡检采煤机对应支架号的左右各 15 个液压支架间架控制器参数。

端头控制器接收到间架控制器返回的液压支架运行参数后,先将参数存储到临时存储区,进行 CRC 校验无误后,再存入外部存储器中的固定区域,如图 5-25(a) 所示。

当端头控制器接收到防爆计算机发送的通信命令后,进入串口。中断子程序,将存储在外部存储器的液压支架运行参数上传给防爆计算机,如图 5-25(b) 所示。

(5) 抗干扰能力测试

在实验室环境下对系统进行抗干扰能力测试。大部分井下供电系统容易混入浪涌脉冲,因此主要进行幅值为 2kV 的浪涌抗扰度测试。

浪涌抗扰度测试是模拟电气设备在开关切换过程中产生的超过正常工作时的峰值电压和过载电流对设备电源线、输入/输出线、通信线路造成的影响。测试结果见表 5-2。

表 5-2 浪涌抗扰度测试结果

测试电压/kV	耦合路径	相位/(°)	测试结果
2	通信线路	0	正常

测试电压/kV	耦合路径	相位/(°)	测试结果
2	通信线路	90	正常
2	通信线路	180	正常
2	通信线路	270	正常

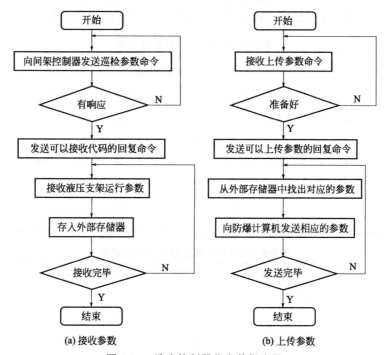

(a) 接收参数   (b) 上传参数

图 5-25　端头控制器收发数据流程

(6) 系统调试

① 实验室调试　为检验系统的可靠性和实时性，在实验室环境下进行系统通信性能测试。图 5-26 为系统通信波形，可见当端头控制器向 RS485 总线发送数据时，RS485 总线电平由高电平跃变为低电平，提高了 RS485 总线的抗干扰能力。通信信号进入 C8051F020 之前由施密特触发器对其进行整形，保障了有效信号具有较高的陡峭度。每个尖峰脉冲即为端头控制器与 RS485 总线中的 1 个间架控制器通信，可看出通信稳定、时间间隔短、抗干扰能力强。

图 5-26　系统通信波形

端头控制器发送完巡检命令后，间架控制器根据接收命令顺序将运行参数返回。运行参数存储在端头控制器外部存储器的 0X0400～0X1400 存储区域中，存储形式为支架号＋前立柱压力＋后立柱压力＋推溜位移＋伸缩压力＋状态位。部分运行参数存储结果见表5-3。

当收到防爆计算机的上传参数命令后，端头控制器将运行参数从外部存储器指定区域中调出来发送给防爆计算机。实验得到的端头控制器上传运行参数结果见表5-4，数据存储格式为支架号＋对应的参数。

从表5-4可看出，端头控制器上传给防爆计算机4个液压支架的运行参数。其中状态位有8个标志位，包括工作面间架控制器急停与闭锁状态、支架推溜到位状态、支架前后压力是否正常状态等，准确显示出工作面间架控制器和液压支架的运行状态。

表 5-3　部分运行参数存储结果

外部存储器对应的区域	存储数据					
0X0400	01	3C	00	00	00	FF
0X0406	0F	FF	0F	FF	0F	FF
0X040C	0F	09	00	02	3C	00
0X0412	00	00	FF	0F	FF	0F
0X0418	FF	0F	FF	0F	09	00
0X041E	03	3C	00	00	00	FF
0X0424	0F	FF	0F	FF	0F	FF

表 5-4　端头控制器上传运行参数结果

支架号	前立柱压力	后立柱压力	推溜位移	状态位
01	3C	17	00	00
02	39	15	00	00
03	2F	10	00	00
04	25	08	00	10

② 工业现场调试　在某矿对系统进行现场安装调试，如图5-27所示。间架控制器安装在液压支架上，连接压力传感器和位移传感器，可采集立柱压力、推溜位移等液压支架运行参数并上传至端头控制器。防爆计算机接收到端头控制器发送的液压支架运行参数后，可显示采煤机位置及各液压支架立柱压力、推溜位移等信息。

图 5-27　现场安装调试

(7) 小结

① 液压支架运行状态监测系统采用增强型RS485串口通信方式，以 MAX3088 为主通信芯片，实现了快速稳定的通信网络，数据传输速率可达 10Mbit/s，远高于普通 RS485 总线 2Mbit/s 的通信速率，为实时、稳定地监测液压支架运行状态提供了保障。

② 双 RS485 总线通信模型，确保了控制的安全性和准确性，而远程控制与在线监测形成闭环过程，二者互相补充，互相依靠。

③ 系统硬件采用光耦隔离电路、防高压侵入电路和故障保护电路的抗干扰措施。

5.1.7 数控液压板料折弯机控制系统

折弯是将各种金属毛坯弯成具有一定角度、曲率半径和形状的加工方法。折弯机是板料折弯的专用装备，由于其操作简单、工艺通用性好，在钣金加工行业中得到广泛地应用。数控液压板料折弯机（简称折弯机）在国内市场占据着绝对的优势。

一种基于 PC 的开放式折弯机控制系统，硬件平台基于华中数控公司的华中 8 型系统，采用模块化设计思想，具有良好的可扩展性，提供基本的 I/O、A/D、D/A、编码器反馈等硬件资源。控制系统软件运行在 Windows 平台下，人机交互界面和工艺规划计算模块等采用 C++语言开发运行在操作系统的用户态，核心控制算法基于 WDM（Windows Driver Model）设备驱动程序开发运行。

（1）折弯机的工作原理

折弯机的工作原理如图 5-28 所示。折弯机的数控轴分为如下几类：①Y_1、Y_2 轴，液压缸驱动滑块上下运动，实现折弯机的主要工作行程；②X_1、X_2、Z_1、Z_2、R 轴，均为后挡料定位控制轴；③V 轴，控制下工作台沿折弯线方向的加凸量；④A_1、A_2 轴，随动托料轴。折弯机支持自由折弯、压平折弯、压底折弯、压平和压底折弯 4 种折弯方式，其中应用最多、最复杂的是自由折弯。对于通用的"3+1"轴标准配置的折弯机，即：仅有 Y_1、Y_2、X_1 和 V 轴（其余数控轴用户可以根据需要选配），具体实现过程为：V 轴首先达到数控系统设定值控制下工作台的加凸量（存在液压油缸补偿和机械楔块补偿两种方式），然后后挡料挡指移至数控系统设定值，确定工件折弯线的位置，滑块根据数控系统计算的 Y 轴下压量下降至下模内一定深度进行折弯，然后回程，重复以上过程直至工件加工完毕。

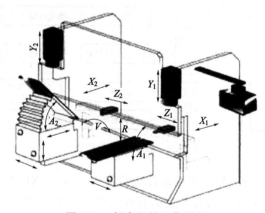

图 5-28　折弯机的工作原理

（2）折弯机控制系统架构

① 概况　控制系统架构如图 5-29 所示。该系统分为 2 个部分：工艺规划部分和系统控制部分。

硬件平台基于华中数控公司的华中 8 型系统，数控装置 HNG818C 与 HIO-1000A 型总线 I/O 单元通过具有自主知识产权的 NCUC 现场总线通信。NCUC 现场总线的强实时性、高同步性和高可靠性，使得其在自动化工业控制领域，尤其是数控领域，得到了广泛的应用，在高档数控机床、数控系统 IPC 单元等硬件平台如华中 8 型总线式数控系统上，都取得了很好的效果。在此，IPC 单元是数控装置 HNG818C 的核心控制单元，属于嵌入式工业计算机模块，采用 CF 卡程序存储方式，具有 USB、RS232、LAN 和 VUA 等 PC 机标准接口。

Y_1 和 Y_2 轴通过轴控制模块分别获取 2 套光栅尺的位置信息，反馈给控制系统进行比较，再由控制系统分别计算出比例阀的控制电压，通过 D/A 模块输出给比例阀放大器调整阀口开度，来实现两轴的同步和下死点的定位，属于全闭环控制。X_1 轴伺服系统工作在速度控制模式下，通过轴控制模块获取伺服电动机尾部光电编码器的位置信息，反馈给控制系统计算出控制电压，通过 D/A 模块输出给伺服驱动器，来实现后挡料挡指的定位，属于半闭环控制。V 轴根据机械结构不同，分为两种情况（图 5-29 中描述的是机械楔块补偿方式）：液压油缸补偿方式通过 D/A 模块输出给比例阀放大器，控制比例减压阀的压力；机械楔块补偿方式通过 I/O 模块控制继电器，实现三相交流异步电动机正反转运动，达到直线位移传感器（通过 A/D 模块采集电压，换算成位移）的设定值停止运动。另外，通用的 I/O 模块获取接近开关、按钮等状态，输出控制指示灯、继电器等。

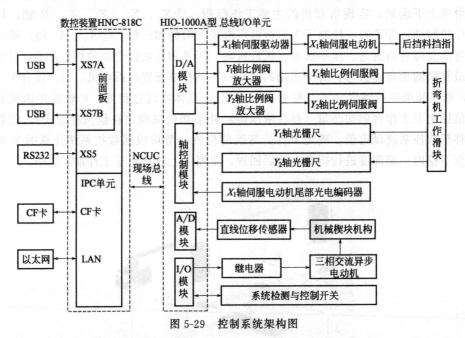

图 5-29 控制系统架构图

② 折弯机工艺规划部分 控制系统软件运行在 Windows XP 平台下，人机交互界面和工艺规划计算模块等采用 C++语言开发运行在操作系统的用户态，如图 5-30 所示，主要功能包括：材料数据库、机床建模、模具设计（支持图形绘制模具和参数化模具两种方式）、图形编程、数据编程、自动工序规划及干涉检测、3D 几何仿真、系统参数等，支持全触摸

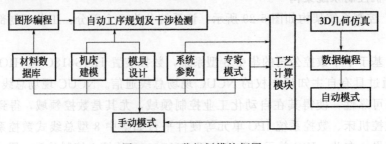

图 5-30 工艺规划模块框图

屏操作模式和多语言实时切换等高级功能。另外，工艺计算模块也内嵌于其中，包括：Y 轴下压量（考虑回弹补偿和减薄）、X_1 轴目标位移和退让距离、折弯力、毛坯展开长度、V 轴挠度补偿计算、角度校正数据库等。

同时，考虑普通用户和主机厂商对参数修改的权限差异，提供专家模式界面及其权限体系，防止低权限的普通用户错误修改核心参数导致设备无法正常运行。现场折弯机操作提供两种操作模式：手动模式和自动模式。手动模式灵活性较大，用户可以自由选择折弯方式、输入折弯角度、模具类型等参数；自动模式的折弯数据经过图形编程、自动工序规划、数据编程等过程，针对用户的需求给出优化的折弯方案和数据，内部还支持单次和连续两种方式。

③ 折弯机系统控制部分 控制系统的核心算法基于 WDM 设备驱动程序开发，运行在操作系统的核心态，如图 5-31 所示。系统实现了 1ms 的硬件中断，在每个中断周期处理过程中，先经过 NCUC 现场总线在上行数据区获取 HIO-1000A 型总线 I/O 单元的编码器反馈、数字量输入、模拟量输入等信息，经过计算处理后，将控制指令写入到下行数据区的数字量输出和模拟量输出区域中，再次经过总线发送到 HIO-1000A 型总线 I/O 单元执行。

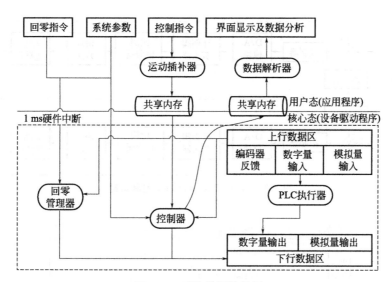

图 5-31 系统控制结构图

设备开机实际加工之前，首先必须机床回零，建立机床坐标系。系统下达回零指令，同时获取系统参数，主要包括：编码器计数方向、回零速度、参考点位置、回零方式（Y 轴支持撞缸点回零和 Z 脉冲回零两种方式）等，通过 IRP（I/O Request Packet）传递到核心态的回零管理器。回零管理器处理回零操作，主要包括：将 Y_1 和 Y_2 轴比例伺服阀模拟量电压、X 轴伺服驱动器控制电压等，写入到下行数据区，经过总线发送，同时还需要获取上行数据区数据，判断回零是否成功。回零成功后，停止回零操作，写特定标志位。

设备在实际加工过程中，在用户态获取人机交互界面上的折弯数据，如：夹紧点、速度转换点、下死点、快下速度、工进速度、保压时间、回程距离、回程速度等，经过运动插补器，插补成离散数据点，写入到共享内存区。在每个中断周期处理过程中，控制器从共享内存区获取目标值，上行数据区获取实际反馈值，同时从系统参数中获取 PID 和前馈增益参数，经过内部计算，结果最终写入到下行数据区。同时，把每次 Y_1、Y_2、X_1 轴的实际位置、输入 D/A 等信息，写入到另外 1 个共享内存区。由于驱动层不支持浮点数计算，核心态控制器中仅支持整形数计算，写入到共享内存区中的数据必须经过数据解析器，最终在界面上显示，及存储到文件中便于后续分析。

其中 PLC 执行器，专门负责处理外部实际 I/O 触点和内部虚拟 I/O 触点，经过与或非逻辑运算、延时处理后，写入到下行数据区。

(3) 折弯机系统 Y 轴同步控制方案

系统采用全闭环电液伺服控制技术，滑块位置信号由两侧光栅尺反馈给控制系统，再由控制系统控制比例伺服阀的阀口开度，调节油缸进油量的多少，从而实现 Y_1 和 Y_2 轴的同步运行。Y 轴同步控制方案采用交叉耦合控制策略。如图 5-32 所示，将 Y_1 和 Y_2 轴的位置信息进行比较，从而得到一个差值经过调节器，作为附加的反馈信号。这个附加的反馈信号作为跟踪信号，系统能够反映出任何一根轴上的负载变化，从而获得良好的同步控制精度。实际测试：系统在快下段的同步偏差在 0.5mm 以内，在关键的工进段同步偏差在 0.03mm 以内。图 5-33 是自主开发的 Y 轴分析软件界面，专门用于辅助分析 Y 轴同步情况和调整控制器参数。

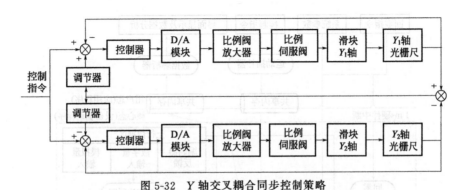

图 5-32　Y 轴交叉耦合同步控制策略

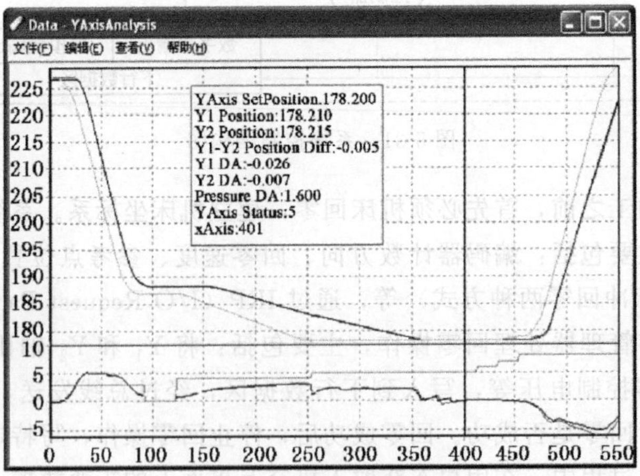

图 5-33　Y 轴分析软件界面

(4) 小结

基于 PC 与现场总线的开放式折弯机控制系统，具有使用方便、成本低廉、性能可靠、扩展性好等优点。系统在 PPEB100T-3M 的数控液压板料折弯机上实际测试，Y 轴定位精度达到±0.01mm，X_1 轴定位精度达到±0.1mm，并且能够很好地满足 Y 轴同步控制的要求。系统运行稳定可靠。

5.1.8 汽车大型覆盖件液压机柔性冲压生产线

液压机柔性冲压生产线用于形状复杂、大拉伸比、高精度大型覆盖件的冲压加工，是保证汽车质量的重要装备。

(1) 问题与难点

汽车产量的不断增加带动汽车覆盖件冲压生产线的需求急剧增加。冲压件质量直接影响汽车制造质量。美国专家曾对 50 多个个案进行分析，认为冲压件尺寸产生的累积误差是造成车身总体尺寸误差变动的主要原因，主要由冲压设备控制精度低、冲压工艺落后、模具设计制造水平低等因素导致。为适应大型覆盖件精密冲压，提高液压成型生产线的生产质量和使用效率，解决不对称复杂工件局部延伸率突变应力和应变分布不均、成型过程中制件压边力多点分区调压的瓶颈问题，需要进行高品质柔性冲压生产线关键技术研究，开发满足大型覆盖件精密柔性成型的冲压装备。

(2) 设计及制造技术

利用 CAD、CAE 技术，对主机结构进行优化，对关键零部件进行应力、变形分析以及寿命分析，整机进行模态分析，使主机能够在强度、刚性、寿命等方面充分满足要求。采用链式机构和模具快换技术设计了辅助移动工作台和快速换模机构，换模时间由过去 5 人 4 小时缩短为 2 人半小时，节省了换模准备时间；应用先进的激光测量技术检测大件直线度、圆度等形位误差，研究关键工艺对质量的影响，确保大件加工制造质量，零件加工精度相对过去同类产品提高近 1 倍；采用光幕、安全门等光机电一体化技术，设计了辅助机械安全装置、保护装置、防护装置，保护功能完善，连锁和冗余设计使压机工作更加安全，整机安全性能达到欧盟标准。

(3) 电液比例伺服控制液压系统

为提高冲压件质量，适应多品种小批量生产工艺需要，液压系统采用电液比例伺服系统，所有压力的调整都采用比例阀通过数控系统调节，对于大流量的液压系统的比例控制必须采用闭环控制。在液压机伺服系统一体化控制技术研发方面，进行了如下技术攻关：

① 滑块压力的精确闭环比例控制。为满足不同模具冲压需求，克服机械压力机存在死点位置的缺陷，采用比例伺服控制系统，实现滑块压力精确控制，系统设计有相应的比例压力阀和高精度压力传感器，构成闭环控制，保证模具冲压时的压力值，实现了精密冲压，经检测压力控制精度不大于±0.05MPa，零件合格率由过去的 50% 提高到 98%。

② 滑块位置的精确闭环控制。在精密控制系统压力的同时，液压系统设计中还增加了滑块位置闭环控制系统，该系统由位移传感器、比例换向阀等元件组成，控制算法采用 PID 控制理论。经检测该系统重复控制精度不大于±0.02mm。

③ 滑块快速运动控制技术，通过比例元件减少冲击。通过液压系统中的大流量充液阀系统，实现液压机快速下行、工进慢行的精密冲压要求，快进速度达到 450mm/s，工作速度达到 35mm/s，缩短了加工时间，提高了工作效率。

④ 液压垫闭环比例控制技术，包括四角比例调压技术、压力随数控系统连续变化的控制技术。精心设计了闭环比例控制液压垫系统，综合运用四角比例调压、压力随数控系统连续变化的控制等多种技术，实现大尺寸 3800mm×1700mm 液压垫的四角精密调压，经检测

液压垫压力控制精度不大于±0.1MPa。

⑤ 压边滑块闭环比例控制技术。为实现双动拉伸液压机深拉伸工艺，设计了压边滑块闭环比例控制技术，能实现压边力的精密控制，避免了拉伸过程中的皱曲变形现象，提高拉伸件的质量。

⑥ 节能液压系统的设计。采用热平衡综合分析技术研究系统发热原因，采用比例泵直接控制保压过程等技术，减少能量损失。在此基础进一步采用伺服泵控制技术成功开发出全伺服控制液压机，实现了最高节能 50% 的效果。

(4) 专用控制系统

基于 PLC 和工控机的大型数控薄板冲压液压机专用控制系统，具有模具参数数据库、远程异地信息控制、模具自动识别、故障报警及诊断、参数输入及显示界面、比例伺服系统控制算法、安全控制模块等功能。

整个生产线的控制采用主从控制。电液一体化系统采用分布控制器独立控制各个元件的闭环控制，提高控制精度，减少主控系统的计算量。对高精度的电液一体化控制系统，在分布控制器的基础上进一步通过软件模块进行优化，实现大闭环高精度控制。控制系统与电液一体化元件进行结合，根据工艺需要编制柔性控制软件，实现整个工艺流程的控制，且精确控制压力、位置、速度等。通过计算机实时采集拉深力、压边力、充液室压力、拉深滑块速度、拉深滑块位置等参数，并实时绘制各运行参数。各数据作为工件的加工过程数据，成为判定工件质量的原始数据。

控制部分采用 SIEMENS S7-317 CPU 系统和 PROFACE 15 英寸 HMI 系统，在操作台部分和油箱部分各设置一个远程 I/O 站，在机身也准备设置一个远程子站，各子站与 CPU 主站通过 PROFIBUS 总线相连，减少了硬接线，提高了可靠性，同时通过 PLC CPU 上的 DP 通信口连接到一个 DP/DP 耦合器，把压力机的控制网段与辅机系统的网段连接在一起，实现两个系统可分开调试，最后共享资源，组成一个完整的控制系统。

(5) 远程异地诊断控制技术

如图 5-34 所示，基于现场总线技术，构建了远程异地诊断系统，开发了远程异地诊断实验平台，验证远程异地诊断控制技术可靠性，并最终和大型数控双动薄板冲压液压机进行相关联机实验。保证了检测信息准确传递，较好地连接各监测设备，使诊断更可靠、有效。

(6) 全吨位低噪声冲裁缓冲技术

为了解决下置式冲裁缓冲装置仅适用于前移式工作台的缺点，经过技术攻关，开发了上置式电动同步调节全吨位低噪声冲裁缓冲装置，使压机具有独特的全吨位冲裁缓冲及压力自动跟踪功能，消除了人工手动调节所带来的人为因素，减轻了劳动强度，提高了安全性能和自动化程度。

根据模具冲裁距离，由参数匹配优化规律合理设定缓冲位置，然后通过机械同步传动，电动调节缓冲点，用伺服电动机驱动固定挡块，使其精确定位，定位精度与设置值误差在0.02mm 以内。最终实现模具落料缓冲，减少了冲压瞬间的噪声，经检测噪声由过去的90dB 减小到 81dB。

全吨位低噪声冲裁缓冲装置解决了大型快速冲压机的最佳冲裁缓冲力自动跟踪问题，可吸收冲裁过程中产生的全部能量，降低了冲裁噪声，优化了操作环境，大大提高了压机和模具寿命，保证了压机可实现全吨位的冲裁落料功能。

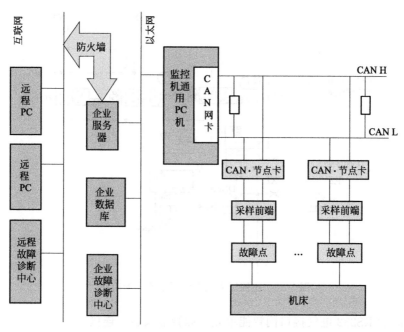

图 5-34　远程异地诊断系统硬件构成

（7）液压机安全技术

充分借鉴欧盟国家的先进技术及标准，对安全 PLC、安全继电器、安全光幕等产品进行应用实验，综合设计安全装置，在冗余和检控、安全等级方面提高液压机的安全性。该安全技术的研究，为大型数控薄板冲压液压机进入欧盟市场提供了保障。

（8）四点数控液压垫技术

传统的液压机和机械压力机的液压垫四角压力一致，且压制时保持不变。当拉伸复杂不对称工件时，由于模具四角实际受力不均匀，容易造成工件起皱、卷边，很难保证工件的质量，成品率低。

自主研制的液压拉伸垫四角调压控制技术，可实现比例调压，四角压力可随模具压力大小实时变压力控制，满足了不对称工件以及拉伸中需改变压边力时的工况要求，大大改善了冲压工艺和冲压件质量，降低了模具成本。

液压垫的压力采用比例压力阀（见图 5-35）控制，压力采集通过压力传感器实现，行程控制通过由位移传感器构成的闭环控制系统实现。保证压边力可根据需要函数控制，回路中各角的压力传感器将压力实时传递给数控系统，根据冲压工艺需要，数控系统实时控制四角压力，保证冲压件不起皱、不卷边，使成品合格率提高到 98%。

（9）基于现场总线的网络控制系统

通过应用上下料机械手以及双驱动 T 型导轨移动台技术，液压机柔性冲压线配有拆垛、清洗涂油、对中设备和上下料机器人等多种辅助设备。基于现场总线的网络控制系统，形成自动化柔性冲压线，使整个冲压线按照冲压件工艺平稳、有序动作，提高了生产效率，大大降低了劳动强度。

在单机控制的基础上，通过工业以太网实现设备的网络控制和远程控制，实现冲压线系统的集中控制，网络控制自上而下具有二个层次：过程控制层。现场信号处理层。系统提供

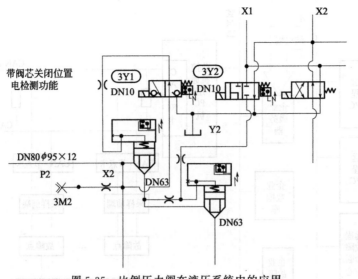

图 5-35　比例压力阀在液压系统中的应用

标准的 RS485 和 RS232 电气接口同智能单元（如智能仪表）连接。

系统配置有 DEVICENET 安全系统，该安全系统既可对简单的、分散的、安全输入/输出（例如"双手下行""急停""光幕"及控制阀等）进行扩展，又可组成柔性可编程安全回路。

关键控制环节采用冗余及相异设计。机器每次动作之前，先对主令发讯元件及主阀位进行自检，由 HMI 菜单选择窗口设置压机位置、压力、速度参数，经 PLC 的 A/D、D/A 模块采用 PID 方式对电子比例油泵、比例压力阀进行电液比例控制，组成流量、压力、位移的闭环控制系统，实现滑块位置轨迹和液压垫四角压力轨迹的跟踪。

（10）实施结果

开发的快速薄板冲压液压机及生产线，在汽车大型覆盖件冲压工艺中成功应用，解决了不对称复杂工件局部延伸率突变、应力和应变分布不均问题，在国内汽车大型覆盖件液压机冲压线市场占有率在 70% 以上，压机冲裁缓冲能力由原来的 60% 上升为 100% 公称力。针对汽车覆盖件精密冲压快速生产需要，综合应用液压机主机全吨位冲裁缓冲、拉伸液压垫压边力四角分区调压等技术，解决了高速冲压液压机的稳定、精密控制等难题，保证了汽车覆盖件的精密冲压精度，实现高效安全节能生产滑块快降、快回等指标超过常规冲压液压机 1 倍，达到了 800mm/s，成功开发的快速薄板冲压系列液压机主机噪声降为 85dB、具体性能指标如表 5-5 所示。

表 5-5　快速薄板冲压系统液压机性能参数

序号	项目	快速薄板冲压系列液压机产品
1	代表产品	RZU2000 快速薄板冲压液压机
2	公称力范围/kN	4000～25000 系列化产品
3	工作台尺寸/mm×mm	最大 5000×4000
4	压力分级	有
5	压力动态分级	有
6	空载工作节拍	10 次/min 以上

序号	项目	快速薄板冲压系列液压机产品
7	平均工作节拍	5～7 次/min 以上
8	液压垫四角调压	有
9	压边力动态调整	分 3～5 段控制，最大 5 段控制
10	液压垫压力控制精度	0.3MPa
11	工件精度	高
12	工件厚度均匀性	高
13	对原材料塑性要求	低
14	与送料系统的连接	效率高，较适合
15	冲裁缓冲力	100%公称力缓冲
16	落料功能	100%公称力落料
17	节能系统	收集滑块下行势能用于回程
18	单件冲压能耗比	1
19	模具数据库	300
20	换模调整时间	30min
21	界面操作	在工作范围内可任意设定行程和压力，满足不同模具要求，柔性好

5.1.9 基于 PROFIBUS-DP 现场总线的管材拉拔机控制系统

随着我国核电事业的迅猛发展，冷拔合金钢管因其精度高、力学性能优良、质量好且加工生产效率高等优点，备受需求青睐。拉拔机作为其生产线的重要设备，其性能的优劣直接影响着高精度冷拔合金钢管的质量。随着可编程序控制器和计算机通信技术的发展，现场总线技术得到了逐步推广，应用不断优化。拉拔机控制系统采用 PROFIBUS 总线技术，仅用一根总线电缆从 PLC 到受控对象，不但减少了现场控制电缆敷设的施工量，简化了接线，而且降低了成本，提高了数据信息传输量，方便更好地监控设备状态。

(1) 拉拔机工作原理

① 拉拔机组成与工艺　拉拔机对金属坯料进行拉拔，使金属材料直径发生改变、达到所需直径需求，从而控制不同直径规格的棒材和管材。其自身由电气系统、机械设备、液压系统等组成。床身、传动机构、拉拔小车等构成机械设备；电气柜、变频器、PLC、触摸屏、电动机等构成电气系统；液压阀、液压泵及液压缸等元件组成液压系统。三大部分保证拉拔机平稳进行，拉拔机的生产工序如图 5-36 所示。

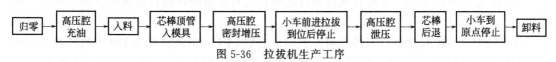

图 5-36　拉拔机生产工序

为保证拉拔机工作的可靠性，控制系统应满足以下要求：a. 高压系统自动增压和泄压。b. 芯棒位置能进行准确控制。c. 有完善的故障报警处理系统。d. 每个工步均可手动和自动控制。e. 油箱液位和油温自动控制。f. 小车具有正反转功能、能方便调节和监测拉拔速度。

② 拉拔机系统组成　系统主要由 PLC、变频器、触摸屏、拉拔电动机、液压系统等构

成，如图5-37所示。作为整个控制系统的核心，PLC既能存储工艺参数并通过控制程序实现对现场设备的控制，又能将设备信息传递给触摸屏；工艺参数设定、状态运行监控等，由触摸屏组态的人机界面操作执行；PLC给定的控制信号经由变频器转换、放大驱动拉拔电动机工作；拉拔电动机作为执行单元通过机械传动完成管材拉拔动作要求；液压系统主要负责缸体的运动。

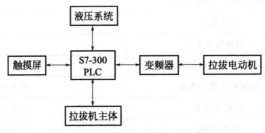

图 5-37　拉拔机系统组成示意图

（2）系统硬件

① 硬件选型　根据控制系统要求，电源模块采用1块SIEMENS公司的PS3075A，主控模块采用S7-300系列的CPU315-2DP。为保证系统所需I/O点数并留出空间，另外选择扩展模块为3块16点DI模块、3块16点DO模块、1块8通道AI模块。PLC从站采用IM153接口模块，变频器采用SIEMENS公司的MM440，触摸屏采用昆仑通态公司的TPC1062KS。

② 系统网络配置　拉拔机控制系统使用PROFIBUS-DP方式实现主、从站之间的通信。PROFIBUS-DP应用于现场设备控制系统与分散式I/O之间的通信，使分散式数字化控制器从现场底层到车间级实现网络化。变频器与PLC的DP口进行PROFIBUS-DP通信，触摸屏通过PLC的MPI端口实现通信。图5-38是系统的网络配置示意图。

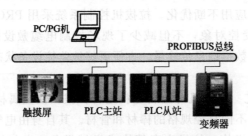

图 5-38　拉拔机系统 DP 网络配置

（3）系统软件

① DP主、从站组态　在进行软件设计之前首先对系统硬件进行正确的组态，如图5-39所示。

在STEP 7编程软件中打开硬件组态窗口，选取CPU315-2DP作为DP主站，建立一个PROFIBUS-DP网络，在PROFIBUS的属性中将其设为"DP master"，主站地址为2。

在PROFIBUS-DP网络上插入一个IM153模块，双击所插入的从站，设置从站地址为3。

将MM440变频器添加到DP网络上作为从站，将其地址设置为4，且必须与变频器参数设定一致，配置参数过程数据对象为PPO1类型，STEP7系统自动给MM440分配I/O地址。

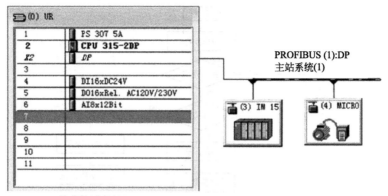

图 5-39　系统硬件组态

主要参数给定：P0304 为额定电压参数序号，设定值为 380V；P0305 为额定电流参数序号，设定值为 58A；以此，参数序号 P0307 为额定功率＝30kW；参数序号 P0310 为额定频率＝50Hz；P0311 为额定速度＝1500r/min；P0700 为命令源＝6；P0719 为命令和频率设定值的选择＝0；P0918 为 PROFIBUS 地址＝4；P0927 为参数修改设置＝15。

② PLC 程序　PLC 程序编写采用 SIMATIC Manager 专业软件包，用于 S7-300PLC 用户程序的编制和监控。系统采用结构化形式管理用户编写的程序，提高了代码执行效率，而且方便程序的维护和修改，满足拉拔机的控制逻辑和控制功能要求。

系统的控制程序主要由 1 个组织块（OB1）、13 个 FC 块（FC1-FC12、FC105）、7 个数据块（DB10～DB16）组成。

通过 DP 网线实现 PLC 对变频器的控制，实质是对变频器控制字的操作。首先使用中间寄存器 M 对控制字逐位进行编程，将配置好的字利用 MOV 指令传送给 PQW，实现对控制字的控制，同时将当前状态 PIW 取出进行监视。

变频器启停控制：电动机正转、反转和停止的变频器控制字分别为 047F、0C7F 和 047E。

变频器速度设定：PZD 任务报文的第 2 个字是主频率设定值，以十六进制数的形式发送。

变频器速度反馈：读取主实际值 HIW 即可实现变频器速度的监控。以上功能均通过触摸屏上的控制按钮、数值输入和状态显示功能实现。PLC 程序实例如图 5-40 所示。

根据工艺，PLC 控制程序流程如图 5-41 所示。通过触摸屏和操作台上的控制按钮发出指令给 PLC，PLC 根据控制指令和系统的设定参数执行相应的控制程序，从而实现对系统的执行元件进行控制。

③ 触摸屏　该控制系统选用了一台昆仑通态公司生产的 TPC1062KS 高性能嵌入式一体化触摸屏，10.2in（1in＝0.0254m）液晶显示，具有系统启动快、操作响应时间短等特点。利用触摸屏

图 5-40　变频器控制程序段

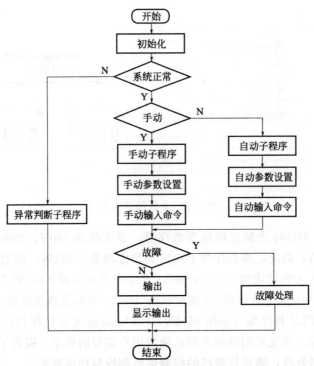

图 5-41　PLC 控制程序流程

上的文字、图形、功能等控件组态界面，不但减少了实际需要的物理元件，而且可以能够读取 PLC 内部的数据，实时地处理或监控设备信息，成为操作人员与 PLC 之间信息交互的通信桥梁。根据拉拔机控制系统的控制和操作要求，在触摸屏系统中设计了人机界面，本系统的上位机软件设计了 4 个功能界面，分别为拉拔生产工艺监控界面、参数设置界面、手动控制界面、故障报警诊断界面。其中生产工艺监控界面如图 5-42 所示。

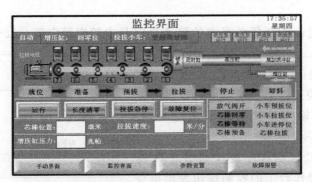

图 5-42　生产工艺监控界面

5.1.10　液压插销升降装置电控系统

液压插销升降控制装置作为海上可移动平台的关键设备，主要实现平台的升降控制功能。根据 CCS《船级社海上移动平台入级规范》要求"控制系统的设计应使控制系统中出现的故障对控制过程产生的危险性尽可能降到最低的程度，并不会使备用的自动和/或手动控制失效"。控制系统采用西门子 S7-400 H PLC 冗余系统作为液压升降系统的控制器，通过 PROFIBUS 总线实现对各固桩室传感器、执行器的数据采集和控制，并通过工业以太网实现人机交互，对系统运行参数进行实时监控。

(1) 升降系统工作原理

液压插销升降装置由液压泵站（HPU）和 4 个固桩室构成。泵站主要包含 5 套主油泵（4 用 1 备）、4 套插销油泵（2 用 2 备）以及 2 套控制油泵（1 用 1 备），为液压系统提供动力源。

单桩腿固桩室内主要包含 4 套主提升液压缸、8 套插销液压缸（上下各 4 套）及相关液压控制阀件及检测装置，固桩室布置见图 5-43。

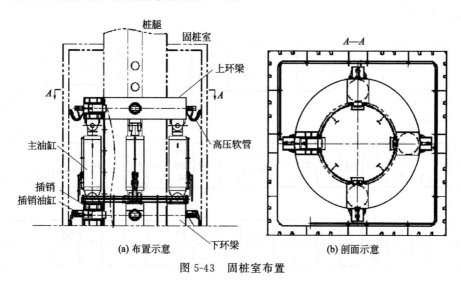

图 5-43　固桩室布置

系统包含上部动环梁、上下插销液压缸、主液压缸，下插销液压缸与液压缸底部经过结构加强连接到平台船体结构，上环梁与上部插销油缸、主液压缸有杆端相连，实现主液压油缸的上下动作、插销油缸的上下和插销动作对于液压升降系统而言，整体的动作总共有 4种，分别是升桩腿、降桩腿、升平台、降平台。升桩与降平台工况类似，降桩与升平台工况类似。升降作业时，通过主液压缸与上下插销油缸的相互配合完成平台或桩腿的升降作业。例如，当升平台操作时，在主液压缸收缩至短行程、上下插销插入的状态下，通过拔上销→升动环梁（伸主压缸）→插上销→拔下销→降动环梁（缩主液压缸）→插下销的动作来完成 1个节距的动作。而降平台时，在主液压缸收缩至短行程、上下插销插入的状态下，通过拔下销→升动环梁（伸主液压缸）→插下销→拔上销→降动环梁（缩主液压缸）→插上销的动作完成 1 个节距的动作。在平台升降控制中，通过分布式 I/O 模块 ET200M 采集 4 条液压桩腿的位移传感器数据并传输给 S7-400H PLC 处理，一旦位移量到达设定的动作值时，PLC 向各桩执行电磁阀发出指令，对应的插销油缸或者主液压油缸动作。当系统检测到位移量或者平台倾斜角度超出范围后，将发出指令关闭相应的电磁阀，使液压升降系统停止工作，并利用声光报警告诉集控台及桩边控制台操作人员。

(2) PLC 控制系统

① 控制过程　升降装置的每个工况都涉及到液压电磁阀、比例阀的控制。通过控制插销电磁阀来实现上下插销的插拔动作，而通过给定比例阀的电压正负及大小值，来控制主液压油缸的换向动作和流量，进而实现动环梁的升降和速度控制。而通过对液压插销油缸的位

置检测，判断油缸的插入和拔出状态，通过读取主液压油缸的位移量，实现对液压油缸位移的判断。在获取插销油缸的插入拔出状态以及主油缸的位移量后，根据 4 种工况设计不同的顺序控制程序，从而实现液压升降系统动作控制。

② 硬件结构　选用 S7-400H PLC 作为主控制器，该控制器支持硬件冗余，利用 ET200M 实现对 4 个桩室的节点控制。液压升降装置的电气控制系统组成见图 5-44。该系统主要包括 1 套 PLC 主控制器（带冗余功能），4 套 ET200M 节点（带冗余），5 套 HMI 人机界面，以及外围电气输入输出模块。其中 4 套 ET200M 节点分别位于 4 个桩腿，用于收集各桩腿液压油缸的状态参数。ET200M 具有多通道、模块化的特点，适用于多点数、高性能的应用场合。

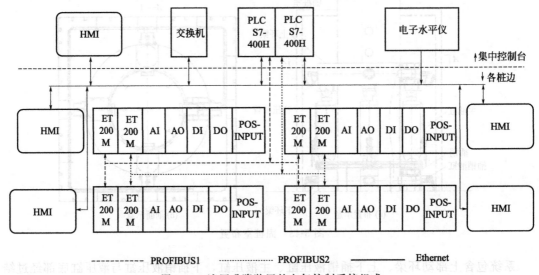

图 5-44　液压升降装置的电气控制系统组成

在硬件选型方面，单桩选择 32 通道的 DI 模块（SM321）用于检测各桩腿的插销状态（包含上、下销共 16 个接近开关检测点，8 个液压油缸的上下限位报警点等），32 通道 DO 模块（SM322）用于输出控制指令到各继电器和电磁阀、指示灯，完成电气执行器件控制和指示，1 个 AI（SM331）模块用于读取比例阀的开度数据、4～20mA 的压力传感器数据，1 个 AO（SM332）模块用于向比例阀输出控制信号（这里为 $-10～+10$V DC 之间），2 个 POS-INPUT 模块（SM338）用于读取 4 组 SSI 接口的位移数据。液压升降装置的电控系统硬件组态见图 5-45。选用 S7-400H PLC 为硬冗余，与 S7-300 的软冗余相比，这里硬件冗余无需软件编程，只需要连接好硬件，就能实现主 CPU 硬件出现故障时能立即切换到冗余 CPU 继续工作的功能，完成液压升降装置动作，因此完全满足 CCS 船级社对于可移动式平台关键设备控制系统安全性要求。

③ 软件　图 5-46 为升降系统控制流程。

液压升降装置的控制过程一般分为 4 个工况，即升平台、降平台、升桩腿、降桩腿，每个工况包括 6 步（插拔上下销，伸缩主油缸）。

将每个动作程序设计为独立的 FB 块，分别为 FB1～FB6，程序运行时，通过判断输入不同的操作指令实现不同的工况动作控制。

输入不同的控制指令，PLC 程序根据当前状态连选择不同的动作指令，调用不同的 FB

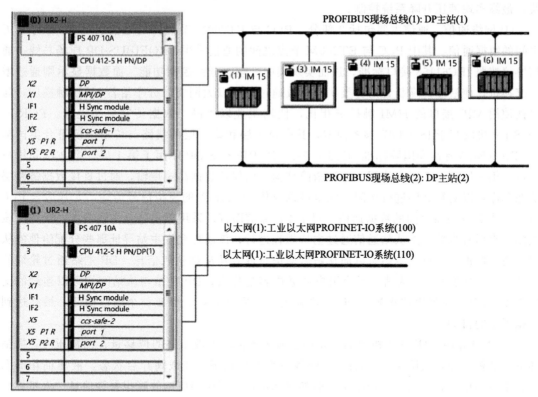

图 5-45　液压升降装置电控系统硬件组态

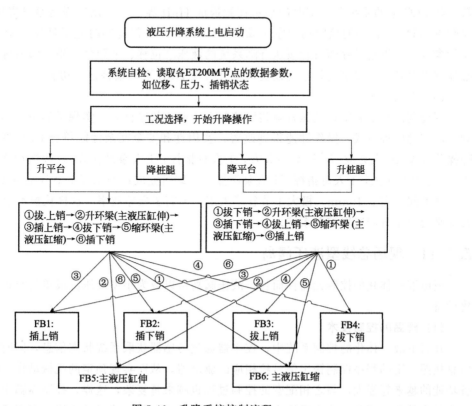

图 5-46　升降系统控制流程

块，最终实现液压升降系统控制。

④ 网络通信 通信主要包括 2 部分，PLC 与 ET200M 节点间的通信以及 HMI 与 PLC 之间的数据通信。其中 PLC 与 ET200M 节点之间的通信采用 PROFIBUS-DP 现场总线，通信协议按照 IEC61158 接口标准，进而实现集中处理、分散控制功能。而数据显示则通过增加交换机，使液压升降装置的各类状态参数通过工业以太网实时分享给各 HMI 触摸屏，与以往使用 MPI 接口的 HMI 触摸屏相比，使用工业以太网，数据传输更加迅速。PORIFBUS-DP 协议基于 ISO/OSI 参考模型，其中第 1 层和第 2 层的线路与传输协议符合美国标准 EIA RS485 标准和国际标准 IEC870-5-1。PORIFBUS-DP 使用了第 1 层、第 2 层和用户接口，第 3 层到第 7 层未使用。这种精简结构可以保证数据高速传输，通过直接数据链路层映像程序可以对第 2 层进行访问，完全可以取代 4～20mA 的模拟信号传输，尤其适合 PLC 与分布式 I/O 设备之间的数据通信。对于 DP 通信而言，采用单主站（主动节点）形式，该主站一直握有令牌，主从站通信通过主从规程进行，该规程允许主站寻址那些分配给他的从属设备，即被动节点。主站可以向从站传递信息或者从从站获取信息。DP 主站通过轮询的方式连续寻址所有 DP 从站。无论用户数据内容是什么，DP 主站与从站间均可以连续的交换数据，DP 主站发出请求帧，DP 从站响应并返回响应帧，形成一个通信循环，最终达到数据通信的目的。

⑤ 人机界面 HMI 人机界面主要用于显示各桩腿主液压缸的位移量、油缸压力，插销油缸的插销状态，液压泵站（HPU）的各泵组工作状态、加载阀开启状态，液压油箱的温度、液位等信息，以及液压控制系统的参数标定，并提供相应的故障报警等信息。人机界面通过 TIA 博途软件内置 WINCC 编写，通过变量管理器链接 STEP7 中定义的各类变量参数，将 PLC 中的系统参数实时的显示在触摸屏 HMI 界面上，该过程是通过集成在 TIA 界面软件 WINCC 内的通信驱动程序完成的。HMI 界面不仅能实时显示液压升降装置的各类运行参数，可以通过界面设置液压升降系统的液压缸位移、节距数、报警阈值等，通过在组态软件里对各类参数值进行报警设置，也可实现 HMI 系统报警记录功能。

(3) 应用情况

现场调试验证表明，液压升降装置控制系统通信状态良好，实现了集中控制、自动控制和手动控制多种方式，操作性能得到改善，实用性和安全冗余性能符合 CCS 要求。原来升降操作需要 10 人完成（4 桩室共 8 人，1 人总指挥，1 人泵站操作），改造后操作仅需要 6 人（4 桩室共 4 人，1 人总指挥，1 人泵站操作）即可完成；原来降 1 个节距需要 15min，现在调试期间仅需要 10min，极大了节省了人工，提高了操船效率。这样从根本上优化了海洋石油平台液压升降装置控制系统。

5.1.11 现场总线型液压阀岛

就电液一体化的控制元器件而言，液压阀岛可以成为小型液压集成单元与控制器的集成化设备。

(1) 阀岛的控制技术

在机电液一体化的控制系统中，控制器通过传感器获取系统状态信息，同时基于传感器信息按照一定的程序控制输出信号给相应的驱动器，从而实现预定的机械动作。随着机器设备功能的越来越强大，与之相配套的控制过程也越来越复杂，这样，控制器输出的信号也就随之越来越多。因此，这类系统中存在大量电磁阀和信号、能量的连线，对于成套自动化制造设备来说则尤其如此，这导致电控系统的故障率高，设备的维修和管理也带来诸多不便。因此，简化电路连接，提高系统组建柔性，一直是阀岛技术的重要改进内容。

阀岛技术产生以来，其控制技术已经从多针接口式阀岛发展成为现场总线型阀岛。采用多针接口后，可编程控制器与电磁阀、传感器电信号输入端之间的接口简化为只有一个多针插头和一根多股电缆。与传统方式实现的控制系统比较可知，采用多针接口型阀岛后系统不再需要接线盘，节省了电控回路的设计、安装、维护时间，使机械制造和维护过程大为简化。而进一步发展到现场总线型阀岛后，每个阀岛均带有一个总线输入接口和一个总线输出接口。这样，当系统中有多个带现场总线阀岛或其他带现场总线设备时可以由近至远串联连接。与带多针插件的阀岛组成的系统比较可知，带现场总线阀岛与外界的数据交换只需通过一根 4 股或 2 股的屏蔽电缆实现，大幅度节省了接线时间。由于连线的减少使设备所占的空间减小，维护也更为方便。

从发展趋势而言，阀岛应发展成为标准的现场总线第三方设备（如 PROFIBUS 总线、CAN 总线等），在利用总线技术及设备（如 PLC、PAC 等）构建控制系统时，阀岛可以作为系统模块直接组态进入现场总线控制系统（与变频器、智能传感器等第三方设备类似），成为总线系统的独立节点（如图 5-47 所示），由上位机统一组态及监控。就进一步发展而言，阀岛应成为传感器、控制、液压（气动）的机电液（气）一体化模块。高度集成化的模块本身具有编程设定能力，可以进行所需要的子系统程序开发，从而进一步提高系统构建的柔性，减少控制系统组建时间，提高控制性能。

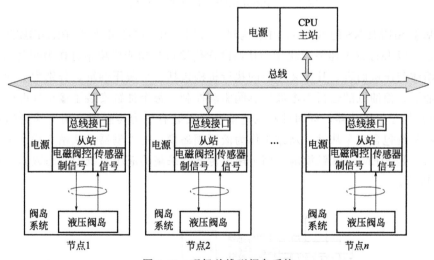

图 5-47　现场总线型阀岛系统

(2) PROFIBUS-DP 现场总线

现场总线式应用在现场的控制设备之间，实现双向串行多节点数字通信的系统，也被称为开放式、数字化、多点通信的底层控制网络，它把单个分散的测量控制设备变成网络节点。在各种现场总线的标准中，PROFIBUS 是由 SIEMENS 等公司组织开发的一种国际化的、开放的、不依赖于设备生产商的现场总线标准，是目前国际上通用的现场总线标准之一。

在 PROFIBUS 现场总线中，用于传感器和执行器高速数据传输的 PROFIBUS-DP 应用最广。PROFIBUS 总线作为工业现场广泛使用的总线，具有通信速率高、配套设施完善等特点，成为阀岛使用总线的首选。考虑到系统的开放性和可靠性，选用了 PROFIBUS-DP 通信协议构建液压阀岛控制系统。

（3）现场总线液压阀岛系统应用实例

① 电控系统结构　液压压砖机是集机、电、液、气、控制和材料工艺技术高度一体化的专用设备，也是墙体砖生产线上最关键装备，决定着整条生产线的生产效率和产品质量。因此，将 KDQ-100 墙体材料实验压机作为实验对象，进行液压阀岛控制系统的设计。

PROFIBUS 是一个令牌网络，一个网络中有若干个被动节点（从站），而它的逻辑令牌只含有一个主动节点（主站），这样的网络为纯主-从系统。典型的 PROFIBUS-DP 总线配置是以此种总线存取程序为基础的，一个主站轮询多个从站。PROFIBUS-DP 在整个 PROFI-BUS 应用中，应用最多，也最广泛，可以连接不同厂商符合 PROFIBUS-DP 协议的设备。在 DP 网络中，一个从站只能被一个主站所控制。如图 5-48 所示，采用了主站＋多从站的PROFIBUS-DP 总线控制系统。

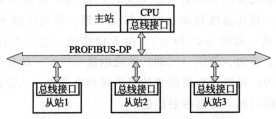

图 5-48　PROFIBUS-DP 总线主从系统

系统基于 SIEMENS 的 S7-300 PLC 构建，采用 CPU315-2DP 作为 PROFIBUS-DP 主从系统的主站，以 IM153-1 通信模块作为从站的通信接口与功能模块结合作为阀岛的控制器。

对于墙体砖压机而言，其需要控制的执行机构包括三个液压油缸，分别为上油缸、浮动油缸和下油缸，而油缸的运行由电液比例阀驱动控制。每个油缸安装了输出标准模拟量信号（4～20mA）的位置传感器，同时油缸的进油油路安装有压力传感器，用于检测油缸的进油压力。控制系统包含三个从站，从站 1 作为液压阀岛模块的控制器，从站 2 用于采集油缸传感器，从站 3 是 SIEMENS 触摸屏，用于输出传感器采集的液压系统的状态数据，总体方案如图 5-49 所示。

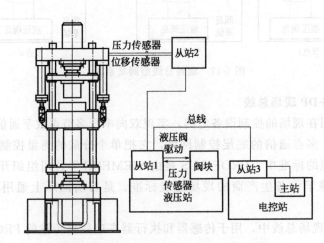

图 5-49　PROFIBUS-DP 电控系统总体方案

传感器数据由总线传送至主站，主站再将数据经总线传送给触摸屏用于状态显示，同时基于主站内的控制程序和反馈回的油缸状态值（包括位置信号和进油压力信号），经总线输出控制信号给从站1，由从站1的模拟量功能输出模块输出控制信号给电液比例阀的放大器，驱动液压油缸的运行，实现油缸的位置和压力控制。

　　② 液压阀岛模块　从压机的液压控制系统而言，对于三个液压油缸的驱动控制分别由三个电液比例阀的液压回路实现。即上油缸液压回路、浮动油缸液压回路和下油缸液压回路，如图5-50所示为上油缸液压回路。

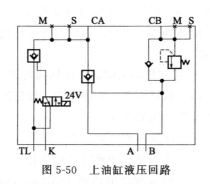

图 5-50　上油缸液压回路

　　将每个液压子回路的所有控制阀以插装阀的安装形式集成设计成阀岛模块，图5-51是上油缸液压阀岛模块。

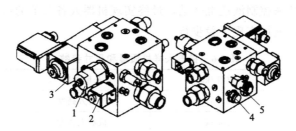

图 5-51　上油缸液压阀岛模块

1—平衡阀；2—电磁球阀；3—电液比例节流阀；4—液控单向阀（$DN10$）；5—液控单向阀（$DN20$）

　　以 PROFIBUS-DP 现场总线通信模块与模拟量采集和输出模块结合作为液压阀岛模块的控制器（如图5-52所示），为电液比例阀提供控制电信号。将控制器与液压阀岛模块进行集成安装（见图5-49），构成控制与检测一体化的液压阀岛集成块，初步实现现场总线型液压阀岛。

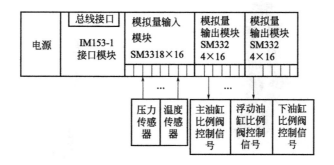

图 5-52　液压阀岛模块控制器

5.1.12 基于工业以太网的液压步行机器人

(1) 概况

某型机器人样机上肢躯干、髋关节和两条腿部组成，共有七个自由度，其中腰关节有一个自由度，每条腿的髋、膝和踝关节各有一个自由度，单条腿共计三个自由度，左右两腿设计相同。机器人样机的质量和尺寸参数如表 5-6 所示。机器人的每个关节均装有相同型号的旋转式液压缸，共有 7 个液压缸。由于机器人机构上存在限位块，若以机器人双腿竖直向下、双脚水平放置为初始状态，每个旋转式液压缸可实现角度范围约为 $-90°\sim90°$ 的旋转。所有旋转式液压缸在安装时其旋转轴相互平行，因此机器人样机在有驱动的情况下可实现直线行走，暂时无法实现自主转向。

如图 5-53 所示有一根杆件连接在机器人髋部，该结构可约束机器人在步行过程中朝向，同时防止机器人向左右两侧倾斜。机器人下方有传送带，设定好合适的传送带速度，可保证机器人在行走过程中其位置不会发生大的改变。

机器人采用液压驱动方式，液压源由液压站提供，该液压站包含油箱、定量泵、风冷系统、过滤器，供油量为 30L/min。液压站上油液出口处装有先导式电磁溢流阀，其作用是调节输出到机器人关节的油液压力，最大调压值达到 16MPa。油液经过电磁溢流阀调压后通过油路进入电液流量伺服阀。该伺服阀采用中国航空工业第 609 研究所研制的 FF 系列伺服阀 FF-102/30。伺服阀与机器人上的旋转式液压缸连接，可以根据电信号改变进入液压缸油液的流向和流量，以此来控制液压缸转动，最终实现机器人各关节的运动。合理规划和控制机器人样机不同关节，就可实现平稳步行。

表 5-6 机器人样机质量和尺寸参数

质量参数	数值/kg	长度参数	数值/m
总质量	51.57	机器人高度	1.400
躯干质量(含配重)	20.34	机器人宽度	0.300
髋部质量	10.35	躯干长度	0.350
大腿质量	4.51	髋部长度	0.124
小腿质量	4.54	大腿长度	0.350
脚部质量	1.39	小腿长度	0.350

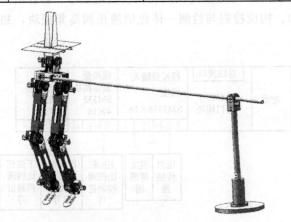

图 5-53 液压双足步行机器人

（2）控制系统技术要求

设计目标为完成快速二维步行，实现步速 5km/h、步态周期为 2s 的平地行走。对机器人控制系统的设计提出以下几点要求：

① 采用分布式控制结构　分布式控制结构是当前机器人控制系统的主流，国内外研究机构研制的最新步行机器人样机大多采用此控制结构。对于本课题来说，控制系统需要分为三个部分，机器人的规划模块、驱动模块以及传感模块。规划模块根据外界环境以及机器人自身状况，生成关节运动轨迹，同时将关节运动轨迹数据发送到其他模块。驱动模块接收到关节轨迹数据后驱动关节运动，每个驱动模块对应一个关节，这样可以减少驱动模块所承担任务，降低对其性能的要求，同时有利后续复杂控制算法的实现。传感模块负责采集机器人状态数据，完成对数据的处理并发送给规划模块，一个传感模块包括多个传感器单元。

② 使用嵌入式系统　机器人机构越来越简洁，这也要求控制系统更加精简。采用工控机进行控制需要外接电源，同时还需放置在控制柜中，而嵌入式系统具有体积小、能耗低等优点，现今其性能也可满足双足机器人的控制需求，因此将设计嵌入式的控制系统。使用嵌入式系统，可大幅减小控制系统体积，便于将其放置于机器人身上，减少机器人与外界的连线。

同时由于嵌入式系统功耗较低，只需一个体积较小的独立电源供电，就可实现较长时间的续航，若将液压系统小型化，也放置在机器人身上，则可使机器人摆脱外部连接的约束，这是实现机器人无缆线控制、完全自主行走的重要前提。

③ 具有良好的实时性　机器人在行走过程中，会遇到许多突发状况，机器人需要及时针对这些情况作出反应。真实的路面状况相比于实验室环境更为复杂，机器人必须具备克服这些因素的能力才能实现自主平稳行走。因此机器人控制系统需要具有良好的实时性，在确定的时间内获取机器人当前状态和外界环境，同时控制机器人做出相应动作。机器人控制系统的控制周期是系统实时性的一个重要体现，控制周期越短，系统实时性越好，此处以实现 1ms 的控制周期为设计目标，为此需要引入实时操作系统。

④ 良好稳定的数据传输速率　双足步行机器人样机共有七个关节自由度，还有多个传感器单元，控制系统采用分布式结构，各模块内部以及各模块之间都需要进行数据传输。数据传输有先后顺序，传输过程中不可避免地会出现延时等现象。双足机器人若要及时准确地完成各种期望动作，在 1ms 控制周期的前提下，各模块需要在控制周期内接收到控制指令并作出回应，这就需要各模块之间的数据传输速率高速稳定准确，否则会出现机器人某关节运动滞后、关节之间不同步等现象，影响机器人的正常动作。因此需要为控制系统设计高速稳定的数据传输方案。

⑤ 有效的关节驱动控制方法　各模块接收到控制指令后作出正确回应才完成一次完整的控制周期，对于驱动模块来说，该模块接收到指令后需要驱动机器人关节进行运动，关节驱动效果如何直接影响到了机器人的步行效果，因此关节驱动的控制方法是否有效合理也是评价控制系统的重要指标之一。由于采用分布式控制结构，单个驱动模块只负责一个机器人关节的运动，承担的控制任务较轻，有充足的剩余性能可以实现高效复杂的控制算法。

（3）控制系统通信方案

① 通信技术要求　机器人样机共有七个关节自由度，每个关节需要接收期望的角度信息和控制参数，同时还需要返回实际关节角度和相关参数，角度信息和控制参数可以分别用 32bit 数据表示，考虑到一个控制周期内单关节驱动模块需要完成数据的接收和发送，一个

驱动模块总的数据量为 128bit，机器人样机七个关节自由度对应七个相同的驱动模块，总数据量为 896bit。

此外为了满足控制需求，机器人左右两脚脚底均需要安装力传感器，两个力信号共需要 64KB 数据表示。机器人髋部需要安装姿态传感器获取姿态数据，目前机器人样机只能实现二维步行，因此姿态数据只要得到髋部俯仰角即可，需要 32bit 数据大小。综上，实现步行机器人的基本功能需要的数据量至少为 992bit，由于后续研究中还会为机器人增加更多功能，增加更多传感及驱动模块，需要的数据量会更大。机器人控制系统的目标控制周期为 1ms，以此控制周期计算，每毫秒发送并接收一次控制数据，控制系统的有效数据传输速率至少要在 992kbit/s 以上。

② 现场总线的不足　一般地，现场总线采用全数字通信，这使得总线的检测与纠错机制得以实现，并且抗干扰能力和传输精度非常高。这些特性为现场总线带来良好的适应性以及系统的开放性的同时，也导致现场总线的最大通信带宽受到限制，随着机器人关节数的增加，数据量越来越大，传统的现场总线逐渐难以满足控制系统通信速率要求，需要寻找更好的通信方案。

③ 工业以太网的应用　将计算机网络中的以太网技术应用于工业自动化领域构成的工业控制以太网，简称工业以太网，是当前工业控制现场总线技术的一个重要发展方向。与传统的现场总线技术相比，工业以太网最大的优势在于数据传输量大，传输速率高，目前 100Mbit/s 的以太网技术已广泛使用，1000Mbit/s 的以太网技术逐步成熟，部分投入使用之中，10Gbit/s 的以太网技术已处于研究之中。

实时以太网（RealTime Ethernet）作为常规以太网技术的延伸，是工业控制中为了应对确定性和实时性提出的解决方案，用于满足控制过程中的实时数据传输要求。目前主要的实时以太网有如下几种：Profinet、TC-net、EtherCAT、Ethernet PowerLink、Modbus-RTPS、SERCOSⅢ 以及我国自主研制的 EPA 等。表 5-7 给出了五种工业以太网的性能对比，从表中数据可以看出 EtherCAT 在循环周期、实时性能和同步精度三个方面表现最好，故选择使用 EtherCAT 通信作为控制系统的数据传输方案。

表 5-7　五种工业以太网性能对比

网络协议	Profinet	Ethernet/IP	SERCOS-Ⅲ	Powerlink	EtherCAT
通信结构	主/从	客户/服务	主/从	主/从	主/从
传输模式	半双工	全双工	全双工	全双工	全双工
循环周期	1ms	100μs	>30μs	<100μs	30μs
实时性能	150 轴 1ms	10~100ms	150 轴 1ms	8 轴 0.2ms	100 轴 0.1ms
同步精度	<1μs	10μs	<1μs	<1μs	100ns

EtherCAT 由德国 Beckhoff 公司于 2003 年推出，数据带宽可达到 100Mbit/s，采用主从式通信结构，主站设备采用标准的以太网控制器，适用范围广，任何带有以太网控制器的控制单元都可以设置为 EtherCAT 主站，EtherCAT 从站设备需要使用专用的控制芯片。将 EtherCAT 主站集成到嵌入式系统之中，从站使用 Beckhoff 公司生产的从站控制板 FB1111-0140。

(4) 实时操作系统选择

为了保证控制系统的实时性，需要采用实时操作系统。嵌入式系统中操作系统是将系统软硬件资源分配、任务调度、中断等封装好并提供用户接口的内核，在操作系统的基础上可以更方便地进行功能开发和扩展，同时也可以使系统功能划分更加清晰、规范。实时操作系统的重要特点是具有系统执行时间的确定性，即系统能对运行的时间做出精确的估计。

表 5-8 给出了上述几种嵌入式实时操作系统的各项特性对比，可以看出 VxWorks 性能最优，但是需要授权使用，μC/OS-Ⅲ 内核较小，性能可以满足机器人系统的需求，而且由于其源代码公开，学习开发成本较低，可以方便地移植到机器人的控制系统中，因此选用 μC/OS-Ⅲ 作为机器人嵌入式实时操作系统。

表 5-8　几种嵌入式实时操作系统性能对比

特性	μC/OS-Ⅲ	VxWorks	RT-Linux
可剥夺内核	是	是	是
调度算法	优先级调度 时间片轮转调度	优先级调度 时间片轮转调度	优先级调度 最小时限优先
优先级分配	动态	动态	静态（默认）
避免优先级反转	优先级置顶	优先级继承	优先级继承
时间确定性	是	是	是
中断响应时间	小于 $8\mu s$	小于 $3\mu s$	$25\mu s$
使用权限	开源	商业版	开源和商业版

(5) 控制系统架构

在确定了通信方案以及采用的嵌入式实时操作系统之后，可以得到控制系统的整体架构。控制系统架构简图如图 5-54 所示，控制系统采用分布式控制结构，分为规划模块、驱动模块和传感模块。由于采用 EtherCAT 通信方案，规划模块首先与 7 个驱动模块依次通过以太网连接，再与传感模块连接，所有控制指令及数据由规划模块发送，顺序经过各模块，各模块通过以太网返回相应的状态数据。

图 5-54　控制系统架构简图

① 规划模块　规划模块框图如图 5-55 所示，该模块使用嵌入式控制器，运行有 μC/OS-Ⅲ嵌入式实时操作系统，负责机器人的步态规划与数据收发处理。EtherCAT 通信方案采用主从控制结构，规划模块含有标准的以太网控制器，可以在其中实现 EtherCAT 主站功能。

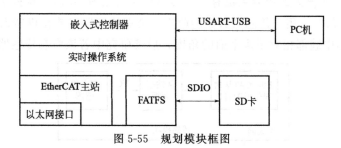

图 5-55　规划模块框图

EtherCAT 主站运行在实时操作系统内，在控制周期内可通过以太网发送控制数据并接收其他模块返回的状态数据。嵌入式控制器通过 USART 转 USB 接口可与 PC 机进行通信，用于调试与测试过程的监控。实时操作系统中还运行有文件系统 FATFS，可将机器人运行过程中产生的状态数据存储到 SD 卡当中，用于后续分析处理，也可读取 SD 卡中的数据用于控制规划。

② 驱动模块　机器人样机的七个关节自由度对应七个驱动模块。驱动模块负责接收来自规划模块的控制数据，驱动机器人关节做出相应动作同时返回关节的状态信息。如图 5-56 所示，驱动模块由 EtherCAT 从站通信板、从站控制板、伺服放大器与机器人关节组成，其中机器人关节分为流量伺服阀、旋转液压缸、旋转编码器三部分，位于脚部的驱动模块还多了安装于脚底的力传感器与放大电路。

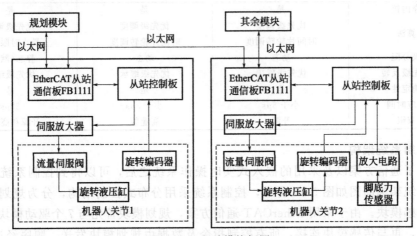

图 5-56　驱动模块框图

EtherCAT 从站通信板 FB1111-0140 为德国 Beckhoff 公司的产品，集成有从站控制芯片（ESC）ET1100，专门用于实现 EtherCAT 通信的从站功能，具有两个数据收发端口。伺服放大器型号为 MKZ801F.14，由中航工业 609 所生产，可将输入的 $-10\sim+10\text{V}$ 电压信号转换为 $-40\sim40\text{mA}$ 的电流信号并输出到流量伺服阀。流量伺服阀根据输入电流信号的大小以及正负调整油路的流量和方向，控制旋转液压缸运动。液压缸带动机器人关节旋转，转动角度由编码器反馈到从站控制板。从站控制板通过 EtherCAT 通信板获取规划模块发送的关节期望角度，根据与实际角度的差值由控制算法计算得出输出到伺服放大器的电压信号，实现对机器人关节的闭环控制。从站控制板采集关节角度数据、脚底力信号、控制算法关键数据等，通过从站通信板发送至规划模块。

③ 传感模块　机器人的控制系统有一个传感模块（见图 5-57），与驱动模块类似，含有 EtherCAT 从站通信板，用于传感器数据的收发。姿态传感器安装在机器人的髋部，可以得到机器人行走过程中髋部相对于水平面的角度，后续研究中若该姿态传感器应用于三维步行

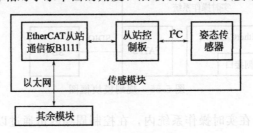

图 5-57　传感模块框图

机器人，则可获得机器人三轴姿态数据。姿态传感器通过 I^2C 总线与从站控制板连接，从站控制板处理姿态传感器数据，通过 EtherCAT 发送数据到规划模块。

规划、驱动、传感三个模块结构都确定后得到控制系统总体架构如图 5-58 所示。

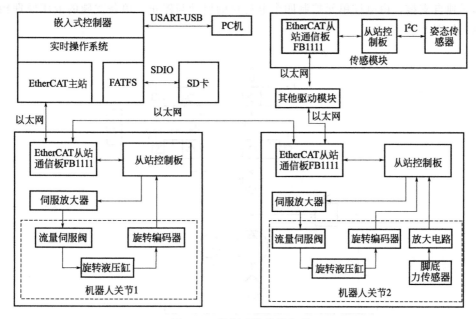

图 5-58　控制系统总体架构

5.2　智能器件与液压元件集成系统及应用

智能控制器、智能传感器或智能仪表与液压元件集成，形成智能电液装置，能够完成液压设备控制、故障诊断、运行状态显示、参数设定等多项功能，具有积极的工程应用价值。这也是液压智能控制的发展方向之一。

5.2.1　汽车液压支腿集成式智能调平系统

（1）汽车液压支腿调平系统

很多专用汽车，如大型采访车、流动舞台车以及重载车辆等都需要配备调平系统。智能调平系统通过水平传感器，控制液压支腿的伸出量，使车厢底面保持水平。目前，各种调平车辆上使用的支腿系统都是采用一个动力单元，以四点支撑系统为例：支腿液压系统控制采用一个油源分别为四个支腿供油。液压支腿在车辆上的一般安装位置，如图 5-59 所示。

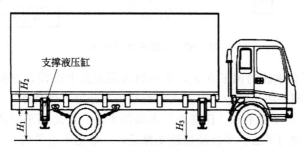

图 5-59　液压支腿安装位置示意图

(2) 集成式液压支腿的组成

集成式液压支腿就是一个动力单元只控制一条支腿，利用微电脑控制电磁阀的开关。以四点支撑系统为例（以下均以四点支撑为例），四个支腿有四个动力单元，每个支腿由一个动力单元独自支撑，由电控单元控制四个电动机的启动与停止。单条支腿的液压原理相对比较简单，如图 5-60 所示。

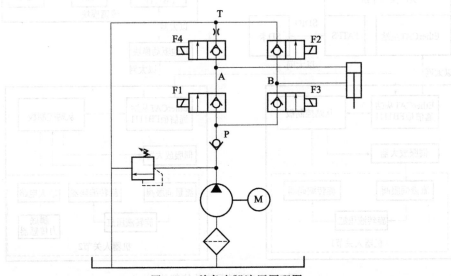

图 5-60　单条支腿液压原理图

工作原理：电动机通电启动后，当电磁阀 F1、F2 通电吸合时，液压缸以正常速度伸出；电磁阀 F1 单独通电吸合时，由于油路进行差动连接，液压缸将快速下降；当电磁阀 F3、F4 通电吸合时，液压缸收回。

优点：结构简单，安装方便；对调平车辆来说可自由选择支撑点的个数及安装位置，适用范围较广。

(3) 智能调平系统及调平策略

① 智能调平系统　智能调平系统主要组成部分有：双轴倾角传感器、单片机、控制电路、键盘显示板以及控制支腿行程的液压系统等。系统硬件组成如图 5-61 所示。

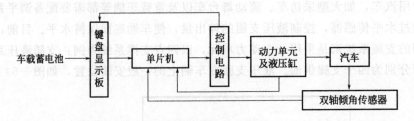

图 5-61　系统硬件组成图

② 调平策略　平台系统的调平方法，从控制的误差量上来说，主要有位置误差控制调平法和角度误差控制调平法。其中，位置误差调平法又分为"最高点"不动调平、"最低点"不动调平、"中心点"不动调平和"任意点"不动调平法。在此调平方法选择位置误差调平法中的"最高点"不动调平法。平台经过预支撑后，一般是不水平的，这样在有倾角的情况下，平台肯定会有一个最高点，在调平时保持最高点不动，其他支撑点向上运动与之对齐，

当各点达到最高点位置时平台即处于水平状态。其大致过程如图 5-62 所示。

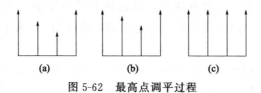

图 5-62　最高点调平过程

这种只升不降调平方法可以避免由于平台自重和负载过大，在下降过程中产生较大的惯性力，而使平台出现剧烈抖动，以致无法调平的现象。

"最高点"调平法的具体实现方法是：根据倾角传感器的信号，确定平台的最高点，并计算各支撑点到最高点的位置误差；将这个误差值送给控制装置（单片机），控制装置通过调平程序驱动各支腿电动机转过一定的角度，液压泵向支腿液压缸供油，使支腿上升给定的距离，从而各点处于同一个高度，平台达到水平状态。调平平台示意图如图 5-63 所示。

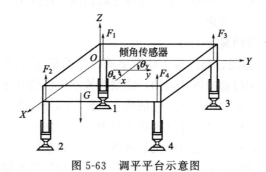

图 5-63　调平平台示意图

（4）调平控制系统

新型集成式液压支腿智能调平系统调平控制流程图如图 5-64 所示。

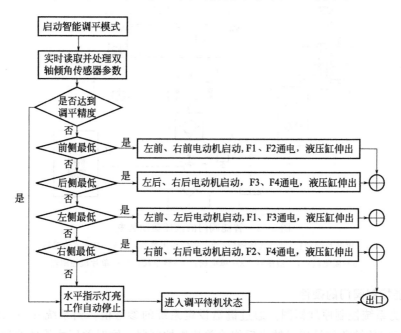

图 5-64　新型集成式液压支腿智能调平系统调平控制流程

图 5-64 中 F1、F2、F3、F4 是控制支腿液压缸的伸出与收回的电磁阀。调平过程：检测是否达到设定的水平状态，若没有达到，则比较前后（X 轴）左右（Y 轴）中最低的一侧进行调平；重复第一步；两个调平方向均达到调平精度后，"水平"状态指示灯亮；智能调平工作结束。

系统采用"线"式控制方式，控制前、后、左、右侧的两只支腿联动，降低了控制系统的耦合强度，提高了调平精度，缩短了调平的时间。

5.2.2　阀门液压智能控制装置

阀门在流体控制设备中起到非常重要的作用，也是在机械设备中应用最为广泛的执行机构之一，因此，近年来与阀门结合的一些产品相继出现，如智能化现场设备、数据通信、电力电子技术、网络化等开发研制得到了快速发展，使阀门实现智能化成为可能。智能化的阀门是在传感器计算机控制的技术上，充分结合机电液一体化技术实现对阀门的快速智能控制。笔者在现有的阀门技术水平的基础上，对液压阀门的智能控制进行改进与探索，使阀门控制达到智能化、数字化、集成化。

(1) 智能阀门的液压驱动装置

图 5-65 为驱动装置原理图。阀门是由经数字阀控制的单叶片摆动缸回转驱动，通过单叶片摆动缸的摆动转化为阀门轴的回转运动，能精确控制阀门的开合位置。单叶片摆动缸能输出大的力和力矩，具有速度快和稳定性好的特点，使阀门能快速精确地得到控制。阀门前后安装的差压式传感器把差压信号经过处理后传给单片机控制器，同时控制阀上的角位移传感器把角位移信号经过处理后也传给单片机控制器，经计算就能得到管道中的实际流量，并与设定值进行比较。如超过设定值，单片机控制器发出脉冲信号控制数字阀来控制单叶片摆动缸，从而控制阀门的开合度，最终调节管道中的流量。

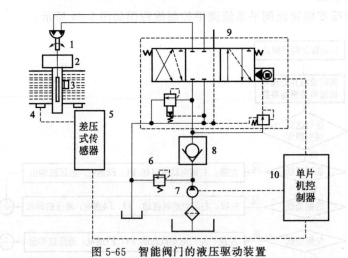

图 5-65　智能阀门的液压驱动装置

1—单叶片摆动缸；2—液压阀门；3—角位移传感器；4,5—差压式传感器；
6—溢流阀；7—液压泵；8—单向阀；9—数字阀；10—单片机控制器

(2) 智能控制阀门的硬件

图 5-66 为系统控制原理框图。通过键盘设定系统的参考值，当系统开始工作时，角位移传感器把阀门的转角信号通过转化后传给单片机控制器，同时差压式传感器把压差信号转

化后传给单片机控制器。单片机在得到这两个信号的同时，经过计算并和设定值进行比较。然后单片机发出信号给数字阀的步进电动机，使数字阀控制单叶片摆动缸进而控制执行元件阀门。在系统工作时，工作人员可通过显示屏来监视系统的工作情况，并可以通过键盘来对整个系统的工作情况进行控制。在系统出现压力远远大于系统可调范围时，可通过声光报警装置报警。

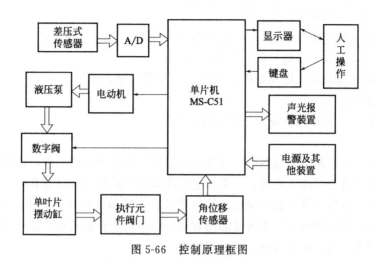

图 5-66　控制原理框图

(3) 软件

① 液压阀门控制系统的软件　图 5-67 为单片机的控制流程图，在系统工作时，通过传感器得到系统工作参数，经过单片机处理后与设定数据进行比较判断。如果在设定值范围内，则按照现在情况继续运行；如果远远大于设定值，则系统自动打开报警装置。当传感器检测到的值在可调范围内，则再次进行判断：当检测值小于设定参考值时，通过单片机设定程序计算，使单片式摆动缸正转增大开口面积来控制流量，使其在设定的范围内；当检测到的值大于设定值时，通过单片机设定程序计算使单片式摆动缸反转减小开口面积来控制流量，使其在设定的范围内。

② 系统的故障报警　当差压传感器检测到的信号远远大于单片机控制器可调范围时，调出报警子程序报警。报警以发出声音和 LCD 屏幕报警为报警信号，显示"输入信号故障"。此时单片机控制器运行中断子程序，单片机控制器发出脉冲信号，通过数字阀控制单叶片摆动缸使液压阀门全部打开，这时可以用角位移传感器反馈信号给单片机控制器，判断是否使控制阀门全部打开。

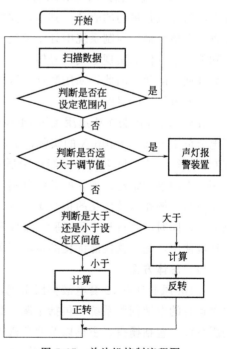

图 5-67　单片机控制流程图

当液压阀门全部打开后，单片机控制器发出脉冲信号使油泵和电动机停止工作。同时单片机也可通过差压式传感器随时检测管道中的压力变化。并把检测到的信息反馈回单片机控制器，使系统处于安全的运行状态。以方便操作者监视和处理。

(4) 系统抗干扰措施

该系统最主要的干扰源有电磁感应、传输通道和电源装置，这 3 个干扰源发出的信号将很有可能影响系统正常的信号。在设计时不可避免有其他的信号干扰，但是应该尽量减少不利信号的影响。在实践过程中可以采用以下方法：

① 选用功耗小、电流小的元器件；

② 将模拟信号转化为数字信号，并将数字信号和模拟量进行隔离；

③ 采用模块式方案，把每一部分都分割开设计；

④ 信号传输和功率放大用光电隔离技术，可以消除脉冲及噪声的干扰，并降低对控制系统和测试系统的影响；

⑤ 在设计软件时使用软件分块技术和程序块。

(5) 小结

该系统不仅可以根据压力控制阀门的开度以适用于流量恒定的场合，还可以达到快速控制，并可以用于压力随时改变的场合。系统也首次采用了差压式传感器和角位移传感器同时把信号输送给单片机控制器，能快速达到控制要求。这样不仅可以保证系统的反应速度快，更能使整个控制系统更加稳定。系统考虑用管道中的压力来控制流量，还可以在改变传感器的情况下，通过测试流量和开口面积来控制压力。

5.2.3 电液智能控制器在风洞控制中的应用

2.4m 跨声速风洞（2.4m 风洞）控制系统采用电液伺服驱动系统实现迎角、栅指以及各个阀门等执行机构的驱动。其中，伺服控制器是将控制信号转换成伺服阀驱动电流的重要装置，在整个伺服控制系统中处于关键和核心地位。原有伺服控制器采用分离元件构成，存在功能简单（仅能实现电气信号转换），控制参数调整困难，无法实现复杂控制算法，以及可靠性低等问题；因此，采用数字式智能控制器进行替换升级，以达到执行机构控制算法独立，提升可靠性的目的。

针对 2.4m 风洞主要选用美国 MOOG 公司的 072 系列伺服阀，线圈采用并联接法，控制电流范围−40～＋40mA 的实际情况，选用了德国力士乐公司生产的 HNC100-2 系列智能控制器进行替换。HNC100 智能控制器实际上是一个基于数字芯片的小型嵌入式系统，它采用改进的哈佛结构，独立的总线分别访问程序和数据存储空间，配合片内的硬件乘法器、流水线指令操作以及优化的指令集，可以较好地满足控制系统的实时性要求，实现复杂的控制算法，同时结合自身工程经验，集成和封装大量成熟控制算法供用户使用，可在恶劣的工业环境使用，是一款性能优良的电液伺服控制器。

(1) 总体方案

2.4m 风洞现有 12 套电液伺服系统，按照是否需要同步功能，划分成 2 种类型：一类是单轴运行的电液伺服系统，包括主调、驻调、驻流、尾撑等系统；另一类是多轴同步的电液伺服系统，包括栅指、主排以及迎角机构。因此，采用"智能控制器＋数字总线"的总体技术方案，核心 PLC 系统通过数字总线或模拟通道向 HNC100 控制器下达控制命令，HNC100 控制器通过数字总线或模拟通道读取信息状态，HNC100 控制器内嵌位置闭环和同步控制程序块，实现整个系统的伺服控制。HNC100 智能控制器带 CANopen、PROFI-BUS-DP 以及 INTERBUS-S 数字总线接口，根据 2.4m 风洞核心 90-70PLC 系统中配置

PROFIBUS 总线接口卡的实际情况，选用带 PROFIBUS-DP 接口的 HNC100 产品，型号为 VT-HNC100-2-21/W-16-P-0。总体方案如图 5-68 所示。

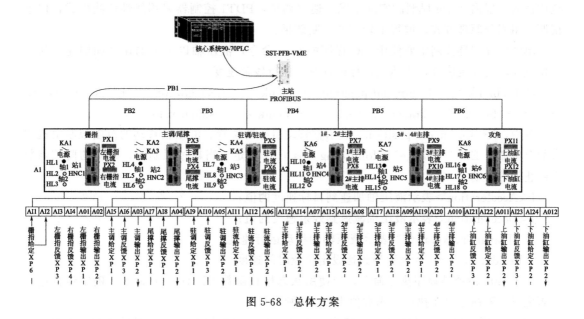

图 5-68　总体方案

（2）控制算法和策略

① 单轴位置闭环控制　在主调、驻调、驻流、尾撑等伺服系统中，需要实现单个液压轴的位置闭环控制。HNC100 控制器提供 2 种模式的位置闭环算法：一种是伺服控制模式（Servo Control，SC），即在整个运动过程始终保持位置闭环控制；另一种是取决于位置的减速控制模式（Position-Dependent Braking，PDB），即在运动开始阶段采用开环控制模式，在接近目标位置时，切换到位置闭环模式。选用伺服控制模式，其原理框图如图 5-69，在整个工作过程中，带前馈/后馈的 PDT1 控制器始终处于激活状态，其他的模块可以根据需要进行选择。一般的控制方式选用了 PDT1 控制器和位置精调模块。PDT1 是液压驱动位置控制的基本控制器，由比例项、时间常数、微分项以及前馈/后馈系数项组成。其中，前馈/后馈系数项适用于油缸进行不同方向运动时，调整控制器的比例增益。PDT1 控制器包括线性曲线模式、折线模式、线性/平方根模式以及线性/正弦模式，平方根和正弦信号校正可以补偿非线性的执行机构。为了消除静差，提高位置闭环的精度，引入位置精调，HNC100 提供

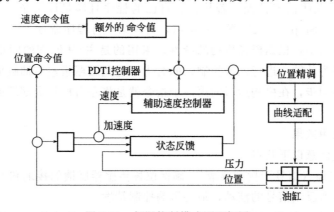

图 5-69　伺服控制模式原理框图

了 4 种位置精调模式：积分原理、残余电压原理、重叠跳转以及积分＋重叠跳转。积分原理适用于伺服阀和高频响阀，而残余电压原理、重叠跳转以及积分＋重叠跳转适用于带正向重叠比例阀。根据 2.4m 风洞的实际情况，通过调试，PDT1 控制器采用线性曲线模式，位置精调采用积分原理方式，取得了较好的控制效果。

单轴位置闭环控制主要使用 NC 程序的 G01 命令，液压轴以给定的速度和加速度从当前位置移动到设定位置，当达到目标位置时，保持残余速度。

G01＜blank＞X＜Command position＞＜blank＞I＜Acceleration＞＜blank＞J＜Deceleration＞＜blank＞F＜Traversing velocity＞＜blank＞＜Residual velocity＞

其中，X＜Command position＞表示轴移动目标的位置。液压轴移动的范围限制由机器参数菜单命令 Edit＞Change＞Monitoring Pos. Ctrl 确定。当超过限制时，系统的监控函数将停止轴的移动。

I＜Acceleration＞表示液压轴加速到目标速度的值；

J＜Deceleration＞表示液压轴减速到残余速度的值；

F＜Traversing velocity＞表示液压轴的移动运行速度，

＜Residual velocity＞表示当到达设定位置时的速度。

由于 G01 命令是顺序执行命令，应使用状态检查函数 ST（G01）命令，确定运行过程是否完成，若命令仍在执行，函数值为 1，否则为 0。

② 双轴同步位置闭环控制　在栅指、主排以及迎角机构的伺服控制系统中，需要实现双轴或多轴同步控制。HNC100 提供了 2 种类型的同步方式：一种是主/从原理的同步控制；另一种是平均值原理的同步控制。在这 2 种情况下，只有一个位置命令值，且位置命令始终由主轴程序调用，从轴调用执行来自主轴的命令。在机器数据设置部分，选择相应的同步类型。系统提供的同步控制方式参数如下。

"0"：禁止轴同步。在 NC 程序中所有激活的同步指令都被忽略。即使系统输入 E1.3（"Synchronism in the inching mode"）为真，也不起作用。

"1"：主/从原理的同步控制。指定相关的轴为主轴，同步控制器仅用于调节从轴。

"2"：平均值原理的同步控制。指定相关的轴为主轴，同步控制器对 2 个轴都有作用。

在完成机器参数设置后，仅需在主轴程序中，完成同步控制器的激活与关闭。当激活同步控制器时，仅需在主轴程序中使用 M35 命令激活同步控制器。从这一刻起，从轴接收来自主轴的命令位置，从轴当前正在处理的程序被中断。当关闭同步控制器时，仅需在主轴程序中使用 M36 命令关闭同步控制。若从轴有自己的程序且满足以下条件（系统输入'Automatic''Ext. enable''Stop'），从轴程序将重启，处理第一行程序命令。

在栅指同步调试中，根据栅指机构的特性，采用的是主/从原理的同步控制，即以左栅指为主轴，右栅指为从轴，进行同步控制。同时为了避免因栅指左右油缸伺服阀内泄漏造成在机构运行前的不同步，在机构运行的第一个指令就是将左右栅指全部缩回，然后才开始同步指令的控制。

(3) 调试及应用效果

调试过程中应注意以下几点。

① 系统可靠接地（信号干扰和屏蔽）。确保位移传感器反馈的接地和 HNC100 控制器的接地一致，以免导致反馈信号的波动，最终影响控制精度。

② 传感器的标定。将阀门运行到全开和全关位置时，记录该位置的位移反馈值，将反

馈值与 HNC100 控制器中机器参数的设置相对应，这样能有效提高油缸的控制精度。

③ PID 参数的确定。在 PID 参数的调整过程中，不应将 P 增益调得太大，应逐步递增调节，以免导致系统的不稳定以及振荡现象。

④ 由于 G01 命令为顺序执行命令，为保证控制器随时响应来自核心系统的命令，在系统软件设计时考虑当前位置命令值与前一命令值不同时，应该停止先前的运动命令。

⑤ 当进行同步控制时，主/从轴要明确编码器类型和编码器精度，必须是控制器设定为相同的控制类型，且不允许有压力限制。

通过静态调试和动态调试，主调等单轴位置闭环稳态误差小于 0.5mm，主调控制曲线如图 5-70 所示。栅指同步运动的控制误差小于 1mm，稳态同步误差小于 0.5mm，栅指同步控制曲线如图 5-71 所示。而且通过风洞动调试验可以看出，栅指的响应速度和控制精度也有了很大的提升。从整体使用效果来看，HNC100 智能控制器的使用大幅度提高了系统的可靠性，技术人员实现单轴位置闭环以及多轴之间同步控制算法简便、易行，其静、动态特性优于原有的伺服控制器，满足风洞的试验要求。

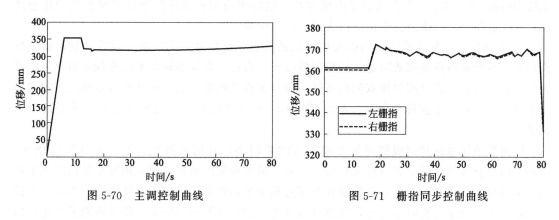

图 5-70 主调控制曲线   图 5-71 栅指同步控制曲线

（4）小结

HNC100 智能控制器自投入使用以来，完成了上千次型号试验任务，所有电液伺服系统运行稳定可靠。同时，HNC100 智能控制器大大改善了阀门和执行机构的运行特性和控制精度，使风洞的总压和马赫数控制精度提高。由于 HNC100 智能控制器具备压力控制以及速度控制模式，可以较好地应用于 2.4m 风洞中迎角等电液伺服系统的控制。

5.2.4 智能型集成电液伺服系统

电液伺服系统包括阀控系统和泵控系统，阀控系统包括电液伺服阀、执行机构、控制器、反馈传感器和液压油源共五个部分。泵控系统则省掉了电液伺服阀，直接由电液伺服（比例）变量泵对执行机构进行控制。

（1）节能型伺服系统

① 伺服直驱泵控系统 伺服直驱泵控系统是利用伺服电动机带动泵直接驱动执行机构的电液伺服系统。图 5-72 是一种伺服直驱泵控系统原理框图，主要由伺服电动机驱动定量泵组成，通过反馈与给定进行比较来控制伺服电动机转速，从而控制执行机构带动负载运动。

为减少能耗，完全一体化设计的电动机泵动力组合是目前电液伺服技术研究的热点。作为机电一体化的一种具体表现形式，它不是一般电动机加泵的简单整体结构连接，而是一种

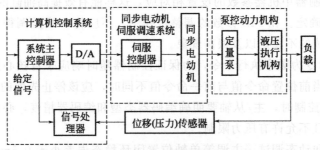

图 5-72 伺服直驱泵控系统原理框图

全新技术，这也反映出电液伺服技术的发展动向。对这种设计来说，如果电动机转子、定子能借助泵的过油来冷却，不仅可取消电动机风扇，降低能耗，而且冷却效果也比空气高数倍，可以在保证电动机转子、定子不过热的前提下，提高输入电流（功率），获得两倍于原绕组产生的额定输出功率，从而提高原动机效率。应用这种伺服直驱泵控系统的效率比阀控系统能提高 40％以上，大大减少了系统发热，这将成为实现液压控制技术绿色化的理想途径之一。直驱泵控系统在注塑机中已得到了广泛应用。

② 泵阀协控双伺服系统　伺服阀控系统的特点是高精度、高频响，但效率低，而伺服直驱泵控系统的特点是高效节能，但控制精度低。因此，将伺服阀控系统和伺服直驱泵控系统结合在一起，形成泵阀协控双伺服系统。同时实现高精度、高频响和高效节能的控制成为一个研究热点，对于这种复合系统的建模分析、解耦优化控制等问题也是一个重要的研究课题。

以伺服恒压泵站和伺服阀控缸系统组成的泵阀协控双伺服系统为例，如图 5-73 所示。由伺服阀负载节流口的动态流量方程可知，液压能源对伺服阀控缸位置闭环系统的影响主要通过油源压力来体现，因此，必须保证控制过程中泵站能够提供恒定的压力油。然而，阀控缸系统所需的流量是实时变化的，要想保证节能，油源泵站提供的流量就要跟随其变化，而流量的变化又可能导致供油压力的波动，进而影响控制精度。也就是说，阀控缸位置闭环系统通过流量约束对伺服电动机驱动的定量恒压泵站系统产生影响。这样，伺服阀控缸系统和

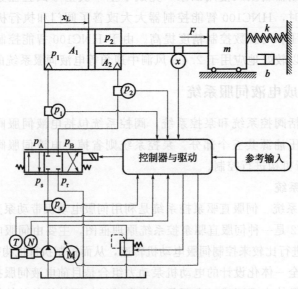

图 5-73　泵阀协控双伺服系统原理

伺服电动机驱动泵系统彼此间相互依赖，又相互影响，形成了一个耦合的大系统，对其进行解耦与系统优化控制也需要进一步研究。

（2）主被动负载工况下的电液伺服系统

① 单腔控制　对于单向负载（如弹性负载、举升运动）系统，当油缸伸出（或缩回）时，需要克服阻力，就需要液压源提供高压油。而当油缸缩回（或伸出）时，外力作用使其运动，则不需要提供高压油。因此，对这种负载工况下的电液伺服系统，可以采用单腔控制油路，如图 5-74 所示原理，只需要用伺服阀的一个负载口控制油缸无杆腔，有杆腔连接经过减压阀输出的低压油，溢流阀和蓄能器保证油缸工作时有杆腔的低压压力保持恒定。

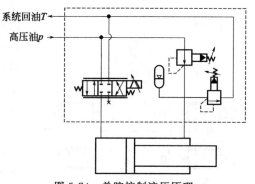

图 5-74　单腔控制液压原理

② 负载口独立控制系统　对于同时存在主、被动负载的电液伺服系统，采用如图 5-75 所示的负载口独立控制的双伺服阀控缸位置闭环控制系统。由于对称阀控制非对称缸，或者存在被动负载的电液伺服系统的控制效果较差，而负载口独立控制的双伺服阀系统的出现，打破了传统电液伺服阀控系统的进出油口节流面积关联调节的约束，增加了伺服阀的控制自由度，提高了系统的性能和节能效果，因此，负载口独立控制系统得到了学者们的关注。

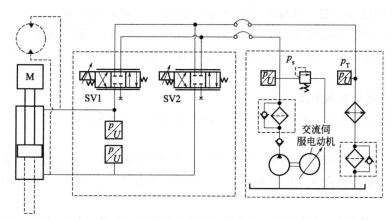

图 5-75　负载口独立控制的双伺服阀控缸位置闭环控制系统原理

负载口独立控制油路通过两个伺服阀分别控制油缸两腔，每个伺服阀都可以控制其进、出口的流量和压力，共有四种控制模式，如何选择一种高效节能的控制方式并相互平滑切换是此种控制油路的研究重点。四种工作模式主要是：进口流量、出口压力控制，这种控制方式适用于主动负载；进口压力、出口流量控制，这种控制方式适合于被动负载；进、出口流量控制，这种控制方式适用于系统静态稳定时的位置调节；进、出口压力控制，这种控制方式更适合于阀控缸力伺服系统。

图 5-76 所示为组合阀形式的负载口独立控制系统，集成了多个二位二通比例阀。通过对各个阀工作状态进行组合，可实现负载口独立控制。美国普渡大学的 Bin Yao 教授等在这方面进行了大量的研究工作，目前已有公司进行了专利申请和产品试应用。

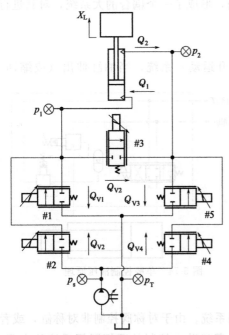

图 5-76 组合阀形式的负载口独立控制原理

(3) 多阀并联式电液伺服系统

在一些电液伺服系统中，要求执行机构能以大速度跟踪给定信号，这就要求系统必须使用大流量伺服阀，但大流量伺服阀频带和分辨率又比较低，为解决"大流量"和"低频响""低分辨率"之间的矛盾，提出了双伺服阀并联控制方式。在系统快速跟踪阶段采用双伺服阀同时工作的大流量特性，精确定位时采用单阀的高精度和高频响特性。其中多伺服阀控制的好坏，将直接影响整个系统的动态性能，并且还影响切换过程是否能平滑过渡。因为关闭其中一个伺服阀，系统的增益会突然下降，产生流量的不连续和对被控对象的冲击。针对这些问题，有学者开展了多阀并联控制技术的相关研究和应用。

(4) 高度集成的一体化智能电液伺服系统

为了便于系统的使用、安装及维护维修，高度集成的一体化设计已成为电液伺服系统的发展趋势。这种设计理念可实现电液伺服系统的柔性化、智能化和高可靠性。比较理想的设计是将油箱、电动机、泵、伺服阀、执行机构、传感器等高度集成在一起。其优点是：无须管路连接，结构更加紧凑，减小了泄漏和二次污染等。同时由于各部件都是直接相连，可减小容腔体积，更有利于提高系统固有频率。但也存在一定缺陷，如散热面积过小会导致快速发热，加注油液时难以排出密闭容腔内的空气等。

(5) 高性能电液伺服系统

随着工业应用的发展，对电液伺服系统的性能也提出了越来越高的要求。主要体现在以下几个方面：

① 超高压　通过提高液压能源和伺服阀、执行机构的工作压力等级，可大大减小系统的流量和系统的体积、重量。目前电液伺服系统的工作压力正在朝着 35MPa 或者以上的超高压级别发展。

② 高频响　某些电液伺服系统往往要求很高的频响，而系统的频带主要受执行机构固有频率、电液伺服阀频带制约。因此，要提高系统频响，需要综合考虑二者之间的匹配。

③ 高精度执行机构的控制　精度主要体现在定位精度和跟踪精度。要实现高精度控制的前提是传感器的精度要足够高，而执行机构的摩擦也会影响其低速运行时的平稳性。另外，伺服阀分辨率也会影响精度。

5.2.5　分布智能的电液集成系统

Atos 公司研发了电子液压比例阀件配套一体化数字式的电子器件。这些产品能赋予传统控制体系新的功能，它的基本功能是使新型紧凑的机器带有更高技术含量数字电子器件，集成了多种逻辑和控制功能（分布智能），且使大部分现代现场总线通信系统变得可行和便宜。

(1) 数字化的优势

一体化比例电子液压引入数字控制技术将带来一些立竿见影的进步：

能在狭小的空间内通过增加阀件的参数设置数量来实现更多功能，以适应各种应用中的特殊要求；

数字化的处理能保证这些设置的可重复性：由于有永久存储，数字设置能被自动保存；

数字化元件测试保证了所有功能参数设置的可重复性，新的控制技术提高了比例阀的静态和动态性能。

(2) PS 系列数字电子器件

基本型 PS 系列数字电子器件配备了一个标准 RS232 通信界面，并带有一个友好用户界面的电脑软件，软件名为 E-SW-PS，实现功能参数的管理。

PS 系列的一体化数字电子器件可提供给不带传感器（E-RI-AES），带位置传感器（E-RI-TES）或带压力传感器（E-RI-TERS）的阀，甚至带双级闭环控制的先导阀（E-RI-LES）。这些数字电子器件的主要特点是能同相应的模拟电子器件完全互换；参考和反馈信号为模拟量；而可编程的界面使诊断和设置管理成为可能，使其性能最优满足应用要求。

这个方法能使客户逐渐了解数字技术的优势，而不必变更整体的应用机器的结构。

主要的参数设置如下：

① 数字设置死区和比例；

② 调节曲线的线性度，随意获取线性和非线性的特性；

③ 数字设置的斜坡可在 0～100％ 的范围内进行调节。

除此而外，一系列详细的诊断信息能全面分析阀件及其可能的故障原因。

(3) 现场总线系列

数字电子阀的面世使现场总线界面（图 5-77）成为现实。

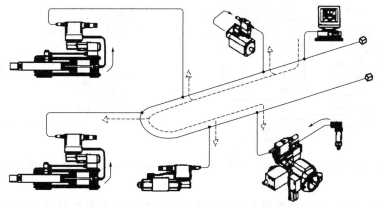

图 5-77　数字电子阀与现场总线

现场总线技术具有下列显著优势：

① 避免电磁干扰；

② 信息协议的标准化；

③ 降低配线成本；

④ 系统的诊断和远程帮助。

所有 Atos 数字放大器都提供 2 种最常用标准：

① C 版本，可连接 CANBus（Cannpen DS408 v1.5 协议）

② BP 版本，可连接 PROFIBUS-DP（Fluid Power 技术协议）

(4) 伺服驱动器

放大器自身集成了多种控制功能，真正实现了紧凑的电子液压运动单元。

AZC 型伺服液压缸（图 5-78）的 E-RI-TEZ 放大器，不仅能控制相应的阀，而且放大器本身就能进行位置、速度和/或力的控制。用 AZC 型伺服液压缸组成的伺服系统主要优势如下：

① 自身能进行运动控制，无须再使用外部轴控制器；

② 方便放大器与外传感器直接连接，能减少配线数量；

③ 现场总线系统能使连接的多个运动控制单元和各单元之间通信的速度达到最佳性能；

④ 总线系统能达到最佳性能的重要一点是分布智能能快速局部处理闭环控制要求的高速信号，从而避免不必要的在线信息超载。

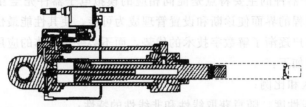

图 5-78　AZC 型伺服液压缸

(5) 简便的伺服系统

作为最简单的方式，分布智能的概念被应用到 E-RI-A EG 型放大器（见图 5-79 与图 5-80）。

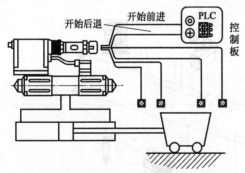

图 5-79　分布智能应用与 E-RI-A EG 型放大器　　图 5-80　E-RI-A EG 型放大器运动控制性能曲线

这些数字电子器件能自发管理多达 5 个感应接近传感器和实现开环"快-慢"位置循环。对于任何循环阶段都可设置速度和加速度（斜坡）。

(6) 新的功能

可设置控制参数并具有更紧凑尺寸的数字放大器能实现如下新功能：E-RI-TES 型放大器能在比例方向控制阀上实现压力和流量的复合控制；对各种变量柱塞泵，E-RI-PES 型数字放大器集成了压力流量控制和功率限制。

将来要实现同步控制，对动态性能进行最佳自适应控制，在现场总线系统中预先处理的远程帮助。

5.2.6 智能液压动力单元

直驱式容积控制（Direct Drive Volume Control，DDVC）技术，采用伺服电动机或步进电动机驱动双旋向定量泵，代替价格昂贵的伺服阀或比例阀，具有节能、高效、可靠性高、成本低、操作控制简单等突出优势。智能液压动力单元是以直驱式容积控制系统技术为原理，以液压缸为执行元件，同时将能源、控制调节、状态监测及辅助装置高度集成为一体的智能化液压控制系统。智能液压动力单元除了具备直驱式容积控制技术优点外，还具有智能化独立控制、高度集成化、通用性强等功能特点。

智能液压动力单元可应用于工业中对位置、速度、出力、精度和响应频率等指标有一定要求的控制系统中。与功能相近的数字缸、电动缸相比，智能液压动力单元具备明显的性价比优势。

(1) 智能液压动力单元系统设计要素

图 5-81 为应用于国家天文台 500m 口径球面射电望远镜（FAST）的智能液压动力单元液压原理图。该系统为电液位置控制系统，主要功能及特点为：所受负载力为恒定拉力，液压缸无杆腔等效为油箱，压力约为 0；电磁换向阀 4.1、4.2 及手动泵 11 用于系统安装调试，正常工作时，两电磁阀均处于断电状态；液压缸活塞杆缩回时，定量泵向有杆腔供压力油，无杆腔油液回油箱；液压缸活塞杆伸出时，定量泵压力油经溢流阀 3.1 回油箱，同时将液控单向阀 5 打开，有杆腔油液经液控单向阀 5 进入定量泵吸油口，无杆腔自油箱吸油；油箱为密闭式压力油箱，可补偿液压缸有杆腔与无杆腔的容积差，同时有利于泵、液压缸的吸油。

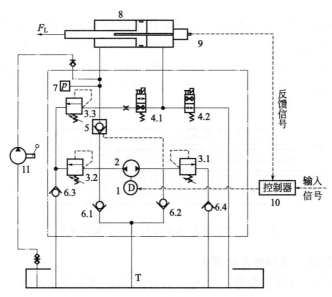

图 5-81　智能液压动力单元原理图

1—步进电动机；2—双向定量泵；3—溢流阀；4—二位二通电磁换向阀；5—液控单向阀；6—单向阀；
7—压力传感器；8—液压缸；9—位移传感器；10—控制器；11—手动泵

智能液压动力单元电液伺服系统的关键技术及难点在于解决系统动态响应特性低，补油不及时会造成吸真空并引起死区非线性等问题。因此，在系统设计时需要从以下几个方面进行优化设计。

① 精细化参数匹配 智能液压动力单元系统动态特性指标关键在于参数匹配，根据系统数学模型或仿真模型找出所有影响系统特性的参数，通过理论及仿真分析，获得各参数对系统动态特性影响的规律及大小，为结构设计和元件选型提供依据。

② 无动力增压补油 为解决补油不及时造成吸真空，智能液压动力单元油箱采用全封闭式设计，采用皮囊或弹簧推动活塞的方式进行增压（如图 5-82 所示），实现无动力增压补油，同时无论执行器如何放置，在皮囊或弹簧的作用下都能保证油箱向闭式回路中正常补油。

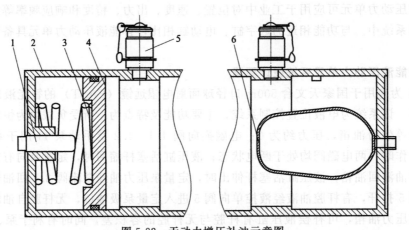

图 5-82 无动力增压补油示意图

1—限位螺钉；2—油箱；3—增压弹簧；4—增压活塞；5—测压排气阀；6—皮囊

③ 单出杆等速无油箱 对于某些要求智能液压动力单元正反向运动特性相同的工况，可采用单出杆等速液压缸，正反两腔作用面积相等，同时内置磁致伸缩位移传感器，其结构示意图如图 5-83 所示。采用该结构还可以实现系统无油箱设计，减小智能液压动力单元体积的同时，减少了油液体积，可进一步提高系统响应特性。

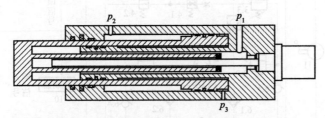

图 5-83 单出杆等速液压缸内部结构示意图

(2) 智能液压动力单元特性影响因素

① 智能液压动力单元结构参数 对图 5-81 中所示的智能液压动力单元进行数学建模，通过流量连续性方程及力平衡方程，可得智能液压动力单元动力机构的传递函数为：

$$X_p = \frac{\dfrac{D_p}{A_p}\omega_p - \dfrac{1}{A_p^2}\left(C_{tc} + \dfrac{V_0}{\beta_e}s\right)F_L}{s\left(\dfrac{s^2}{\omega_h^2} + \dfrac{2\xi_h}{\omega_h}s + 1\right)} \tag{5-1}$$

式(5-1)中各符号含义如表 5-9 所示。

对传递函数各主要结构参数进行仿真,分析各参数变化对系统特性的影响,仿真结果如图 5-84 所示。可以看出,为提高系统快速性,在结构选型设计时,应选择排量 D_p 大且转动惯量小的泵,选择有杆腔有效工作面积 A_p 小的液压缸,同时活塞和负载折算到活塞上的总质量 m_t 和有效体积弹性模量 β_e 对系统快速性影响较小。

表 5-9 符号含义

符号	含义	单位
ω_h	$\omega_h = \sqrt{\dfrac{A_p^2 \beta_e}{m_t V_0}}$ 为液压固有频率	rad/s
ξ_h	$\xi_h = \dfrac{C_{tc}}{2A_p}\sqrt{\dfrac{\beta_e m_t}{V_0}} + \dfrac{B_p}{2A_p}\sqrt{\dfrac{V_0}{m_t \beta_e}}$ 为液压阻尼比	
D_p	双向定量泵的排量	m^3/rad
ω_p	泵的转速	rad/s
C_{te}	泄漏系数	$m^3/(Pa \cdot s)$
A_p	有杆腔的有效工作面积	m^2
X_p	活塞位移	m
V_0	有杆腔的总容积(包括双向定量液压泵和液压缸的有杆腔、一侧的连接管道)	m^3
β_e	有效体积弹性模量(包括油液、连接管道和缸体的机械柔度)	Pa
m_t	活塞和负载折算到活塞上的总质量	kg
B_p	活塞和负载的黏性阻尼系数	N/(m/s)
F_L	外负载力	N

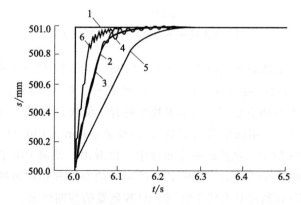

图 5-84 结构参数变化影响智能液压动力单元特性

1—输入信号;2—比较基准;3—减小有效体积弹性模量;4—增大负载总质量;
5—增大有杆腔有效工作面积;6—增大泵排量

② 智能液压动力单元控制器 影响智能液压动力单元特性的因素除以上结构参数之外,

还有控制器的控制性能。目前智能液压动力单元多采用常规的 PID 控制器，其控制原理简单、工作可靠、实用性强，可在一定程度上满足智能液压动力单元动态特性的使用要求。但智能液压动力单元在启动和换向时存在较大滞后、正反向运动特性不对称、油液黏度和弹性模量随温度非线性变化，使用常规 PID 控制器达不到理想的控制效果。

为获得更好的控制效果，对常规 PID 控制器进行改进，采用模糊 PID 控制策略，根据专家经验规则，对控制器各参数进行实时动态自整定。模糊 PID 控制器由模糊控制器和常规 PID 控制器两部分组成，其结构原理如图 5-85 所示。

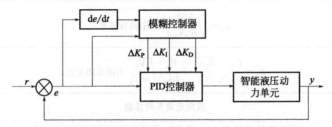

图 5-85　智能液压动力单元模糊 PID 控制器结构原理

由模糊控制器输出的 ΔK_P、ΔK_I、ΔK_D 是常规 PID 控制器 3 个参数的修正量，对数据采集环节的 PID 控制参数进行修正，完成自整定。

基于常规 PID 参数调节的实际经验，建立的智能液压动力单元模糊调整规则曲面如图 5-86 所示。

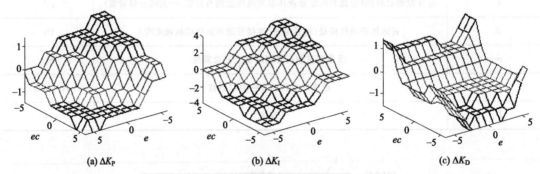

(a) ΔK_P　　　　　(b) ΔK_I　　　　　(c) ΔK_D

图 5-86　智能液压动力单元模糊调整规则曲面

为验证模糊 PID 控制器的控制特性，利用 AMESim 和 MATLAB/Simulink 进行联合仿真，在 AMESim 中完成智能液压动力单元液压系统建模，在 MATLAB 中进行模糊 PID 控制器设计。图 5-87 为系统仿真模型，仿真参数主要有：负载力 50kN，工作压力 16MPa，外啮合齿轮泵排量 1.3mL/r，增压油箱 0.2MPa，液压缸 ϕ90mm/(40~1000)mm。

仿真结果如图 5-88 所示。从阶跃响应曲线中可以看出，模糊 PID 控制器提高了系统的快速性；从正弦响应曲线可以看出，模糊 PID 控制器的幅值和相位衰减均小于常规 PID 控制器，证明了模糊 PID 控制器具有优于常规 PID 控制器的控制效果。

(3) 实验

图 5-89 为智能液压动力单元实验系统现场图。实验系统主要包括智能液压动力单元、负载及实验台架。

负载为恒定拉力为 50kN，系统额定工作压力为 16MPa。

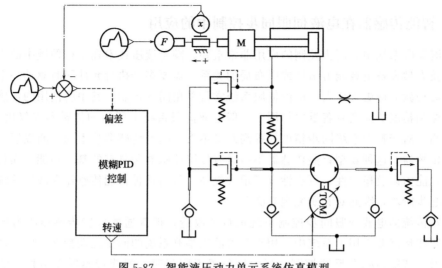

图 5-87　智能液压动力单元系统仿真模型

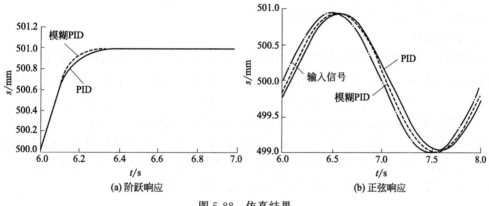

(a) 阶跃响应

(b) 正弦响应

图 5-88　仿真结果

　　图 5-90 为智能液压动力单元正弦实验曲线，对比模糊 PID 控制器与常规 PID 控制器，可看出模糊 PID 控制器在一定程度上抑制了系统非线性死区，同时提高了跟踪精度，从而验证了模糊 PID 控制器的可行性。

图 5-89　智能液压动力单元实验系统

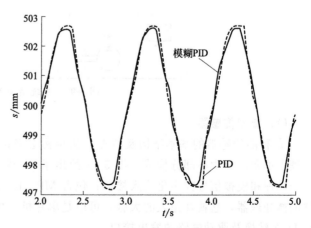

图 5-90　智能液压动力单元正弦实验曲线

5.2.7　智能传感器在电液伺服同步控制中的应用

在电液伺服系统中，同步控制的应用非常重要。随着液压技术在工程领域中的应用日益扩大，以及大型设备负载能力增加或因布局的关系，需要多个执行元件同时驱动一个工作部件，同步运动就显得更为突出。电液伺服系统常常采用闭环控制，其中所使用的传感器对于整个系统控制精度的提高有着重要作用。一般电液伺服系统中所用的传感器仅仅用于信号、位移的检测，对于整个系统同步精度的提高意义不大。随着传感器技术的不断发展，出现了新型智能传感器。这种新型智能传感器不但具有传统传感器所具有的基本功能，而且信息处理、抗干扰能力以及稳定性、可靠性有了很大提高。目前这种智能传感器在液压系统中的应用还处于起步阶段，因此对其研究很有必要。

本例对传统的电液伺服同步控制系统进行了改造，把普通的位置传感器改为智能传感器，并将智能传感器应用于系统中，用于改善液压举升系统的同步运动精度。两个液压缸的同步运动通过智能传感器反馈控制，当两缸位置不同步时，智能传感器发出相应的调节信号。智能传感器协调两个缸体运动，以减小同步误差。通过实验分析证明智能传感器具有实现位置跟踪与减小同步运动误差的性能。

(1) 系统设计

电液伺服阀控液压缸同步回路中，两液压缸 C_1、C_2 要求运动时的位置保持同步，系统结构如图 5-91 所示。其中 F_1、F_2 为两液压缸的传感器，主要由位置传感器与压力传感器组成，它们与微处理器组成了智能传感器。两位置传感器反映了两液压缸的实际位置信号 u_1、u_2，压力传感器反映了负载变化及环境干扰引起的位置变化的信号 u_1 与 u_2。当两液压缸有位置偏差及不同步时，位置信号 u_1 与 u_2、压力信号 z_1 与 z_2 传入微处理器。信号在微处理器中进行分析比较处理后，产生偏差电流 $\pm i$。将其输给电液阀 SV，向位置落后的液压缸多供油，向位置超前的液压缸少供油以保持两液压缸的同步精度。

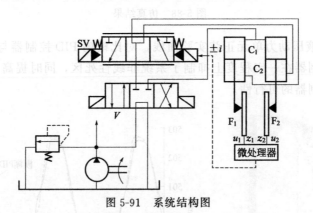

图 5-91　系统结构图

(2) 智能传感器

① 智能传感器的基本结构及特点　从结构上来讲，智能传感器主要由经典传感器和微处理器单元两个中心部分构成。图 5-92 给出了一个智能传感器系统构成框图。其中有：信号预处理和模拟信号数字化输入接口；包含 MP、ROM、RAM、PROM 信息处理及校正软件的微处理器，它就好像人的大脑，可以是单片机、单板机，也可以是微型计算机系统；含有 D/A 转换及驱动电路的输出接口。

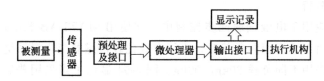

图 5-92　智能传感器系统构成框图

a.数据输出接口电路　智能传感器输出的数字信号,具有远程通信能力。传感器挂在数据总线上,通过总线进行数据传输。采用工业标准电压 0～5V,电流 4～20mA。为了解决分布式控制与检测问题,采用新型现场总线控制技术,并通过智能传感器通信协议 HART 使它与现有的"4～20mA"模拟系统兼容,从而实现协议模拟信号和数字信号同时通信。采用通用传感器接口芯片 USIC 以及信号调节电路 SCA2095。

b.微处理器　微处理器是智能传感器的心脏,能控制测量过程并进行数据处理。它的设计和选用要考虑传感器的测量速度、精度、分辨率以及数据处理能力。微处理器既要考虑产品质量和可靠性,又要考虑降低成本,简化结构,满足芯片尺寸要求以及应用的广泛性。本实验中选用单片机 8031 进行处理工作。

c.智能传感器的功能特点　智能传感器的自补偿和计算功能为传感器的位置与非线性补偿开辟了新道路。即使传感器的加工不太精密,只要能保证其重复性好,通过传感器的计算功能也能获得较精确的测量结果。并且智能传感器的自检、自诊断和自校正等功能也为传感器的高精度高适应性奠定了基础。

② 智能传感器的工作原理　智能传感器原理如图 5-93 所示,图中包括检测和变送两部分。被测的位置通过隔离的膜片作用在扩散电阻上,引起阻值的变化。扩散电阻接在惠斯通电桥中,电桥的输出代表被测位置情况。在硅片上制成一个辅助传感器用于检测干扰带来的影响。在同一个芯片上检测出位置、干扰两个信号,经多路开关分时地接送到 A/D 转换器中进行模数转换,变成数字信号送到变送部分,由微处理器负责处理这些数字。存储在 ROM 中的主程序控制传感器工作的全过程,PROM 负责进行干扰引起的误差补偿,RAM 中存储设定的数据,EEPROM 作为 ROM 的后备存储器。现场通信器发出的通信脉冲叠加在传输器输出的电流信号上。I/O 一方面将来自现场通信器的脉冲从信号中分离出来,送到 CPU 中;另一方面将设定的传感器数据、自诊断结果、测量结果送到现场通信器中显示。

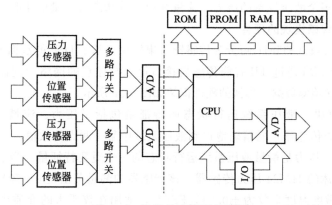

图 5-93　智能传感器原理框图

(3) 仿真实验分析

将智能传感器应用于电液伺服同步控制中，并使用 MATLAB/Simulink 仿真可以得出系统仿真曲线图。由于采用相同负载时，不能有效比较传感器变化对系统运动同步精度的影响，因此本实验中采用不同负载 20kg/100kg。图 5-94 显示了当采用普通传感器时，1 号缸与 2 号缸的位置同步误差。图 5-95 显示了采用智能传感器时，1 号缸与 2 号缸的位置同步误差。通过比较可知，采用智能传感器时系统的同步误差明显小于采用普通传感器时的同步误差，从而可知应用智能传感器可以得到较好的控制效果。

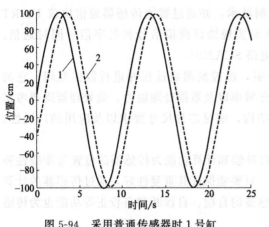

图 5-94　采用普通传感器时 1 号缸
与 2 号缸的位置同步误差

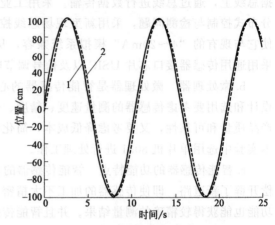

图 5-95　采用智能传感器时 1 号缸
与 2 号缸的位置同步误差

智能传感器较其他传感器在同步控制的应用上有较大优势，能够有效提高液压同步系统的同步精度。并且在负载变化、外界干扰等情况下，智能传感器在稳定性、精确性方面表现良好。

5.2.8　基于 IEEE1451.2 标准的智能液压传感器模块

由于液压工作元件的复杂性及液压系统的封闭特性和网络特性，单一的状态检测并不能全面地反映液压系统的运行情况。同时，现场有各种模拟和数字传感器，各种接口标准都互不兼容，这会给监测系统的维护、扩展和升级带来了许多麻烦。基于 IEEE1451.2 标准的智能传感器能实现对多个液压设备的压力、流量和温度等状态特征量的实时监控功能。

(1) 智能液压传感模块的硬件

智能液压传感模块（STIM）可分为传感器采集模块、基于 DSP 的数据处理单元和 NCAP 通信接口模块等。STIM 通过 TII 智能传感器接口可以与任意的网络适配器（NCAP）通信，向远程监控终端发送检测数据。具体的硬件框架如图 5-96 所示。

① 信号采集模块　液压系统运行状态的特征量包括了压力、流量、温度及泄漏量，STIM 将集成这四类传感器，能精确地得到液压系统中某一测点的数值。

a.压力传感器　压力是衡量液压系统运行状态的一个重要特征量。为了能精确测量液体压力，选用南京宏沐的 HM24 压力传感器。该传感器的测量范围是 0～70MPa，测量精度可达±0.5％FS，灵敏度温度系数为±0.04％FS/℃，适用在较恶劣的介质中测量液压，并具有较好的长期稳定性。

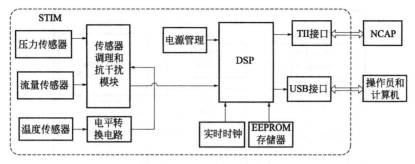

图 5-96　STIM 的硬件框架

b. 流量传感器　采用 LWGT 型涡轮传感器，该流量计具有高精度（±0.50%）、重复性好（±0.05%）的特点，可应用于测量水、石油、化学液体等的流量。

c. 温度传感器　温度传感器是采用德州仪器的 TMP108。这是一款数字型传感器。测量精度达±1℃，输出信号为 I^2C 或 SMBus，具有方便灵活的特点。

② 电子数据表格　TEDS 是 IEEE1451.2 自定义的一种电子表格，存储传感器的类型、属性、行为特点等参数。如表 5-10 所示，TEDS 分为 7 大类，描述了传感器生产商的名称、通道的函数模型、通道地址、通道的校准信息等，从而使传感器具有了自我描述与识别的能力，增强了不同传感器之间的通信能力，实现即插即用。

表 5-10　TEDS 的具体内容与功能

TEDS 名称	内容与功能
Meta-TEDS	描述任何一个通道所有信息及所有通道的共同信息
Channel-TEDS	描述每个通道的具体信息，如函数模型、校正模型、物理单位等
Calibration-TEDS	存放通道的校准参数
Channel-ID TEDS	用于识别每个被赋予地址的通道
Calibration-ID TEDS	提供描述 STIM 中每个通道的校准信息
End-Users' Application-Specific TEDS	存放最终用户的特定信息
Industry Extensions TEDS	TEDS 的扩展

在本智能传感器中，电子数据表格中的 Meta-TEDS、Channel-TEDS 和 Calibration-TEDS 存放在 STIM 的 Flash 中，当 STIM 连接 NCAP 后，NCAP 通过 TII 接口读取 TEDS 中的传感器信息。图 5-97 是电子数据表格 TEDS 框图。

(2) STIM 的软件实现

STIM 的总体软件结构主要包含了 IEEE1451.2 协议栈、数据采集模块、人机交互模块和底层驱动模块，如图 5-98 所示。下面将分析 STIM 的关键软件模块的软件设计原理。

① 任务调度管理模块　基于 μCOS 实时操作系统设计任务调度管理系统，负责整个 STIM 中各软件模块的调度，优化系统管理，使整个软件系统运行更加高效。

② IEEE1451.2 协议栈　IEEE 1451.2 协议是 STIM 的设计核心。因此设计协议栈对该协议进行解析与封装。在协议栈下，包含了电子数据表格、功能和命令管理模块、以及 STIM 通道管理模块。电子数据表格用来存放传感器的各种信息，方便系统的调用。

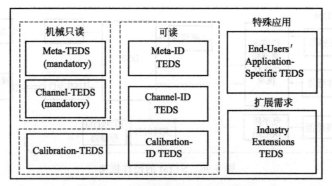

图 5-97 电子数据表格 TEDS 框图

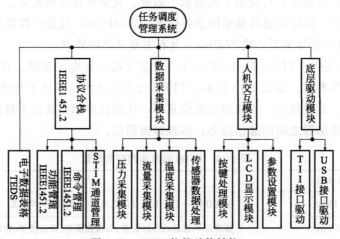

图 5-98 STIM 软件总体结构

③ TII 接口驱动 TII 接口定义的传输协议规范了 STIM 与 NCAP 之间的数据通信,主要包括了触发和传输两部分。下面以通过 TII 接口读取数据为例,说明数据传输的主要过程。首先 NCAP 使能 NIOE,等 STIM 将 NACK 置为有效后,NCAP 写入执行和地址命令,然后读取 STIM 的数据,最后将 NIOE 禁止使能,并将 NACK 置为无效。图 5-99 是 TII 数据传输时序。

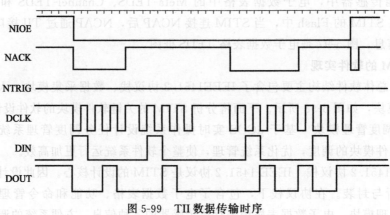

图 5-99 TII 数据传输时序

④ 电子数据表格　电子数据表格中定义各传感器通道中的结构体，在读写不同通道时，只需调用和初始化通道结构体。结构体定义如下：

```
Tyhedef struct channel_desc
{
unsigned char channel_n;//定义通道号
unsigned short TEDS_add;//通道 TEDS 所在地址
unsigned short TEDS_len;//通道 TEDS 长度
unsigned short CAL_add;//校正 TEDS 所在地址
unsigned short CAL_len;//校正 TEDS 的长度
unsigned char * buffer;//定义一个数据区
unsigned char valid_flg;//数据区标志位
unsigned char C_type;//通道类型
unsigned short status;//通道的状态寄存器
unsigned short int mask;//中断屏蔽寄存器
}
```

(3) 智能液压传感器的运行测试

STIM 采集数据后，通过 TII 接口与 NCAP 通信，由 NCAP 经 GPRS 网络将数据传输至后台管理系统。图 5-100 是压力和流量的数据示意图。

管理用户可以通过后台管理系统对液压系统进行实时的检测，记录压力、流量和温度的变化。当压力和流量超过了预设的阈值时，后台管理系统将进行预警。

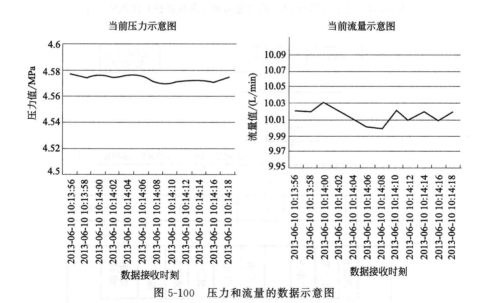

图 5-100　压力和流量的数据示意图

(4) 小结

IEEE145 系列标准能统一不同传感器的接口，提高传感器的兼容性，实现"即插即用"的功能。

基于 IEEE1451.2 标准的智能液压传感器能应用于液压系统状态的远程监测，实现了多参量实时检测、无线网络控制和传感器即插即用的功能。

5.2.9　基于 PLC 及 SWP 智能仪表的步进梁液压监控系统

(1) 系统概况

基于网络与 PLC 的步进梁液压在线监控系统组成如图 5-101 所示。利用上位机组态软件，对步进梁液压监控系统进行系统状态界面、步进梁界面程序编制可仿真现场工作状态，从而实现步进梁液压系统的人机对话和远程数据通信。步进梁液压在线监控系统的组成如图 5-102 所示。

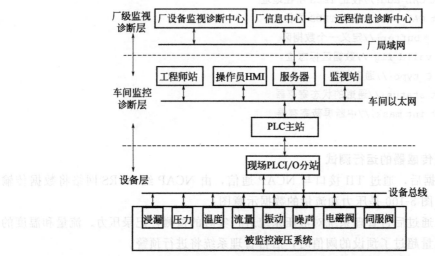

图 5-101　基于网络与 PLC 的步进梁液压在线监控系统组成框图

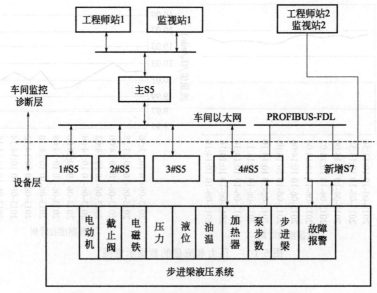

图 5-102　步进梁液压在线监控系统的组成框图

(2) 系统的硬件配置

根据步进梁液压系统的控制要求，硬件配置主要由 PLC、传感器、比例放大器、智能仪表、通信网卡和通信电缆等组成。

① PLC　系统 PLC 选择西门子 S7-300 系列，西门子 S7-300PLC 可完成较为复杂的运算且运算速度快，人机交互编程简单，性价比高，抗振动性和抗冲击性强。S7-300 系列 PLC 采用模块化系统，各个独立模块间能进行广泛组合，从而构成可满足用户不同要求的系统。

为满足步进梁液压系统控制要求，系统配置了电源模块 PS307-10A、CPU 模块 CPU315-2DP、接口模块 IM365、通信模块 CP342-SDP、数字量输入模块 SM321、数字量输出模块 SM322、模拟量输入模块 SM331、模拟量输出模块 SM332。PLC 模块配置图如图 5-103 所示。

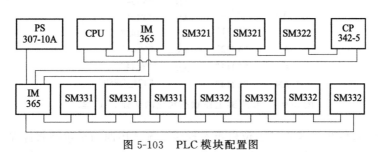

图 5-103　PLC 模块配置图

② 传感器　根据系统控制要求，共选用 8 个比例阀电流传感器，型号为 W BI344aS2 系列直流电流传感器，其测量精度高、灵敏度强、工作性能可靠、功耗低。

③ 比例放大器　系统选用 VTS035 型比例放大器，用于控制步进梁液压系统变量泵流量。

④ 智能仪表　根据 PLC 及液压控制系统的要求，选用 SWP 系列智能仪表。

SWP 显示控制仪表领域经过近年的发展，技术上已达到国际先进水平，逐步向人工智能化发展，品种有单路 PID 调节器、四路 PID 温度控制模块、流量积算仪、单显或多路显示报警仪、电工显示仪表（交流电流、电压）、数字式触摸无纸记录仪、模拟式无纸记录仪、开关量及模拟量输入/输出模块。增加通信功能可组建基于 RS485 的 FCS 现场总线型计算机监控系统，通信距离达到 1200 米。安装形式有盘面安装或 DIN 系列导轨安装型智能模块，配合计算机、触摸屏可组建小型 DCS 系统。SWP 系列智能仪表适合温度、压力、流量、液位、湿度等领域的精确测量，及 PID 调节控制。控制的执行器类型有电动调节阀、气动调节阀、电磁阀、交流接触器、固态继电器、可控硅等。SWP 系列智能仪表应用领域广泛，覆盖了工业、农业、交通、科技、环保、国防、文教卫生、人民生活。其产品已主要应用于化工、热电、石化、制药、冶金、机械、电炉、热处理、食品、造纸及科研实验等领域。

⑤ 通信网卡及通信电缆　通信网卡及通信电缆的选型分别是 CP5611 通信网卡及 PRO-FIBUS 通信电缆。

(3) 系统软件配置

系统采用 STEP7 系列编程软件进行软件设置。STEP7 具有参数设置、系统硬件配置、组态通信、程序编制、系统测试、运行维护等功能，且操作简单，广泛应用于工业控制领域。

① PLC 系统程序编制　PLC 系统编程完成的主要功能有检测放大器状态设定、各台泵的工作状态检查、步进梁各种工作状态所对应的模拟量初始值范围检测、步进梁的运动状态的转化、数字量和模拟量转换、系统报警。步进梁工作状态转化的部分 PLC 程序如图 5-104

所示。

A	"Y123"	A	"Y121"
A	"Y126"	A	"Y122"
AN	"Y127"	A	"Y124"
A	"Y145"	AN	"Y125"
AN	"Y146"	A	"Y131"
AN	"Y151"	A	"Y132"
AN	"Y152"	A	"Y133"
AN	"Y153"	AN	"Y134"
A	"Y111"	AN	"Y141"
A	"Y112"	A	"Y142"
A	"Y113"	A	"Y143"
AN	"Y114"	AN	"Y144"
		=	"123_UP80"

图 5-104　步进梁工作状态转化的部分 PLC 程序

　　② 组态控制系统程序编制　　上位机组态控制系统选用西门子组态软件 WinCC。WinCC 具有丰富的工业图形库和简单的系统操作界面，可通过驱动程序实现与各种型号 PLC 的通信，且具有报警及报表等功能模块，方便用户的数据连接。

　　步进梁液压控制系统中，首先要建立 WinCC 与 S7-300 的数据通信，驱动程序选择 SI-MATIC S7 Protocol Suite. CHN，通道单元选择 CPU315-2DP 上的 MPI 接口，建立系统相应的外部变量和内部变量。然后对步进梁液压监控系统上位机画面进行编制，在系统状态界面中主要完成对电动机泵启停、截止阀开关、压力继电器通断等开关量和比例阀电流大小等模拟量状态的动画显示。根据系统控制要求，对泵参数界面、泵趋势界面、步进梁界面、操作箱界面、报警界面等进行了编制。

　　通过上位机组态设置，可模拟现场运行状态，实现对系统运行参数和工作状态的实时监控和报警，也可对现场数据进行存储和打印。通过用户管理功能，对用户登录和操作权限进行设置，提高了系统运行的可靠性。

5.2.10　高温液压源智能温度控制

　　高温油源用于为各种液压设备提供温度可控的液压源，并对液压系统的性能参数进行测量显示，从而验证设备在散热不利、持续工作情况下的品质。高温液压源由液压系统、电气系统和结构 3 部分组成。高温液压源性能优劣的关键在于能否有效地控制油液温度，使其达到 (85±5)℃ 的高温试验要求及不大于 35℃ 的常温试验要求。因此，油液温度控制是系统设计的重点及难点。根据相关技术调研，目前国内外自动控制领域广泛应用位式控制、比例型控制及 PID 调整 3 种方式用于温度的控制。据高温液压源特点，在整个试验过程中试验设备需要做功，属于动态的控制过程。再加上系统压力调整范围大 (1~21 MPa)。可以说在试验过程中散热器、加热器两个执行机构之间，哪一个起主导作用的特征并不明显。比如，试验设备低压、间歇运行时加热器对油液温度调节力度突出；试验设备高压、往复运行时，散热器对油液温度控制能力明显。据调查，试验设备大多数高温试验项目需要 18.5MPa 的系统压力，并且试验周期长，往复频率高，同时也存在低压、小频度试验项目。因此，本系统设计加热采用位式带回差控制，散热采用 PID 控制，且以散热为主来设计该系统。

（1）油液温度控制方案及过程描述

① 油液温度控制方案　高温液压源油液温度控制单元以智能仪表、变频器为核心控制器件，利用变送器、智能仪表、中间继电器，实现系统压力、油箱温度、出口温度的采集、显示、逻辑判断、PID 调节，进而实现油液温度的控制，如图 5-105 所示。

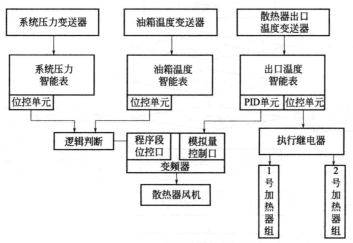

图 5-105　油液温度控制单元

系统压力及油箱温度变送器将采集到的信号送入配套的智能仪表，智能仪表根据实际值与预设值的对比，发出位控信号，控制中间继电器动作，变频器程序段位控口接收到逻辑动作信号后，改变自身运行状态，进而驱动散热器风机以预设转速转动。当油箱温度高于预设值时，变频器切换至模拟量控制模式，此时散热器风机驱动频率由出口温度智能表 PID 单元输出的模拟量进行控制。

② 油液温度控制单元组成　油液温度控制单元由智能仪表、温度变送器、变频器、散热器、加热器、中间继电器、执行继电器组成。

a.系统压力及油箱温度测试为厦门宇电 501E 型智能仪表并扩展位控模块及馈电模块；出口温度测试为厦门宇电 518P 型智能仪表并扩展位控模块、馈电模块及 PID 调节模块。厦门宇电智能温度仪表具备位式控制（ON-OFF）、标准 PID、AI 人工智能调节 APID 或 MPT 等多种调节方式，对于多数情况采用标准的 PID 控制方式，可以满足工艺条件的要求；对常规 PID 难以控制的复杂长滞后对象可以实现无超调无欠调控制。用户可以设置 M_5、P、t 参数，可以调节相应参数，实现用户自定义调节。对于特殊的温控系统，先进的 AI 人工智能调节算法具有自整定、自学习功能，无超调及无欠调的优良控制特性，自整定后的控制效果基本上都可以满足工艺要求。它还具备数据记录与回放、数据导出功能，通过以太网接口可以使用浏览器进行远程监视及操作，客户还可以进行显示画面的组态和定制。

b.温度采集选用 pt100 型温度变送器，安装于油箱侧部及散热器出口处。

c.变频器选用艾默生 EV800 系列 0.3kW 通用型变频器，用于调整散热器供电频率。

d.加热器采用电热管式加热器，安装于油箱侧部，加热部分伸入油液内，通过对油箱内油液的直接加热使其升温。为避免油液局部加热带来的炭化效应，本系统共设 5 只电热管，每只功率仅 500W。为区分保温及试验预热，把 5 只电热管分为 2 组：1 号散热器组由 3

只电热管组成，其加热功率 1.5kW；2 号散热器组由 2 只电热管组成，其加热功率 1.0kW。

③ 油液温度控制过程　油液温度控制过程见图 5-106。高温液压源正常工作后，操作人员选择试验类型（常温试验或高温试验）。常温试验过程：电磁水阀开启，水冷却器工作，变频器切换至位控模式并以 50Hz 的驱动频率带动散热器工作。

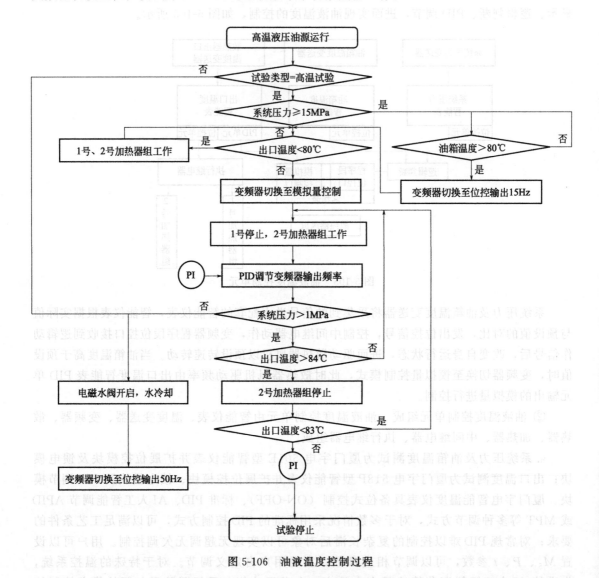

图 5-106　油液温度控制过程

高温试验过程：系统压力大于 15MPa 并且油箱温度已经超过 70℃ 时，变频器切换至位控模式并以 15Hz 的驱动频率带动散热器工作（实测系统压力大于 15MPa 时，油箱温度比出口温度高 10℃，油液达到热平衡时间较长，甚至在试验室环境温度过高时出现油温超调现象，提前进行散热可缩短热平衡时间，避免油温超限）；系统压力小于 15MPa 并且出口温度小于 80℃ 时，1 号、2 号加热器组全部工作；出口温度大于 80℃ 时，变频器切换至模拟量控制模式，由出口温度智能仪表 PID 单元输出的模拟量进行频率调节，1 号加热器组停止加热；出口温度大于 84℃ 时，2 号加热器组停止加热；出口温度小于 83℃ 时，2 号加热器组恢复工作；试验停止时（系统压力调节到 1MPa 以下时），系统降温，电磁水阀开启，水冷却器工作，变频器切换至位控模式并以 50Hz 的驱动频率带动散热器工作。

（2）测试结果及讨论

通过反复调试、老化试验及设备试运行等过程，经检验高温液压油源各项参数指标均能满足技术要求，并且在油液温度控制方面成效尤为突出。静态试验时，10min 内达到温度平衡，油液温度波动 10.2℃，见图 5-107；动态试验时，20min 内达到温度平衡，油液温度波动 10.8℃，见图 5-108。

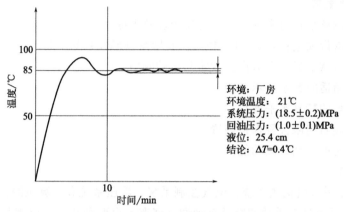

图 5-107　静态试验温度-时间曲线

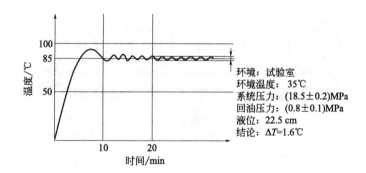

图 5-108　动态试验温度-时间曲线

以上结果表明，该高温液压油源具有设计合理、运行稳定、可靠性高、压力波动小、噪声小等特点。

采用位式控制与 PID 相结合的方式控制油液温度，较好地发挥了智能仪表及变频器在高温液压油源中的作用。

5.3　基于智能传感器的火炮姿态调整平台设计实例

智能传感器（Intelligent Sensor）的概念最初是由美国宇航局在研发宇宙飞船过程中提出并形成的，1978 年研发出产品。宇宙飞船上需要用大量的传感器不断向地面发送温度、位置、速度和姿态等数据信息，用一台大型计算机很难同时处理如此庞杂的数据，于是提出把 CPU 分散化，从而产生出智能化传感器。经过几十年的发展，智能传感器已成为传感器技术的一个主要发展方向。

5.3.1 整体设计

根据验收标准，火炮能在一定倾斜度的地面上实现正常瞄准和发射，在出厂前要对这一重要功能进行全面检验。为解决这一技术难题，必须开展火炮姿态调整平台相关技术的研究，研发适用于火炮姿态调整的试验装置，在 X 方向及 Y 方向产生一定范围的任意倾斜角度，使得火炮可以在车间内完成与姿态调整相关的所有检验项目。

(1) 主要技术要求

① 火炮姿态调整平台可实现火炮的可靠定位及支撑。

② 可承载火炮最大重量：25t（可根据需要增减以形成系列产品）。

③ 平台可产生 X、Y 两个方向上规定角度的倾斜。

④ 具有侧倾角适时数字显示装置。

⑤ 可实现火炮的精确水平调整。

⑥ 具有双重倾斜超限报警保护装置。

⑦ 具备设定角度自动侧倾功能。

(2) 系统组成

火炮姿态调整平台由机械系统、电气控制系统、液压系统和计算机测控系统构成，系统组成见图 5-109。系统具有手动调整及自动调整姿态平台两种功能，以满足不同倾斜条件下的测试要求。系统工作原理如下：

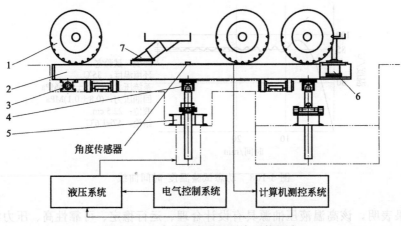

图 5-109　火炮姿态调整平台系统组成

1—火炮；2—支撑平台；3—转轴；4—球头支撑；5—液压缸支撑组件；6—圆盘支撑；7—触角支撑

火炮驶入到支撑平台 2 的指定位置，火炮自身控制将两侧触角及后端圆盘运动到与圆盘支撑和触角支撑接触为止，3 个支撑处分别安装了 1 个机械千斤顶，通过调整机械千斤顶使火炮初始水平角度达到规定要求，角度的检测通过双向高精度角度传感器满足测试要求。火炮具有前倾、后倾、左倾与右倾四个功能，角度运动范围在 ±8°。当需要指定方向运动时，控制手自一体多路阀操作对应方向的油缸，活塞杆在液压油的作用下推动支撑平台在规定的方向绕转轴运动，满足倾斜要求。考虑到运动的灵活性及组件之间的运动干扰，四个方向的液压缸组件分别独立作用，互不干扰。液压缸前端与平台接触零件采用球形结构，使液压缸活塞杆的受力始终保持无弯矩作用，液压缸组件支撑位置采用万向铰接结构，保证油缸受力的均匀性及稳定性。电气控制系统通过各个按钮的控制及操纵，实现液压系统的方向控制。

测试及控制系统通过 A/D 卡完成角度的测试，平台的自动操作通过电液比例阀控制，只需在系统软件界面输入规定方向的角度，即可自动完成角度的倾斜及测量。

5.3.2　液压控制系统设计

液压控制系统由液压泵站，手动-电液比例多路换向阀和 4 个液压油缸组成，液压泵站由高压柱塞泵供油，经 4 联多路换向阀控制 4 支液压缸动作。

多路换向阀选用电液比例控制和手动控制两用型，可实现平台倾角的计算机控制或手动控制。

当输入所期望的倾角后，在自动控制挡，由计算机控制比例电磁铁驱动对应的多路阀换向，控制油缸动作，达到设定的角度时自动停止。在手动控制挡，输入所需的倾角，手动操纵对应的换向阀手柄，达到设定的倾角时计算机发出指令切断油路，液压缸停止动作。4 个液压缸均装有平衡阀，保证平台回落运动不会失速，支撑平台受力时保持位置。

液压泵站和液压缸选用长江液压有限公司的产品。手动-电液比例多路换向阀（含比例放大器）选用美国的 TDV-4/3 型比例伺服直动式多路换向阀。

电液控制系统原理如图 5-110 所示。

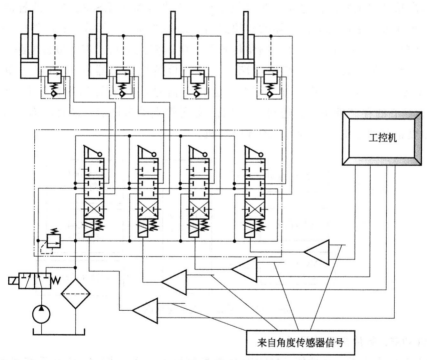

图 5-110　电液控制系统原理

5.3.3　智能倾角传感器设计

（1）智能倾角传感器技术要求及功能

① 智能倾角传感器的设计要求。

a. 倾角测量范围：$\pm 10°$；

b. 倾角测量方向：X 向和 Y 向；

c. 倾角测试精度：1%FSR；

d. 倾角测试分辨率：<5′；

e. 倾角输出：数字量；

f. 通信接口：R232。

② 智能倾角传感器的主要功能是测量平台的倾斜角度。为了能在工业现场中适用，还应具备数据存储、数据显示、报警和数据通信等功能。基于这些要求，智能倾角传感器应由高精度倾角传感器、微处理器、数据存储、显示器、复位及报警模块、数据通信模块等组成，具体各项功能如下。

a. 倾角传感器能及时准确地将测量的角度信号转换成数字电信号；

b. 当采集得到的角度值超过设定值时，系统能及时作出报警提示；

c. 智能倾角传感器应能实时地记录现场数据，供历史查询用；

d. 测量到的角度值应能实时在显示器上显示出来；

e. 智能倾角传感器测量到的角度信息应能通过 RS232 总线及时上传到上位机，方便进行数据监测和控制。

（2）智能倾角传感器总体设计

在此以高精度双轴倾角传感器为测量模块核心来设计基于 RS232 总线的智能传感器的总体结构，整体方案采用智能传感器的模块式结构，如图 5-111 所示。其硬件电路由微控制器 AT89S52 单片机、SCA100T-D01 倾角传感器、电压变换电路、声音报警电路、4 位 LED 数码管显示电路、MAX232 串行接口电路等组成。该智能传感器以 AT89S52 单片机为核心，采集 SCA-100T 倾角传感器输出的 11 位数字信号，将采集到的数字信号存储到以 AT24C64 为核心的存储模块，并送到 4 位 LED 数码管上动态显示。最后，单片机还负责将采集到的角度信号通过 RS232 总线上传到 PC 机。

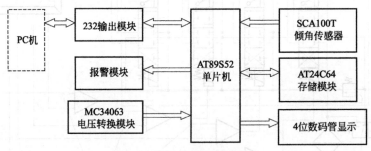

图 5-111　系统组成结构框图

（3）AT89S52 单片机系统设计

AT89S52 是低功耗、高性能 CMOSB 位微控制器的一种，拥有 8K 在系统可编程 Flash 存储器。Atmel 公司高密度非易失性存储器技术被使用在制造中，完全兼容工业 80C51 产品指令和引脚。片上 Flash 允许程序存储器在系统可编程，也适于常规编程器。在单芯片上，具有在系统可编程 Flash 和灵巧的 8 位 CPU 使其为很多嵌入式控制应用系统提供了高灵活和超有效的解决方案。此外，它可降至 0Hz 静态逻辑操作，还支持两种节电模式：空闲模式、掉电保护模式。在空闲模式下，CPU 虽停止工作，但允许 RAM、定时器/计数器、串口和中断继续工作；在掉电保护方式中，RAM 内容被保存，冻结振荡器，一切工作停止，一直到下一个硬件复位或中断为止。其主要性能如下。

兼容 MCS-51 单片机产品；

8K 字节在系统可编程 Flash 存储器；

1000 次擦写周期；

全静态操作：0～33Hz；

三级加密程序存储器；

32 个可编程 I/O 口线；

16 位定时器/计数器三个；

八个中断源；

全双工 DART 串行通道；

低功耗空闲和掉电模式；

掉电后中断可唤醒；

看门狗定时器；

双数据指针；

掉电标识符。

图 5-112 所示为 AT89S52 结构框图。

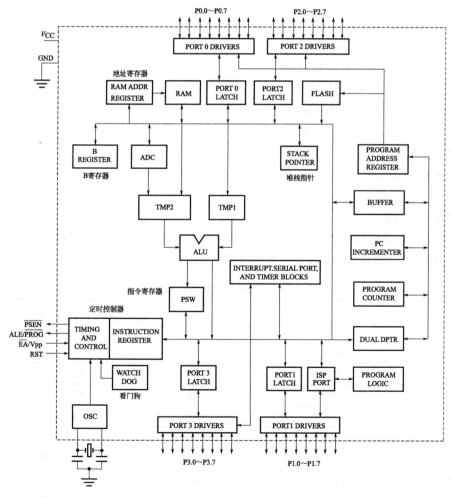

图 5-112   AT89S52 结构框图

(4) SCA100T 倾角传感器及连接

倾角传感器采用芬兰 VTI 公司的 SCA100T 系列。SCA100T 是一款双轴加速度传感器，采用微机电系统（MEMS）制造。MEMS 是 21 世纪的前沿技术，采用 MEMS 技术可以在硅芯片上加工出完整的微型电子机械系统，包含了微型传感器、机械结构，以及信号处理及控制电路、通信接口等，将信息系统的微型、多功能、智能和可靠性水平提高到新高度。该器件内部包含了硅敏感微电容传感器、ASIC 专用集成电路，ASIC 电路集成了 EEPROM 存储器、温度传感器、信号放大器、AD 转换器和 SPI 串行通信接口，组成完整的数字化传感器。SCA100T 单轴最大输出范围为 ±40°，有效输出范围为 ±30°。在采样频率 8Hz 及以下时，可获得 0.002° 的输出分辨率。

① SCA100T-D01 传感器的特点。

双轴倾角的测量（X，Y）；

测量范围 ±0.5g(±30°)；

敏感元件控制过阻尼频率响应（−3dB，18Hz）；

0.003° 分辨率（10Hz 频带宽度，模拟量输出）；

稳健的设计，抗高冲击持久（2000g）；

数字激活静电敏感元件自检；

连续内存奇偶校验；

单极 5V 供电，比例电压输出；

兼容 SPI 接口（串行外围接口）；

无铅回流焊接的无铅元件。

② SCA100T-D01 传感器的优势。

长期可靠性和稳定性好，温度特性优良；

仪器级性能；

高分辨率，低噪声；

使用温度范围宽；

耐冲击和抗过载能力强。

③ SCA100T 传感器与单片机的连接电路。SCA100T 传感器引脚说明如表 5-11 所示，SCA100T 传感器与单片机的连接电路如图 5-113 所示。

表 5-11　SCA100T 传感器引脚说明

引脚	引脚名字	I/O	描述
1	SCK	Input	串行时钟
2	Ext_C_1	Input	浮空
3	MISO	Output	主进从出，数据输出
4	MISI	Input	主出从进，数据输入
5	Out_2	Output	Y 轴输出(Ch2)
6	V_{SS}	Power	接地
7	CSB	Input	芯片选择(低电平触发)
8	Ext_C_2	Input	浮空
9	ST_2	Input	Ch2 自测试输入

引脚	引脚名字	I/O	描述
10	ST_1/Test_in	Input	Ch1 自测试输入
11	Out_1	Output	X 轴输出(Ch1)
12	V_{DD}	Power	+5V 直流电压

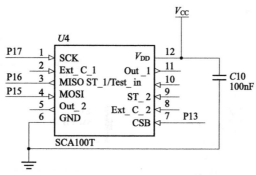

图 5-113　SCA100T 传感器与单片机的连接电路

(5) 人机接口及报警电路设计

① 数码管显示模块　本设计采用的是 4 位数码管，采用 MAX7219 共阴极数码管驱动芯片来驱动。MAX7219 和 4 位共阴数码管的连线如图 5-114 所示。

数码管的 A～DP 脚和 MAX7219 的 A～DP 脚分别对应相连。MAX7219 的 DIG0～DIG3 分别控制 4 位数码管的 4 位。MAX7219 的 4 脚和 9 脚一定要连接在一起同时接地。18 脚和 19 脚之间要加一个上拉电阻，数码管各段驱动峰电流约为上拉电阻中电流的 100 倍。当数码显示处于最亮状态时，上拉电阻的阻值为 9.53kΩ，所以在实际应用中，其阻值应该大于 9.53kΩ。当然，如果把上拉电阻改成电位器，可以方便地用手动的方法调节数码管的亮度。

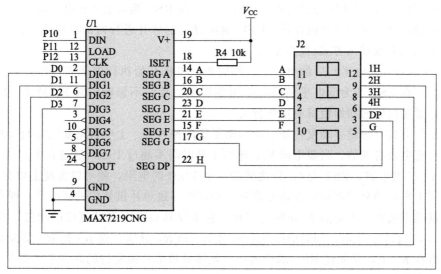

图 5-114　MAX7219 和 4 位共阴数码管的连线

② 声光报警模块　系统在实际应用中显示次数较多，频繁地查看数码管显示的数据对于现场工作人员来说是一种负担。为能简单而有效地查找出检测对象的故障点，设计了声光报警电路。SCA100T-D01 倾角传感器的测量范围 ±30°，设计要求测量范围是 ±10°，所以当测量的角度超过 ±10° 时，测量的结果是没有意义的，此时就需要报警来提醒现场工作人员。声光报警电路如图 5-115 所示，当其与单片机的引脚端为低电平时发光二极管发光，同时蜂鸣器响起。电路选用发光二极管时应注意其击穿电压，选用 4.7kΩ 的电阻 R8 只是为分压，保护 2N3906 不被烧毁。

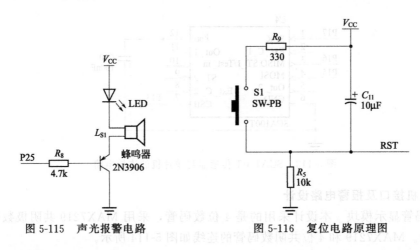

图 5-115　声光报警电路　　　　　图 5-116　复位电路原理图

(6) 数据通信电路设计

① 单片机通信系统复位模块　AT89S 系列单片机的复位信号，从 RST 脚输入至片内施密特触发器的复位电路，当系统处于正常工作状态，而且振荡器工作稳定以后，如果在 RST 脚上有从低电平上升至高电平，并且维持 2 个机器周期（24 个振荡周期）以上，CPU 就响应并将系统复位。

复位（RST）是使主机有关部件恢复为初始状态。主机提供的一个外部复位信号的输入端口是 RST 引脚。在时钟振荡器已正常运行后，加在 RST 端口上的正电平信号应至少保持两个机器周期，以实现一次复位操作。CPU 响应复位信号并进行内部初始化操作，将 ALE 和 PSEN 两引脚置成输入方式（高电平）。

在 RST 有效（高电平）后的第二个机器周期，主机开始执行内部复位操作，并重复执行内部复位，在 RST 变为低电平前的每个机器周期。复位不影响内部 RAM 和 SBUF，对于部分寄存器复位后的初始值具有重要意义。

常用复位方式有按键手动复位和上电自动复位两种方式。上电自动复位时通过外部复位电路的电容充电来实现的。只要电源 V_{CC} 电压上升时间不超过 1ms，通过在 V_{CC} 与 RST 之间加一个 10μF 的电容，RST 与 GND 之间加一个 10kΩ 的电阻，就可以实现上电自动复位。本系统采用上电自动复位和按键手动复位到一个足够导致单片机复位的高电平，即在上电自动复位的基础上增加一个电阻 R 和按键实现。它不仅具有上电自动复位的功能，在按下按键后，电容 C 通过 R 放电，同时电源 V_{CC} 通过 R_9 和 R_5 分压。而 R_5 比 R_9 要大很多，大部分电压落在 R_5 上，从而使 RST 端得到一个足够导致单片机复位的高电平。图 5-116 所示为复位电路原理图。

② AT89S52 单片机与 PC 机通信模块　使用 AT89S52 和 PC 机进行通信时，通信的双

方一定要预先制定通信协议。

比如数据传输的格式，速率及各自的工作方式。通信约定：传输速率为 4800KB，传输格式为一位起始位、十一位数据位、一位校验位，一位终止位共十四位组成一帧信息，判断 PC 机收到的数据是否正确采用奇偶校验的方法，如不正确，通知单片机重新传送，但如果连续三次传输都出错，就放弃此数据的传输，转而准备传输下一个数据。

在单片机内部 ROM 中存放通信程序。当单片机收到一组字符的时候，启动串行通信程序，按先后次序把放在数据缓存区中的 1～10 个字符送 PC 机。PC 机在传输过程中检测传输的正确性，如果错误，则要求单片机重新传送，如果连续三次都出错，就放弃传输这个数据。

IBM-PC 系列机拥有以 8250 为核心的串行异步通信适配器，通过它，完成接收时的串/并转换和发送时的并/串转换，以及与转换相关的控制工作。而且适配器中还配置了电平转换的接收器和发送器电路及其他控制电路。接收器将 RS2320 电平转换为 TTL 电平，发送器将 TTL 电平转换为 RS232C 电平。

PC 机控制 RS232C 接口方法有 3 种：直接对 8250 的端口编程（端口地址为 3F8H1～3FFH）、DOS 功能调用和 BIOS 功能调用。其中，BIOS 功能调用方法最好，用它编程时既不必涉及 8250 的端口，又有比较完善的功能，因而简单、方便，易于实现。

③ 数据存储模块 24 系列串行 EEPROM 拥有单字节及多字节页面写方式，是和 I^2C 总线兼容的二总线串行接口器件，具有一百万次的典型擦/写周期，数据保持有效时间达 100 年之久，在标准的 100kHz 和快速的 400kHz 模式下工作。另外，现在单片机系统中较多使用的 EEPROM 芯片就是 24 系列串行 EEPROM。其具有体积小、功耗低、允许工作电压范围宽等特点，而且其具有型号多、容量大、支持 I^2C 总线协议、占用单片机 I/O 端口少，芯片扩展方便、读写简单等优点。当前技术应用开发中，所用的 24 系列串行 EEPROM 主要是由美国 ATMEL、MICROCHIP、XICOR、NATIONAL 等几家公司提供，生产工艺为 CMOS 工艺，工作电压在 1.8～5.5V 之间，存储容量从 1～64KB；封装形式通常有 8 脚 PDIP 封装，8 脚 SOIL 封装和 14 脚 SOIC 封装。

AT24C64 是一个 64KB 的串行 CMOS EEPROM。内部包含 8192 个字节，每字节为 8 位。AT24C64 有一个 32 字节页写缓冲器，该器件通过 IC 总线接口进行操作并支持 I^2C 总线数据传送协议。存储模块电路原理如图 5-117 所示。

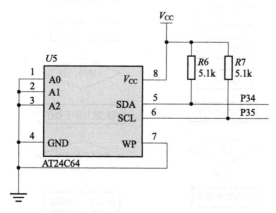

图 5-117 存储模块电路原理图

5.3.4 倾角控制系统软件设计

(1) 智能传感器程序的特点

与在 PC 机上 Windows 平台下、其他操作系统平台下高级软件的开发不同，智能传感器嵌入式测控软件是在 MCU 裸机条件下进行开发设计的。与系统硬件紧密配合且相互依存，是一个能独立运行的完整的监控程序。不能独立于硬件设计，而是软硬件结合的综合系统。它的主要特点有如下。

① 实时性：计算机程序一大类应用是数值计算。单片机主要应用场合不是数值计算，而是控制逻辑。需要实现和外界环境的交互，对外部事件的请求及时响应，并且在许可的限制时间内完成处理。

② 面向 I/O：嵌入式测控系统主要运用于智能仪器和生产过程自动化，必然要与 I/O 设备、外部测控对象交换信息，从而完成信息的采集、存储、显示和处理，并依据处理结果，具体的操作控制现场 I/O 设备。

③ 多任务：嵌入式测控系统是一个完整的计算机系统，包括操作、控制、显示和通信等于一体，往往有多个相对独立的任务要完成，如人机交互、回路控制、数据采集与处理、控制参数设定、通信和故障处理等任务。

④ 数据量少，简单的数据结构，有限的程序存储器容量，要求程序简短。

⑤ 专用性：嵌入式测控系统属专用计算机系统。开发通常是针对用户的特定要求，软件要与特定的硬件系统相互配合。

⑥ 智能性：位于控制现场的智能节点需具有一定的自治能力，能够实现基本的控制功能。

(2) 系统软件总体设计

本系统通信实时性要求很高，软件要求又要简洁易懂，所以采用了 C 语言和汇编语言混合编程的思想。在实时性强的通信部分采用汇编语言编写，以保证数据传输的准确性，在软件主程序上采用 C 语言编写，使流程图简单明了。

在确定了基于 RS232 总线的智能倾角传感器的功能要求和软件设计的基本后，图 5-118

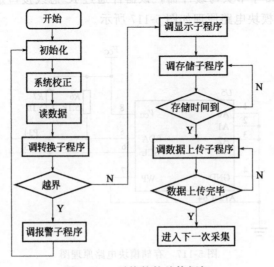

图 5-118　系统软件总体框架

给出了本系统软件的总体框架。软件调试也采用模块化思想，先把各个模块的程序单独烧入单片机。每个模块实现后再将各个模块的程序融合到整个程序中。

(3) 数据采集及存储程序设计

① 数据采集模块程序设计　由于系统采集的 SCA100T 倾角传感器的数据是非十进制数字信号，而显示模块显示的是用十进制显示的角度信号，所以要将采集到的信号进行变换。考虑到实际使用的环境，显示的角度值均为实际测量值的绝对值。

② 数据存储模块程序设计　AT24C64 数据存储器支持 I^2C 总线数据传送协议。I^2C 总线协议规定："任何将数据传送到总线的器件作为发送器，任何从总线接收数据的器件为接收器；数据传送是由产生串行时钟和所有起始停止信号的主器件控制的，AT24C64 是作为从器件被操作的；主器件和从器件都可以作为发送器或接收器，但由主器件控制传送数据发送或接收。

存储模块的程序流程如图 5-119 所示。

(4) 人机接口程序设计

硬件系统部分没有设置按键，人机接口部分就是 4 位数码管的显示。由于数码管是由 MAX7219 芯片驱动，所以单片机对数码管显示的驱动就是单片机对 MAX7219 芯片的驱动。程序流程见图 5-120。单片机在使用 MAX7219 显示 4 位数码管时应该先设置 MAX7219 的工作方式。

图 5-119　存储模块程序流程图　　图 5-120　MAX7219 驱动程序流程图

(5) 数据通信程序设计

通信程序主要体现在 RS-232 和 PC 机的通信上。数据从存储器读取出来后要保存到计算机。为了简化软件设计，在 PC 机上采用串口调试软件来接收单片机上传的数据。软件支持经常采用的 300～115200bit/s 波特率，能够设置校验、停止位和数据位，能以十六进制或 ASCII 码接收或发送任何数据或字符，自动发送周期可以任意设定，并能将接收数据保存成文本文件，任意大小的文本文件都能被发送。此软件可以分为两个主要的区域：数据发送区和数据接收区。数据接收区内拥有数据接收框、波特率、串口类型、校验位、停止位、数据位、显示方式选择区等。数据发送区中可以对自动发送和手动发送形式做出选择，在电脑内，选择要发送的文件，而后点击"发送文件"，就可以实现自动发送；手动发送，则需要选择发送数据的类型，默认是以二进制，如要以十六进制发送，需选中"十六进制"。填写要发送的数据或字符在发送数据区，点击"手动发送"就可以了。但是如果选择了十六进制发送，每两个字符之间应有一个空，如：01 23 00 34 45。在界面最下方，则可以观测数据接收或发送的状态，包括：波特率、串口类型、校验位、停止位、数据位，以及发送或接收文件的大小（bit）RX、TX。

5.4　液压系统功率智能仪表设计应用实例

工业自动化仪表是用以实现信息的获取、传输、变换、存储、处理与分析，并根据处理结果对生产过程进行控制的重要技术工具。其中包括检测仪表、分析仪表、执行与控制仪表、记录仪表等几大类，也有将几部分功能集成在一起的仪表，是工业控制领域的基础和核心之一。

当液压系统中的某一位置出现故障时，液压功率作为系统运行状况的表征参数也将随之发生异常变化。液压功率流则为流量和压力的乘积。而流量参数和压强参数的检测是利用参数测量法来实现的，基于功率流理论的液压故障诊断方法其实是将功率流理论与参数测量法相结合，在参数测量法的基础上，与逻辑分析相结合，大大提高故障诊断的快速性和准确性。

基于功率流理论的液压故障诊断方法需要技术更先进，功能更强大的智能仪表。

通过对船舶液压系统故障诊断技术及功率流理论的研究，开发了一种针对船舶液压系统故障诊断的功率智能仪表。其工作原理是将功率流理论与参数测量法相结合，并最终依靠智能仪表的先进功能来实现对船舶液压系统的故障诊断。功率智能仪表主要由功率传感器与智能仪表硬件电路组成，分别感测出与流量和压力相对应的电信号，在智能仪表硬件电路中完成对信号的运算及处理，并最终通过液晶屏实现对被测量的实时显示。

5.4.1　船舶液压系统功率传感器设计

船舶液压系统功率传感器主要由流量传感器和压力传感器两部分组成，其作用是把船舶液压系统中的流量和压力参数转化为与之对应的电信号，以便于识别和控制。

(1) 基于 MEMS 芯体的新型流量传感器设计

根据目前船舶液压系统流量测量的现状，开发了一种基于 MEMS（Micro Electro-Mechanical Systems，微机电系统）微传感芯体的流量传感装置，其设计思路如图 5-121 所

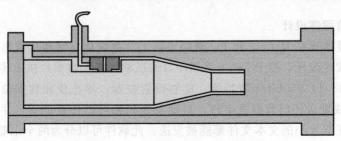

图 5-121　流量传感装置示意图

示。在船舶液压系统管道内安置特殊结构的异径管装置，异径管结构实际上是喷嘴和锥形渐扩管的结合，随着液压油流经异径管结构，在异径管内部由于流道截面积的增加，液压油受扩压作用而压力上升；在异径管外部由于流道截面积的减少，液压油受收缩作用而压力下降。因此，在异径管内外形成低压损、低能耗的微弱压力差，该压力差与液压油的流量参数存在对应关系。随后，通过在异径管管壁安置 MEMS 微传感芯体感测该压差信号，并输出与压差信号相对应的电信号。

（2）压力传感器的选型

根据功率智能仪表的需求分析，对比不同压力传感器的性能特点，决定采用一种带不锈钢隔膜的硅压阻压力传感器作为功率智能仪表的压力感测装置。

硅压阻压力传感器的原理是利用硅的压阻效应，利用半导体的平面工艺，在特定晶向硅片上的特定位置上扩散 4 个电阻，通过连接构成惠斯顿电桥，再将硅片加工成周边固支的膜片，当外界压力作用于硅膜片上时，通过惠斯顿电桥测量阻值的变化量来测得压力。图 5-122 为压力传感器的结构示意图。

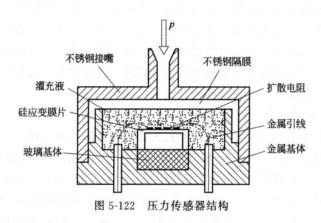

图 5-122　压力传感器结构

不锈钢隔膜与灌充液、硅应变膜片构成隔离压力感测系统，在进行压力测量时，被测介质作用于不锈钢隔膜，压力通过灌充液传递到硅应变膜片，灌充液一般采用硅油。由于不锈钢隔膜的隔离作用，使其可适用于包括液压油在内的各种腐蚀性介质，不受感测环境的约束，同时具有高稳定性、高可靠性、低功耗、符合动态测量要求等一系列优点。

5.4.2　智能仪表电路的硬件设计

（1）硬件设计总体思路

船舶液压系统功率智能仪表的电路部分是基于功率传感器进行设计和研发的，其作用是将功率传感器检测到的模拟信号经过一系列的运算及处理，最终通过显示单元实现对相应测量参数的实时显示，显示内容为流量、压力以及功率三个参数。根据智能仪表的一般性设计原则进行设计，智能仪表的硬件总体设计思路如图 5-123 所示。

所设计的智能仪表电路主要包括信号调理电路、模数转换装置、微处理系统以及显示单元四个部分。其设计思路为：先将流量传感器及压力传感器检测到的信号经信号调理电路进行滤波、信号放大等相关处理，转换成与数模转换装置相匹配的模拟量信号，再经过模数转换装置将模拟量信号转换为相应的数字量信号，把转换后的数字量信号传送给微处理系统，在微处理系统中，先完成流量数学模型和功率数学模型的相关运算，再通过编程控制显示单

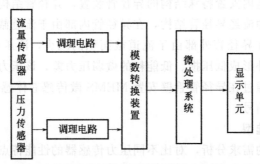

图 5-123　智能仪表的硬件总体设计思路

元，将运算后的数字量信号通过显示单元进行实时显示。

（2）信号调理电路

船舶液压系统功率传感器所输出的检测信号是很微弱的电信号，根据实验情况得知只有毫伏级，而模数转换装置的标准模拟量信号输入范围为 0～5V，所以为了满足这一目的，必须通过高输入阻抗的运算放大器对其进行放大。同时，由于功率传感器检测环境的影响，输出信号往往伴随很大的干扰，尤其有时还伴有很强的共模干扰，一般的放大电路很难满足精度上的要求，因此决定采用仪表放大器进行信号调理。仪表放大器通常具有较高的输入阻抗和较低的失调电压，尤其能够很好地抑制共模干扰。

AD693 是美国 Analog Device 公司生产的一款集成仪表放大器，其采用激光自动修刻工艺制作高精度的薄膜电阻构成单片集成仪表放大器集成电路，由于避免了运算放大器与电阻等元件不匹配的情况，使其电路具有增益精度高，稳定性好的特点。同时，AD693 所控制的双线电流环路，其变换后的 4～20mA 标准电流信号在传输过程中不会衰弱且抗干扰能力强，传输电流信号的下限为 4mA，可以轻易地识别断电或断线等故障，输出电流信号的上限为 20mA，相对于 0～10mA 的输出方式高出一倍，提高了信号的传输效率和分辨能力。另外，芯体本身还具有电压基准和线性化校正等辅助电路，当工作在环路供电模式时，还可获得高达 3.5mA 的激励电流，通过引脚搭接，能够设置从 1～100mV 之间的任意输入跨度，可以选择 4～20mA、0～20mA、（12±8）mA 三种标准输出范围。图 5-124 所示为设计

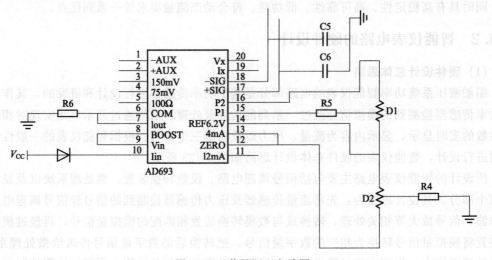

图 5-124　信号调理电路图

的信号调理电路图。

引脚 11、12、13 控制 AD693 的输出范围，通过连接脚 13 与脚 12，选择 4～20mA 的输出范围。通过取样电阻 R6 把 4～20mA 的电流输出转化为 1～5V 的标准电压输出，取样电阻的阻值为 250Ω。电容 C5 和 C6 可对传感器的输出信号进行相应的滤波作用，从而保证信号的准确性和稳定性。利用二极管防止电源正、负极接反而损害芯体。

通过电位器 D1 和 R5 调节满度，使输入信号的最大值对应输出信号的最大值 20mA。通过电位器 D2 和 R4 调节零点，使输入信号的零点对应输出信号的最小值 4mA。

经信号调理电路处理过的信号具有较好的线性度，在 1～5V 的输出跨度内分布均匀，符合模数转换装置的模拟量输入标准。良好的输出特性为提高功率智能仪表的精确度和稳定性奠定扎实的基础。

(3) 模数转换装置

模数转换装置（Analog to Digital Converter）的功能是把输入的模拟电压或模拟电流转化成与其对应的数字量，主要用于采集被测对象的测量数据，为单片机对被测对象的检测提供各种实时参数。简而言之，模数转换装置是连接单片机与被测对象的桥梁。

在设计模数转换电路或选择模数转换芯片时，需要使用有关模数转换装置的性能指标进行对比，主要包括：

① 分辨率。分辨率是指模数转换装置在转换过程中所能分辨的被测量最小值，通常可用转换器输出二进制码的位数来表示。例如，分辨率为 8 位的模数转换装置，其模拟电压的变化范围被分为 2^8-1（255）级。

② 转换误差（精度）。转换误差是指模数转换装置转换结果相对于实际值的偏差，用二进制最低位（LSB）的位数或满量程值的百分数来表示。转换误差包括线性度误差（转换特性偏离直线的程度），量化误差（输入信号在量化过程中的误差）以及偏移误差（零输入信号时的输出结果）等。

③ 转换时间（转换速率）。转换时间是指模数转换装置从启动转换到转换结束所需的时间，相对于大多数模数转换装置，转换时间的倒数即为转换速率（每秒钟所完成的转换次数）。对于工作原理相同的模数转换装置，通常位数较多的转换时间更长。

④ 量程（输入范围）。量程是指模拟输入量的变化范围。

数模转换装置从原理上主要分为四种：计数器式、双积分式、并行式以及逐次逼近式。计数器式模数转换装置结构相对简单，但其转换速度比较慢，一般很少被采用；双积分式模数转换装置的特点是抗干扰能力强，转换的精度也比较高，但其转换速度也比较慢；并行式模数转换装置的转换速度相比之下最高，但其机构复杂且比较昂贵，只适用一些特定的场合；逐次逼近式模数转换装置其结构简单，且转换精度也比较理想，所以在计算机领域得到了广泛的应用。

根据智能仪表的需求分析以及对比不同类型模数转换装置的性能特点，所采用的 ADC0809 是一种逐次逼近式 8 通道单片 A/D 转换器。其性能指标如表 5-12 所示。

表 5-12 ADC0809 芯片的性能指标

芯片型号	分辨率	转换误差	转换时间	量程	输出电平	工作电压	基准电压
ADC0809	8 位	±1/2LSB～±1LSB	100μs	0～5V 8 通道	TTL 电平	单电源+5V	$V_{REF+} \leqslant V_{CC}$ $V_{REF+} \geqslant 0$

如图 5-125 所示为 ADC0809 的内部结构，其主要由 8 路模拟量开关、地址锁存比较器、控制电路、逐次逼近式寄存器 SAR、树状开关、256 电阻阶梯以及三态输出锁存器组成。

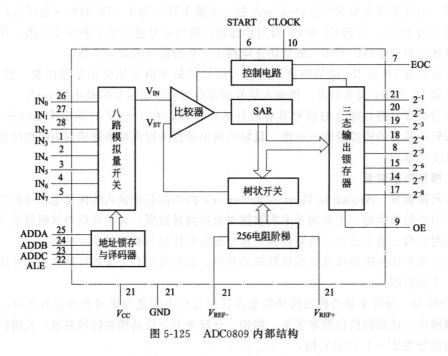

图 5-125　ADC0809 内部结构

ADC0809 通过内部模拟量开关分时控制 8 路模拟量输入信号，图中 ADDA、ADDB、ADDC 为 8 路模拟量的地址输入端。在同一时刻，只能选中一条通道进行 A/D 转换。ALE 为地址锁存允许输入端，高电平时控制地址锁存与译码器对地址输入线上的地址信号进行锁存，并通过译码选中待转换的通道；低电平时锁存地址，转换装置始终对被选中通道中的模拟量进行 A/D 转换。START 为 A/D 转换启动信号输入端，高电平时使 ADC0809 复位，出现下降沿并保持低电平时启动转换器进行 A/D 转换。EOC 为转换结束信号输出端，在 A/D 转换过程中保持低电平，转换结束后变为高电平。OE 为输出允许控制端，当 A/D 转换结束后，OE 高电平时打开三态输出锁存器，将转换结果传送到单片机。

图 5-126 所示为模数转换装置电路图。

模拟转换装置电路主要由单片机 P89V51、A/D 转换器 ADC0809、D 触发器 74LS74、反相器 74LS04 组成。ADC0809 的 8 路数字量输出端 D0～D7 接到 P89V51 的 P0 口，通过 P89V51 的 P1.0～P1.4 口分别控制 ADDC、ADDB、ADDA、START、OE。ADC0809 的 CLK 端口为时钟信号输入端，使 CLK 通过 D 触发器 74LS74 接到 P89V51 的 ALE 口，可得到单片器工作时钟的 12 分频，为 ADC0809 的正常工作提供时钟信号。EOC 通过反相器接到 P89V51 的 P3.2 口，当 A/D 转换结束后 EOC 由低电平变为高电平时，可通过反相器触发单片机的 INT0 口产生一个负边沿，使单片机由进行内部工作转为响应外部中断。

(4) 微处理系统

微处理系统是智能仪表的控制核心。微处理系统一般由单片机（Single-Chip Computer）或者微处理器（Micro-Controller）与存储器、时钟系统及其他相应的接口电路组成，能够接受各种外部的输入信息、例如测量信息，键盘输入信息，以及其他仪表系统传输的信息

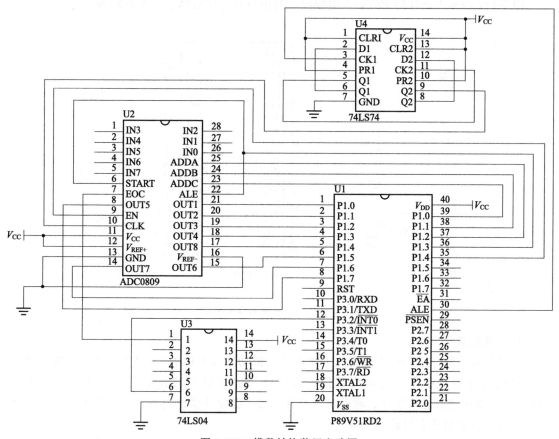

图 5-126 模数转换装置电路图

等，然后在根据需求经过运算处理后，将处理结果以特定的方式输出，例如打印机、显示器，甚至直接控制传感器运作等。除此之外，微处理系统还负责对智能仪器各部分的运行进行调度和监控。

基于 8051 内核的单片机是我国智能仪表中最为常见的单片机，以 Atmel 和 Philips 公司生产的产品居多，主要包括基本型、增强型以及高档型三种。根据智能仪表的需求分析，以及对不同型号的单片机进行性能对比，决定采用 Philips 公司生产的基于 8051 内核的 P89V51 型单片机。P89V51 型单片机包含 64KB 的 FLASH 程序存储器和 1024 字节的数据 RAM，FLASH 程序寄存器支持串行和并行在线编程（ISP），同时也可采用在应用中编程（IAP），允许随时对 FLASH 程序存储器重新配置，即便是在程序运行时也能实现。

在智能仪表的开发过程中，设计人员大多数情况下不可能一次就将程序设计好，往往需要根据调试结果，反复对源程序进行修改并烧写到单片机上继续调试。传统的编程方式是把单片机从电路板上取下来，通过专用编程器进行编程烧写，再把单片机插回电路板进行调试，频繁的插拔单片机容易造成芯片引脚的折断，同时减低单片机的开发效率和可维护性。P89V51 型单片机结合了先进的 ISP 技术，可以通过 SPI 或其他的串行口就能接受上位机传送的数据信息，并写入存储器中。实际应用中，只需在电路板上留下与上位机通信的接口，就能实现对单片机内部存储器的改写，无须取下芯片。

图 5-127 所示为设计的 P89V51 电路图，其中包括复位电路、晶振电路等。

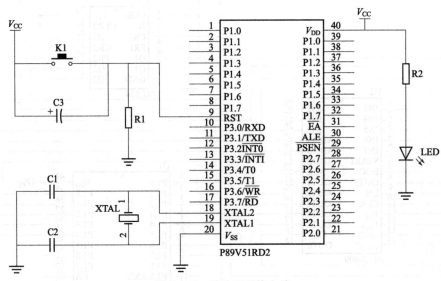

图 5-127　微处理系统电路

（5）显示单元

液晶显示器件（LCD）凭借其低工作电压、微功耗以及能通过 CMOS 电路直接驱动的特点已成为显示产业中发展速度最快、市场应用前景最好的显示器件。液晶显示模块（LCM）主要由液晶显示器件、驱动及可控制电路、温度补偿、电源及背光等辅助电路组合在一起的一种相对独立的显示设备。

根据显示信息种类和用途的差别，液晶显示模块可分为笔段型、字符型和图像液晶显示模块。笔段型液晶显示模块指的是通过组合一些长条状的显示像素单元进行信息显示，主要用于显示数字、西文字母或一些特定的符号，也可以进行单个汉字或汉字组的显示，被广泛地应用于各类数字仪表、计算器等应用场合；字符型液晶显示模块，是一种用于显示字母、数字以及符号信息的点阵型液晶显示模块，由于其一般属于小规模液晶显示模块，采用的控制驱动器相对统一，因此不管显示屏具体尺寸多大，字符型液晶显示模块的控制命令和模块接口信号具有较大的兼容性；图像液晶显示模块，根据显示信息量的情况，可分为大规模、中规模、小规模点阵式液晶显示模块，由于其采用的点阵数和驱动控制方式的不同，图像液晶显示模块的控制命令和模块接口信号都有较大差别。

液晶显示模块的作用是对单片机处理后的数据进行实时显示，它的设置和操作也是通过单片机编程来实现的。根据智能仪表的需求分析，所选用的 12864K 型液晶显示模块是点阵式字符型液晶显示模块，ST7920 同时作为控制器和驱动器，在驱动器 ST7921 的配合下，最多可驱动 128×64 个点阵液晶。ST7920 的字型产生 ROM 可提供 8192 个 16×16 点阵的中文字型，以及 126 个 16×8 的西文字型，文本显示提供 4 行×8 个的汉字空间。图 5-128 所示为液晶显示模块电路图。

液晶显示模块电路图主要由单片机 89V51，液晶显示模块及其复位电路组成。根据智能仪表的需求分析，采用并行通信的连接方式，液晶显示模块的数据总线 DB0～DB7 连到单片机的 P2 口，单片机的 P1.2、P1.3、P1.4 口分别控制液晶显示模块的寄存器选择端 RS、读写选择端 R/W 以及使能信号输入端 E。由于选择并行通信方式，所以串口/并口选择端

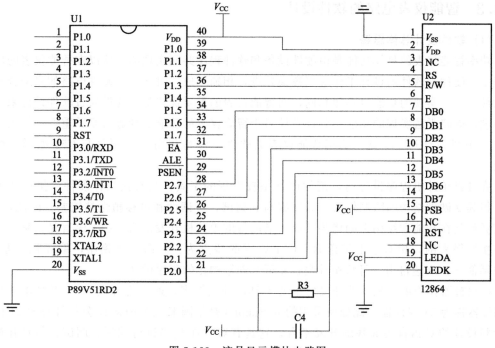

图 5-128　液晶显示模块电路图

PSB 直接接＋5V，不占用单片机的 I/O 口。

图 5-129 所示为液晶显示模块的工作时序图。单片机写到模块的资料分为数据和指令两种，寄存器选择端 RS 高电平时写数据，低电平时写指令，下面以写指令为例进行分析。无论之前什么状态，写指令之前先给 RS 提供低电平并保持一定时间，由于写资料到模块，则也给读写选择端 R/W 提供低电平并保持一定时间。做好准备工作之后，接着给使能信号输入端 E 提供高电平，打开模块输入端，准备接收指令。同时单片机通过电平控制把需要提供的指令信息送到数据总线上，模块开始接收指令。需要注意的是，时序图中 T_{AS} 为地址建立时间，T_{AH} 为数据保持时间，其作用均为保证传送数据的准确性和稳定性。

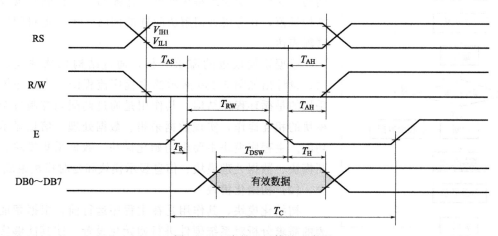

图 5-129　液晶显示模块时序图

5.4.3 智能仪表电路的软件设计

(1) 软件设计总体思路

功率智能仪表的具体功能是由硬件设备和软件程序共同实现的，所以在智能仪表的研发过程中，硬件和软件的设计工作应当齐头并进，相辅相成。对同一个硬件电路如果配合不同的软件设计，实现的功能也不尽相同，而智能仪表的重要优势就是能够通过软件设计来实现一些硬件电路无法实现的功能，软件设计对于智能仪表的功能实现起着至关重要的作用。

① 软件设计开发环境 功率智能仪表的软件设计是利用 C51 语言与 C51 编译器配合完成。

在进行单片机程序设计时，汇编语言是较常用的工具，其直接操作硬件，执行速度也快，但其受硬件结构的限制较大，难以编写和调试，可读性和可移植性都较差。因此，C51语言凭借其在功能和结构上的优势已成为最流行的单片机开发语言。C51 语言是由标准的 C语言扩展得来的，相对于汇编语言，C51 语言的特点为：a.语言规模小，编译程序紧凑；b.灵活简洁，表达自由，可移植性强；c.可实现结构化的程序设计。

C 编辑器作为单片机软件开发的重要工具，种类繁多，通常将开发 8051 系列单片机的C 编译器称为 51 编译器。此处所采用的 μVision3 是德国 Keil Software 公司针对 8051 内核单片机设计的 C 语言集成基础开发平台，它具有对 C51 代码进行编译、调试、仿真并最终生成 HEX 文件的功能。

② 结构化主程序设计 早期的单片机功能单一，软件开发工具相对简单，最常用的程序设计方法是线性推进编程法和自底向上法。线性推进编程法是根据接口要求，按照单片机的工作机制，通过一条一条的顺序编写来完成程序设计，程序设计生硬，只注重功能的实现，目前只适用于特定场合。自底向上法是按照自底向上的顺序，通过分层划分进行程序设计，同样只考虑硬件工作机制，往往容易造成程序设计不清晰。

随着单片机技术的发展，软件设计的规模加大，程序结构越来越复杂，传统的软件设计方法越发不能满足用户的需求，于是出现了结构化程序设计的方法。结构化程序设计是按照自顶向下的顺序，按模块化把整个问题分为若干个大问题，再把大问题划分为小问题，这样一层层地解决问题。它强调单片机软件设计的结构规范，在考虑如何解决问题的同时，还注重对问题的清晰表达。

根据智能仪表的需求分析，通过结构化软件设计方法，设计出如图 5-130 所示的主程序流程图。主程序模块采用的是循环程序结构，其作用是通过调配和控制各个子模块的相互运作，实现数据采集、数据处理、信息显示等功能。主程序模块主要由初始化模块、数据采集模块、中断模块、数据处理模块、信息显示模块和延时模块组成。

(2) 初始化模块

初始化模块，其作用是在主程序运行前，根据智能仪表的需求分析对系统硬件进行初始化设置，使其能够实现操作者的操作目的，为后续程序的正常工作做好铺垫。设

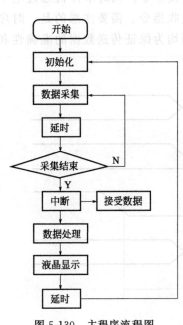

图 5-130 主程序流程图

计的初始化模块主要包括对单片机、数模转换装置以及液晶显示模块进行初始化。

① 单片机 P89V51 的初始化　P89V51 的初始化包括对串行口控制寄存器 PCON 及 SCON、定时器控制寄存器 TCON、中断允许寄存器 IE 以及定时器 T1 进行相关的初始设置。表 5-13 所示为对相应寄存器控制位的设置。

表 5-13　相应寄存器控制位的设置

PCON	SMOD				GF1	GF0	PD	IDL
	1	0	0	0	0	0	0	0
SCON	SM0	SM1	SM2	REN	TB8	RB8	TI	RI
	0	1	0	1	0	0	0	0
TCON	TF1	TR1	TF0	TR0	IE1	IT1	IE0	IT0
	0	1	0	0	0	0	0	1
IE	EA		ET2	ES	ET1	EX1	ET0	EX0
	1		0	0	0	0	0	1

SMOD 为波特率选择位，由于设定串行口的工作方式为方式 1，则使其置 1 可使通信波特率提高一倍。波特率为每分钟传送二进制数码的位数，是串行通信的重要指标，用于体现数据传送的速度，波特率越高，数据传送的速度越快。

SM0 和 SM1 为串行口方式控制位，通过选择工作方式 1，采用 10 位异步收发方式，字符帧除 8 位数据位外，还可以有一位起始位和一位停止位。

SM2 为多机通信控制位，在工作方式 1 的情况下置 0。

REN 为允许接受控制位，置 1 时允许串行口接收。

TR1 为定时器 T1 的启停控制位，置 1 时定时器 T1 开始工作。

IT0 为 INT0 中断触发标志位，置 1 时设定 INT0 为负边沿中断触发方式。

EA 为中断允许总控制位，置 1 时则开放单片机所有中断源的中断请求。

EX0 为 INT0 中断请求控制位，置 1 时则 INT0 上的中断请求被允许。

T1 的 8 位寄存器 TH1 和 TL1，其中 TH1 为 T1 的高 8 位，TL1 为 T1 的低 8 位，对其全部置 1。

② 模数转换装置 ADC0809 的初始化　ADC0809 的初始化包括对 3 路地址输入端、A/D 转换启动信号输入端以及输出允许控制端进行初始设置，其具体设置为：

a. 3 路地址输入端 ADDA、ADDB、ADDC，通过编程使其全部置 0。当进行数据采集时，通过编程使其赋值来选择 IN0～IN7 口中哪一路模拟量进行数模转换，其对应关系如表 5-14 所示。

表 5-14　模拟量通道对应关系

模拟量输入端	ADDA	ADDB	ADDC
IN0	0	0	0
IN1	0	0	1
IN2	0	1	0
IN3	0	1	1
IN4	1	0	0

模拟量输入端	ADDA	ADDB	ADDC
IN5	1	0	1
IN6	1	1	0
IN7	1	1	1

b. A/D 转换启动信号输入端 START，通过编程使其置 0。在数模转换之前，置 1 时启动数模转换，当数模转换结束后，使其重新置 0，等待下一次数模转换。

c. 输出允许控制端 OE，通过编程使其置 0。当数模转换结束后，使其置 1 时，ADC0809 传送转换后的数字量给单片机，传送结束后，使其重新置 0，等待下一次数字量传送。

③ 液晶显示模块的初始化　液晶显示模块的初始化是单片机通过发送指令到液晶显示模块设置其相关显示功能，进而实现操作者的调试目的。液晶显示模块的控制是通过一条条指令来实现的，根据智能仪表的需求分析，结合液晶显示模块提供的指令表，设计的初始化模块如表 5-15 所示。

表 5-15　液晶显示模块的初始化设置

指令	DB0	DB1	DB2	DB3	DB4	DB5	DB6	DB7	说明
显示控制	1	0	0	0	0	0	0	0	一次送 8 位数据
整体显示	0	0	0	0	1	1	0	0	游标及游标位置 OFF
清除显示	0	0	0	0	0	0	0	1	清屏
地址归位	0	0	0	0	0	0	1	0	设地址计数器至 00H

(3) 数据采集模块

数据采集模块的作用先是通过选择模拟量输入通道完成对模拟量信号的采集，然后实现模拟量信号到数字量信号之间的转换，再通过判断标志位来断定转换是否结束。值得注意的是，智能仪表需要对两个通道进行数据采集，所以采集的时间间隔直接影响着智能仪表的反应效果，需要通过实验来进行分析和设计。

图 5-131 所示为数据采集模块的程序流程图。首先在主程序模块中调用数据采集模块并选择模拟量输入通道，在数据采集模块中，通过控制地址锁存允许输入端 ALE 来锁定转换通道，再通过控制 A/D 转换启动信号输入端 START 来启动 A/D 转换，利用延时模块为数模转换提供时间，接着通过判断标志位来确定转换是否结束，结束时控制 START 停止 A/D 转换，并返回主程序模块，若尚未结束，则继续 A/D 转换。

由于智能仪表需要对两个模拟量同时进行实时采集，这就需要在主程序模块中设定两次模拟量转换的时间间隔，时间间隔直接影响着数据采集的实时性，同时还要考虑数据显示过程的可读性，根据实验分析，采集时间间隔为 500ms 时可达到较好的效果。

通过调试来确定模块的可行性。首先完成所有硬件电路的连接，使 ADC0809 参考电压分别接 +5V 和地，则 ADC0809 的输入范围为 0～5V。通过程序烧结软件把程序写入单片机，让第一个模拟量输入端口接 +5V，第二个模拟量输入端口接地。同时，在单片机中运行数据采集模块，并在主程序模块中把数据采集模块的转换结果赋给一个全局变量，通过 SBUF 串口输出该变量，以便在串口助手中观察调试效果。

由于 ADC0809 是把 $0 \sim +5V$ 的模拟量输入转换为 $0x00 \sim 0xFF$ 的十六进制数字量，则 $+5V$ 对应 $0xFF$，接地对应 $0x00$，串口输出的也应是所对应的十六进制数。根据实验调试效果可以看出，ADC0809 采集并转换后的数据具有很好的稳定性和实时性，$+5V$ 对应的范围为 $0xFF \sim 0xFD$，接地对应的范围为 $0x00 \sim 0x01$，波动非常小且属于正常范围内，造成波动的原因可能是电源和地端的不稳，可以通过安置电容对输入信号进行滤波来提高稳定性。

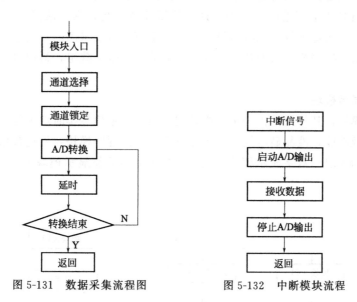

图 5-131　数据采集流程图　　　　图 5-132　中断模块流程

（4）中断模块

中断模块，其作用是首先判断中断口是否有中断信号，当出现中断信号时，暂停单片机内部原程序执行，转而为外部设备服务。在初始化模块中，已经设定采用外部中断源且为负边沿触发的工作方式，则当单片机的中断请求输入端 INT0 口接收到负跳变时，单片机由内部工作转为响应外部中断。图 5-132 所示为中断模块流程图。

当响应外部中断时，首先通过打开输入允许控制端 OE 来提取 A/D 转换后的数字量，并使其赋给一个全局变量，以便在主程序模块进行数据处理时使用，提取结束后关闭输入允许控制端 OE，等待下一次中断。

（5）延时模块

延时模块，其作用是占用系统运行时间，为系统相关功能的实现与控制提供时间。智能仪表的软件设计过程中，延时模块发挥的作用有：

① 为 A/D 转换装置进行模数转换提供充足的转换时间；

② 控制两次数据采集的间隔时间，以达到最好的采集效果；

③ 控制显示模块的显示时间间隔，以达到最好的显示效果。

延时模块延时功能的实现是依靠一个 for 函数，使其占用的系统运行时间为 1ms，则通过在主程序模块中对延时模块的形参赋值来控制延时时间，若赋给形参的值为 5，则代表延时 5ms。

（6）数据处理模块

数据处理模块，是智能仪表软件设计的重点对象，也是智能仪表最能体现功能优势的地方。根据功率智能仪表的需求分析，数据处理模块的作用主要有两个：一是把经 A/D 转换后的十六进制数字量转化为十进制数字量，以方便操作者观察和控制；二是需要根据传感器设计原理中的流量-压差数学模型以及功率流理论中的流量-压力-功率数学模型对转换后的数字量进行处理。

数据处理模块实现进制转换功能所采用的方法是逐位取整，再根据显示单位的设定把取得的整数与小数点逐次写入需要显示的地址。数据处理模块实现数学模型运算功能主要是根据数学模型应用 C51 语言进行模型的编译。值得注意的是，由于液晶显示模块每一位的地址包含两个字节，而每个数字和符号只占用一个字节，所以采用的方法是写数据前先定义一个一维二元数组，把需要写入的数据以两个字节的方式赋给数组，再把整个数组写到需要显示的地址。

（7）液晶显示模块

液晶显示模块，其作用是把经单片机处理后的数字量信号实时地进行显示。根据液晶显示器件的原理及功能，液晶显示模块又包含若干个小的程序模块：发送数据模块、发送指令模块、汉字显示模块、数字显示模块。图 5-133 所示为液晶显示模块和发送数据/指令模块的程序流程图。

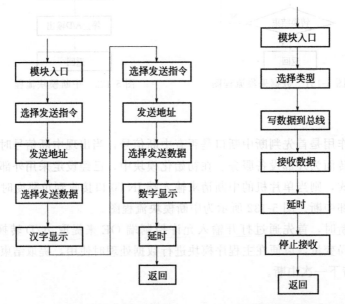

(a) 数字/汉字显示模块程序流程　　　(b) 发送数据/指令模块程序流程

图 5-133　液晶显示模块和发送数据/指令模块程序流程图

液晶显示模块在实现显示功能时，无论是汉字显示或者数字显示，都需要先给显示内容分配地址，然后再传送显示内容。分配地址和传送显示内容都是通过发送数据或发送指令模块来实现的。

发送数据模块和发送指令模块大致相同，区别在于对寄存器选择端 RS 的控制，若 RS 为高电平时则是发送数据模式，低电平时则是发送指令模式。以发送数据为例，首先通过编程使 RS 置 1，选择数据模式，把单片机提供的指令信息写到数据总线上，再启动液晶显示器使能控制端 E，使模块开始接收指令信息，同时利用延时模块提供 5ms 的充足接收时间，再使 E 置 0，使模块停止接收信息，等待下一次接收信息指令。

5.4.4 液压功率智能仪表的实验与分析

（1）实验平台和测试系统

对功率智能仪表进行实验分析所采用的实验平台是某液压元件测试中心的多功能综合测试台 DY200011-00 型液压功率回收装置。

实验平台制造精度为 C 级，由电动机带动变量柱塞泵，利用油泵把油箱中的液压油泵入液压管道中，通过控制阀件和管路连接实现对液压油流量和压力的控制，使其通过被试元件，测试多种技术参数。该实验平台能够提供最大压力为 31.5MPa，流量范围为 0～80L/min 的液压油源。在实验过程中，与流量传感器做实验对比的是 CIG15 型耐高压涡轮流量计，其名义精度为 0.5%。

在实验过程中，为达到更好的实验效果，特意为电动机搭配了一个变频器，其作用是可以使电动机的频率调到额定频率范围内的任意值，从而提高系统内流量的连续性和稳定性。图 5-134 所示为实验平台系统图。

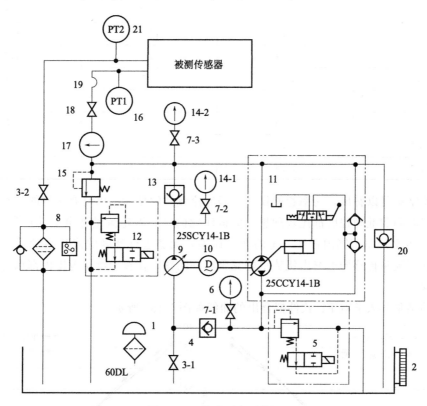

图 5-134　实验平台系统图

1—空气过滤器；2—液位计；3,18—球阀；4,13,20—单向阀；5—电磁阀；6,14—压力表；
7—压力表开关；8—过滤器；9—柱塞泵；10—电动机；11—闭式柱塞泵；
12—电磁溢流阀；15—溢流阀；16,21—压力传感器；
17—高压流量计；19—软管

（2）功率智能仪表的实验分析

功率智能仪表所实现的功能是对将功率传感器输出的模拟量信号经过信号调理，模数转换，运算处理，并最终通过液晶显示屏进行实时显示。智能仪表性能体现在信号可靠性处理和实时显示，实验分别对三个参数进行检验。

在测试系统中，通过变频器控制电动机增加系统流量，对比涡轮流量计和功率智能仪表流量显示单元所得出的实验数据如表 5-16 所示。

表 5-16　流量显示单元与涡轮流量计对比实验

上升过程		下降过程	
涡轮流量计示值	功率智能仪表示值	涡轮流量计示值	功率智能仪表示值
0	0	37.1	35.7
3.2	0.8	33.5	32.2
3.6	3.5	30.0	30.0
6.4	6.3	26.5	27.1
9.8	9.8	23.1	23.5
13.4	13.3	19.7	19.8
16.4	16.4	16.2	16.7
20	19.4	12.9	13.5
23.4	23.3	9.7	9.9
26.9	26.8	6.3	6.5
30.4	29.9	3.8	3.7
33.5	32.1	3.2	0.9
37.1	35.6	0	0

由实验结果可以看出，功率智能仪表与涡轮流量计的显示结果具有很好的一致性，显示数据的保持时间和准确程度都比较理想。值得注意的是，涡轮流量计由于其自身结构限制，在其量程的 30% 测量范围内存在一定的测量误差，无法进行准确的流量测量，而功率智能仪表由于新型流量传感器的突出优势很好克服这一问题，在整个测量范围内都保持比较理想的测量效果。

将实验结果导入 EXCEL 软件拟合出的曲线如图 5-135 所示。

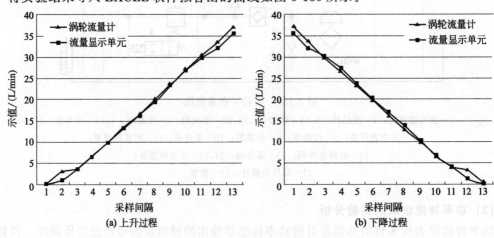

图 5-135　流量显示单元对比实验的过程曲线

在相同的测试条件下，对比压力表和功率智能仪表压力显示单元所得到的实验数据如表 5-17 所示。

表 5-17　压力显示单元与压力表的对比实验

上升过程		下降过程	
压力表示值	功率智能仪表示值	压力表示值	功率智能仪表示值
0	0	0.33	0.32
0.02	0.01	0.30	0.29
0.04	0.03	0.26	0.26
0.07	0.06	0.23	0.22
0.09	0.08	0.20	0.19
0.12	0.11	0.17	0.16
0.14	0.14	0.14	0.13
0.17	0.17	0.11	0.11
0.20	0.19	0.09	0.08
0.23	0.22	0.06	0.06
0.27	0.26	0.04	0.03
0.30	0.29	0.02	0.01
0.33	0.32	0	0

将实验数据经 EXCEL 软件拟合出的过程曲线如图 5-136 所示。在相同的测试条件下，首先将涡轮流量和压力表的示值通过功率数学模型计算后，再与功率智能仪表的功率显示单元进行对比实验，得到的实验数据如表 5-18 所示。将实验数据经 EXCEL 软件拟合出如图 5-137 所示的过程曲线。

由实验结果可知，功率智能仪表与经数学模型计算出的数值具有很好的一致性。这表明压力传感器技术在船舶液压系统中的测量技术已经相当成熟。

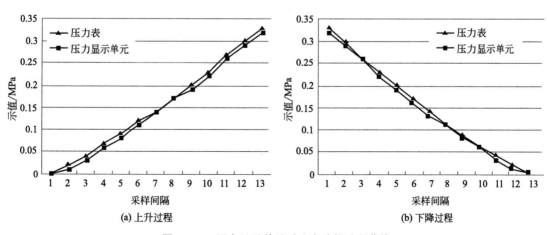

图 5-136　压力显示单元对比实验的过程曲线

表 5-18　功率显示单元对比实验的实验结果

上升过程				下降过程			
流量	压力	功率计算	功率显示	流量	压力	功率计算	功率显示
0	0	0	0	35.7	0.32	190.4	204.0
3.2	0.02	0.1	1.0	32.2	0.29	155.6	167.5
3.6	0.04	1.7	2.4	30	0.26	130.0	130.0
6.4	0.07	6.3	7.4	27.1	0.22	99.3	101.5
9.8	0.09	13.0	14.7	23.5	0.19	74.4	77.0
13.4	0.12	24.3	26.8	19.8	0.16	52.8	55.8
16.4	0.14	38.2	38.2	16.7	0.13	36.1	37.8
20	0.17	54.9	56.6	13.5	0.11	24.7	23.6
23.4	0.20	73.7	78.0	9.9	0.08	13.2	14.5
26.9	0.23	98.2	103.8	6.5	0.06	6.5	6.30
30.4	0.27	129.5	136.8	3.7	0.03	1.8	2.5
33.5	0.30	155.1	167.5	0.9	0.01	0.1	1.0
37.1	0.33	189.8	204.0	0	0	0.0	0

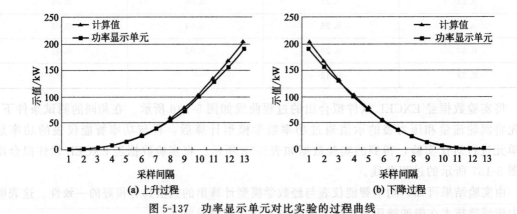

图 5-137　功率显示单元对比实验的过程曲线

参 考 文 献

[1] 郭建业. 自主创新的数控旋芯式比例插装阀. 液压气动与密封, 2018 (5).

[2] 徐梓斌, 李胜, 阮健. 2D 高频数字换向阀. 液压与气动, 2008 (2).

[3] 张启晖, 熊伟, 阮健, 等. 车辆换挡用 2D 数字缓冲阀的研究. 机械工程学报, 2018 (20).

[4] 尚村, 李朋, 孟彬, 等. 材料试验机电液数字伺服同步举升系统研究. 机床与液压, 2015 (1).

[5] 童小利, 金秋春. 基于 2D 高频数字阀的高速数控机床液压控制系统设计. 机床与液压, 2013 (8).

[6] 刘飞. 双缸四柱液压机同步控制系统仿真与研究. 上海: 上海工程技术大学, 2016.

[7] 陈宇. 高压高频响数字溢流阀设计及其特性研究. 重庆: 重庆大学, 2014.

[8] 路艳旗, 李跃军, 刘瑞堂. 数控液压伺服控制系统工作原理及在冲压工艺中的应用. 金属加工 (热), 2013 (23).

[9] 马赛平, 张均利, 潘彩霞, 等. 数字液压缸在数控折弯机液压控制系统中的应用与分析. 机械设计与制造工程, 2017 (10).

[10] 杨辉, 田大庆, 江怡舟. 一种新数字液压缸的结构及其工作原理. 机电技术, 2018 (3).

[11] 董荣宝, 谢吉明. 电液步进缸测试方法的探讨. 液压与气动, 2018 (6).

[12] 耿随心. 基于单片机控制的数字变量轴向柱塞泵. 电气时代, 2006 (11).

[13] 殷秀兴, 林勇刚, 李伟, 等. 电液数字马达变桨距控制技术. 太阳能学报, 2014 (9).

[14] 李振振, 黄家海, 权龙, 等. 基于数字流量阀负载口独立控制系统. 液压与气动, 2016 (2).

[15] 邱坤, 王康. 基于并联开关阀技术的新型数字液压阀特性仿真. 液压与气动, 2019 (1).

[16] 须民健, 李文锋, 廖强, 等. 液压系统伺服比例阀数字控制技术研究. 液压气动与密封, 2015 (3).

[17] 鲍永, 杨树军, 丁健, 等. 自动变速器主油压调节用数字比例溢流阀特性研究. 液压与气动, 2015 (12).

[18] 吴玉厚, 元东维, 张坷, 等. CWG250X 型擦窗机台车液压调平系统研究. 沈阳建筑大学学报 (自然科学版), 2017 (1).

[19] 康旭, 李玲玲. 数控剪板机带钢纠偏系统. 有色设备, 2016 (6).

[20] 刘霖霖. 基于高速开关阀控的叶片泵变量控制研究. 昆明: 昆明理工大学, 2017.

[21] 关瑞丰. 基于压力流量双反馈的电控变量泵嵌入式控制系统研究. 杭州: 浙江大学, 2016.

[22] 吴喜. 变频调速与高速开关阀复合控制的数字变量泵特性研究. 昆明: 昆明理工大学, 2013.

[23] 李文华, 韩健, 任兰柱. 数字液压缸的新型控制理论和方法. 机械设计与研究, 2013 (1).

[24] 李鹏, 朱建公, 张德虎, 等. 新型内循环数字液压缸系统设计及仿真研究. 机械科学与技术, 2014 (1).

[25] 吴晓明, 骆倩, 李欣, 等. 四腔室液压缸的结构设计及其应用. 液压与气动, 2015 (11).

[26] 郝建军, 程昶, 张志刚, 等. 液压马达数字调速系统的 AMESim 仿真研究. 机床与液压, 2014 (13).

[27] 曾文武. 基于 PWM 高速开关阀控制的旋转平台液压系统的研究. 液压气动与密封, 2009 (3).

[28] 杨华勇, 王双, 张斌, 等. 数字液压阀及其阀控系统发展和展望. 吉林大学学报 (工学版), 2016 (5).

[29] 许仰曾. 工业 4.0 下的液压 4.0 与智能液压元件技术. 流体传动与控制, 2016 (1).

[30] 王军政, 赵江波, 汪首坤. 电液伺服技术的发展与展望. 液压与气动, 2014 (5).

[31] 李运华, 王占林. 机载智能泵源系统的开发研制. 北京航空航天大学学报, 2004 (6).

[32] 刘书东, 王平军, 车冰博, 等. 机载智能泵源系统负载敏感控制方式研究. 计算机仿真, 2015 (9).

[33] 杨华勇, 丁斐, 欧阳小平, 等. 大型客机液压能源系统. 中国机械工程, 2009 (18).

[34] 赵宏亮. DSV 数字智能阀. 汽车工艺师, 2004 (Z1).

[35] 彭京启, 陈捷. 分布智能的数字电子液压. 液压气动与密封, 2006 (5).

[36] 刘忠良, 米建国, 王仲江, 等. 数字阀 PCC 可编程智能调速器在漾头水电站的应用. 水电厂自动化, 2005 (4).

[37] 胡火焰, 杨翔, 朱建新, 等. 基于液压挖掘机的双阀芯电子液压控制系统研究. 建筑机械, 2007 (11).

[38] 郑昆山, 盛锋, 宣惠平, 等. 双阀芯控制技术在军用工程机械上的应用前景浅析. 液压与气动, 2012 (5).

[39] 陈玉霞, 周志鸿, 梁上愚. 专用汽车液压支腿集成式智能调平系统设计研究. 液压与气动, 2010 (10).

[40] 胡摇, 合烨, 刘克福. 液压阀门的智能控制. 机床与液压, 2009 (12).

[41] 杜宁, 芮伟, 龙秀虹. HNC100 电液智能控制器在 2.4 米跨声速风洞中的应用. 兵工自动化, 2013 (3).

[42] 欧阳小平, 杨华勇, 徐兵, 等. 压电晶体及其在液压阀中的应用. 浙江大学学报 (工学版), 2008 (6).

[43] 卢颖, 王勇亮, 梁建民, 等. 电流变液技术在液压控制系统中的应用. 液压与气动, 2011 (12).

[44] 谷静，瞿红梅. 基于嵌入式控制器与 CAN 总线的机械装备智能监控系统设计. 机床与液压，2016 (4).

[45] 李世刚，刘丹丹，谢斌. 基于 CAN 总线的液压混合动力车智能管理系统设计. 液压与气动，2013 (9).

[46] 邵善锋，吴卫国，吴国祥，等. 静液压全轮驱动平地机行走智能控制系统. 工程机械，2008 (4).

[47] 邵俊鹏，李中奇，孙桂海，等. 液压驱动四足机器人控制系统开发. 计算机测量与控制，2015 (9).

[48] 杨世华，宋建成，田慕琴，等. 基于双 RS485 总线的液压支架运行状态监测系统开发. 工矿自动化，2014 (8).

[49] 余俊，张李超，史玉升，等. 数控液压板料折弯机控制系统的研究与实现. 锻压技术，2013 (5).

[50] 黄建中，岑豫皖，叶小华. 现场总线型液压阀岛的开发与应用. 液压气动与密封，2012 (9).

[51] 李庆元，吴迪，刘奇，等. 基于 PROFIBUS-DP 现场总线的管材拉拔机控制系统设计. 电气时代，2018 (3).

[52] 时春生，李琛，李贵闪. 汽车大型覆盖件液压机柔性冲压生产线. 锻压装备与制造技术，2016 (6).

[53] 张兴，周炳，张俊杰. 一种液压插销升降装置电控系统设计及应用. 船海工程，2018 (5).

[54] 徐振东. 液压步行机器人嵌入式控制系统设计. 南京：东南大学，2017.

[55] 李阳，于安才，王超光，等. 智能液压动力单元电液伺服系统研究. 液压与气动，2018 (1).

[56] 王其磊，杨逢瑜，杨倩，等. 智能传感器在电液伺服同步控制中的应用. 制造技术与机床，2009 (2).

[57] 赵多兴. 基于 PLC 的步进梁液压监控系统设计. 农机使用与维修，2014 (10).

[58] 罗随新. 精密油液温度控制在高温液压源中的应用. 中国钼业，2013 (2).

[59] 温玉娟，蔡恒，刘哲. 基于 IEEE1451.2 标准的智能液压传感器模块的设计. 电子制作，2013 (22).

[60] 刘庆利. 基于智能传感器的火炮姿态调整平台研究. 成都：西南交通大学，2011.

[61] 刘东. 船舶液压系统功率智能仪表的理论与实验研究. 大连：大连海事大学，2011.